普通高等教育"十三五"规划教材——化工环境系列

中国石油和石化工程教材出版基金资助项目

固体废物处理与资源化

周翠红　张玉虎　主　编

张志军　梅启文　副主编

中国石化出版社

内 容 提 要

　　本书主要内容包括固体废物的收集、贮存及清运，固体废物的预处理技术，固体废物的物化处理，固体废物的生物处理，固体废物的热处理，固体废物的资源化与综合利用，固体废物的最终处置。

　　本书为环境工程专业核心课的教材，可用于环境工程领域技术人员的培训，也可作为环境保护与环境工程专业技术与管理人员的参考书。

图书在版编目(CIP)数据

固体废物处理与资源化 / 周翠红，张玉虎主编 .—北京：
中国石化出版社，2021.7
ISBN 978-7-5114-6363-0

Ⅰ. ①固… Ⅱ. ①周… ②张… Ⅲ. ①固体废物处理
②固体废物利用 Ⅳ. ①X750

中国版本图书馆 CIP 数据核字(2021)第 134683 号

中国石化出版社出版发行
地址：北京市东城区安定门外大街 58 号
邮编：100011　电话：(010)57512500
发行部电话：(010)57512575
http://www.sinopec-press.com
E-mail：press@sinopec.com
北京富泰印刷有限责任公司印刷
全国各地新华书店经销

*
787×1092 毫米 16 开本 17.25 印张 435 千字
2021 年 8 月第 1 版　2021 年 8 月第 1 次印刷
定价：48.00 元

《普通高等教育"十三五"规划教材——化工环境系列》
编 委 会

前　言

随着经济与社会的发展，居民消费观念与消费模式的改变，固体废物的产生量越来越大且成分复杂，已经产生了严重的污染；同时，固体废物也是一种"资源"，部分组分可以回收利用。纵观国内外的城市固体废物的处理技术，能够达到"无害化、减量化、资源化"要求的，主要有：卫生填埋处理技术、焚烧处理技术、高温堆肥处理技术和回收利用处理技术等。

"固体废物处理与处置"、"水污染控制工程"、"大气污染控制工程"、"环境影响评价"、"环境规划与管理"、"环境工程原理"、"环境监测"和"物理性污染控制工程"为环境工程专业的主干核心课程。本教材主要内容的取舍既充分考虑我国环境工程专业人才培养目标及课程教学的要求，又尽量反映固体废物处理与处置领域内的先进成果，重点考虑如何有利于提高学生认识、分析和解决固体废物污染防治技术与设备等相关问题的能力。

本书主要的内容包括绪论，固体废物的收集、贮存及清运，固体废物的预处理技术，固体废物的物化处理，固体废物的生物处理，固体废物的热处理，固体废物的资源化与综合利用和固体废物的最终处置等。

参加本书编写的人员主要有周翠红（第一章、第二章、第三章、第七章的第二节、第三节、第四节、第五节、第六节），张志军（第四章、第八章），张玉虎（第五章、第七章第一节），梅启文（第六章），研究生王彦莹、曾婉琳参与了本书的资料整理、排版工作。

本书所列出的机械设备和生产厂家，仅仅出于全书的完整性和论述的需要，撰写人员与出版社不为这些机械设备和厂家提供任何保证和推荐，也不为由于使用这些机器设备所造成的损失和其他问题承担任何经济和法律责任。

本书可用于环境工程专业教材，也可作为环境保护与环境工程等相关专业技术与管理人员的参考书。

由于时间与水平所限，本书难免存在缺点与不足，敬请广大读者批评指正。

目 录

第一章 绪 论

《中华人民共和国固体废物污染环境防治法》于 1995 年 10 月 30 日第八届全国人民代表大会常务委员会第 16 次会议通过，自 1996 年 4 月 1 日施行。最新修订是 2020 年 4 月 29 日第十三届全国人民代表大会常务委员会第十七次会议第二次修订，并于 2020 年 9 月 1 日起实施。修订后的《中华人民共和国固体废物污染环境防治法》明确提出：固体废物，是指在生产、生活和其他活动中产生的丧失原有利用价值或者虽未丧失利用价值但被抛弃或者放弃的固态、半固态和置于容器中的气态的物品、物质以及法律、行政法规规定纳入固体废物管理的物品、物质。

根据物质的存在状态划分，废物包括固态、液态和气态。在液态和气态废物中，对于其中不能排入水体的液态废物和不能排入大气的置于容器中的气态废物，因其具有较大的危害性，则将其归入固体废物管理体系。

应当强调指出的是，固体废物的"废"具有时间和空间的相对性。在某生产过程或某方面可能是暂时无使用价值的，但并非在其他生产过程或其他方面无使用价值。在经济技术落后国家或地区抛弃的废物，在经济技术发达国家或地区可能是宝贵的资源。在当前经济技术条件下暂时无使用价值的废物，在发展了循环利用技术后可能就是资源。因此，固体废物常被看作是"放错地点的原料"。

此外，固体废物还具有一些特性，如产生量大、种类繁多、性质复杂、来源分布广泛等，并且一旦发生了由固体废物所导致的环境污染，其危害具有潜在性、长期性和不易恢复性。

第一节 固体废物的来源和分类

一、固体废物的来源

从原始人类活动开始，就有固体废物的产生，那时的固体废物主要是粪便、动植物残渣。随着人类社会的进步，生产逐渐发展，同时也产生了许多新的废渣。17、18 世纪的工业生产主要是对自然物进行机械加工，多为改变物体的物理性质，这时主要产生一些简单的屑末。随着化学工业的发展，19 世纪末到 20 世纪初，产生了许多含有毒有害元素和人工合成物质的废渣，特别是含有汞、铅、砷、氰化物等的有毒有害废渣。20 世纪以来，人们的视野深入到了原子核的层次，实现了人工重核裂变和轻核聚变，产生了原子能工业，这就有了放射性废渣，并随着能源利用范围的扩大，又增加了许多新的废渣。

人类发展到今天，对自然界的认识及改造向纵深发展，人类需求的多样化、高质化，生产高效率、分工细化、工业产品多样化，无数个生产环节排出无数种废渣，加之人类的任何消费和使用物品最后都要变成废物，这些庞杂的废渣组成了一个"废渣大家族"。

二、固体废物的分类

固体废物的种类繁多，性质各异。为便于处理、处置及管理，需要对固体废物加以分类。固体废物分类的方法有多种，按其组成可分为有机废物和无机废物；按其形态可分为固态的废物、半固态废物和液态(气态)废物；按其污染特性可分为危险废物和一般废物等；根据《固体废物污染环境防治法》分为城市生活垃圾、工业固体废物和危险废物。

1. 城市生活垃圾

城市生活垃圾又称为城市固体废物，是指在城市居民日常生活中或为城市日常生活提供服务的活动中产生的固体废物，其主要成分包括厨余物、废纸、废塑料、废织物、废金属、废玻璃陶瓷碎片、砖瓦渣土、粪便，以及废家具、废旧电器、庭院废物等。

城市生活垃圾主要产自城市居民家庭、城市商业、餐饮业、旅馆业、旅游业、服务业、市政环卫、交通运输业、文教卫生业和行政事业单位、工业企业单位以及水处理污泥等。它的主要特点是成分复杂，有机物含量高。影响城市生活垃圾成分的主要因素有居民生活水平、生活习惯、季节、气候等。这些垃圾中不同组分如表1-1-1所示。

表1-1-1 城市生活垃圾中不同干基组分所含化学元素典型质量分数

序号	组 分	干基量/%(质量)					
		碳	氢	氧	氮	硫	灰分
1	食物：脂肪	73.0	11.5	14.8	0.4	0.1	0.2
	混合食品废物	48.0	6.4	37.6	2.6	0.4	5.0
	水果废物	48.5	6.2	39.5	1.3	0.2	4.2
	肉类废物	59.6	9.4	24.7	1.2	0.2	4.9
2	纸制品：卡片纸板	43.0	5.0	44.8	0.3	0.2	5.0
	杂志	32.9	5.0	38.6	0.1	0.1	23.3
	报纸	49.1	6.1	43.0	<0.1	0.2	23.3
	混合废纸	43.4	5.8	44.3	0.3	0.2	6.0
	浸蜡纸板箱	59.2	9.3	30.1	0.1	0.1	1.2
3	熟料：混合废塑料	60.0	7.2	22.8	—	—	10.0
	聚乙烯	85.2	14.2	—	<0.1	<0.1	0.4
	聚苯乙烯	87.1	8.4	4.0	0.2	—	0.3
	聚氨酯	63.3	6.3	17.6	6.0	<0.1	4.3
	聚乙烯氯化物	45.2	5.6	1.6	0.1	0.1	2.0
4	木材、树枝等：花园修剪垃圾	46.0	6.0	38.0	3.4	0.3	6.3
	木材	50.1	6.4	42.3	0.1	0.1	0.1
	坚硬木材	49.6	6.1	43.2	0.1	<0.1	0.9
	混合木材	49.6	6.0	42.7	0.2	<0.1	1.5
	混合木屑	49.5	5.8	45.5	0.1	<0.1	0.4
5	玻璃、金属等：玻璃和矿石	0.5	0.1	0.4	<0.1	—	98.9
	混合矿石	4.5	0.6	4.3	<0.1	—	90.5
6	皮革、橡胶、衣物等：混合废皮革	60.0	8.0	11.6	10.0	0.4	10.0
	混合废橡胶	69.7	8.7	—	—	1.6	20.0
	混合废衣物	48.0	6.4	40.0	2.2	0.2	3.2
	其他：办公室清扫垃圾	24.3	3.0	4.0	0.5	0.2	68.0
	油和涂料	66.9	9.6	5.2	2.0	—	16.9
	以垃圾生产的燃料(RDF)	44.7	6.2	38.4	0.7	<0.1	9.9

2. 工业固体废物

工业固体废物是指在工业、交通等生产过程中产生的固体废物。工业固体废物主要包括冶金工业固体废物、能源工业固体废物、石油化学工业固体废物、矿业固体废物、轻工业固体废物、其他工业固体废物。

3. 危险废物

危险废物是指列入国家危险废物名录或是根据国家规定的危险废物鉴别标准和鉴别方法认定具有危险特性的废物。危险废物的定义："危险废物是固体废物，由于不适当的处理、贮存、运输、处置或其他管理方面，它能引起或明显地影响各种疾病和死亡，或对人体健康或环境造成显著的威胁。"

4. 农业固体废物

还有来自农业生产、畜禽饲养、农副产品加工以及农村居民生活所产生的固体废物。这些废物多产生于城市郊区以外，一般多就地加以综合利用，或做沤肥处理，或做燃料焚化。

三、危险废物的特征和鉴别标准

危险废物的特性通常包括急性毒性、易燃性、反应性、腐蚀性、浸出毒性和疾病传染性。根据这些性质，世界各国均制定了鉴别标准和危险废物名录。目前我国已制定的《危险废物鉴别标准》中包括浸出毒性、急性毒性初筛和腐蚀性三类，其中浸出毒性主要为无机有毒物质鉴别标准，而有机有毒物质的浸出毒性鉴别标准以及反应性、易燃性和传染性鉴别标准尚未制定。表 1-1-2 为浸出毒性、急性毒性初筛和腐蚀性的鉴别标准。

表 1-1-2　危险废物特性及鉴别标准

危险特性	项　目		危险废物鉴别值
腐蚀性	浸出液 pH 值		≥12.5 或 ≤2.0
急性毒性初筛	小白鼠(或大白鼠)经口灌胃半致死量		1∶1 配置浸出液，灌胃量小白鼠不超过 0.4mL/20g 体重，大白鼠不超过 1.0mL/100g 体重
浸出毒性	浸出液危害成分浓度/(mg/L)	有机汞	不得检出
		汞及其化合物(以总汞计)	0.05
		铅(以总铅计)	3
		镉(以总镉计)	0.3
		总铬	10
		六价铬	1.5
		铜及其化合物(以总铜计)	50
		锌及其化合物(以总锌计)	50
		铍及其化合物(以总铍计)	0.1
		钡及其化合物(以总钡计)	100
		镍及其化合物(以总镍计)	10
		砷及其化合物(以总砷计)	1.5
		无机氟化物(不包括氟化钙)	50
		氰化物(以 CN^- 计)	1.0

第二节　固体废物的污染与控制

一、固体废物污染

　　固体废物特别是有害固体废物，如处理处置不当，可通过不同途径危害人体健康。固体废物露天存放或置于处置场，其中的有害成分可通过环境介质——大气、土壤、地表或地下水等间接传至人体，对人体健康造成极大的危害。通常，工矿业固体废物所含化学成分能形成化学物质型污染；人畜粪便和生活垃圾是各种病原微生物的滋生地和繁殖场，能形成病原体型污染。固体废物污染途径如图 1-2-1 所示。其中有些是直接进入环境的，如通过蒸发进入大气，而更多的则是通过非直接接触如浸入、食用受污染的饮用水或食物等从而进入人类体内。各种途径的重要程度，不仅取决于不同固体废物本身的物理、化学和生物特性，而且与固体废物所在场所的地质水文条件有关。

　　固体废物污染与废水、废气和噪声污染不同，其滞后性大、扩散性小，对环境的污染主要是通过水、气和土壤进行的。气态污染物在净化过程中被富集成粉尘或废渣，水污染物在净化过程中被以污泥的状态分离出，即以固体废物的状态存在。这些"终态物"中的有害成分，在长期的自然因素作用下，又会转入大气、水体和土壤，故又成为大气、水体和土壤环境的污染"源头"。因此固体废物既是污染"源头"也是"终态物"。固体废物这一污染"源头"和"终态"特性说明：控制"源头"、处理好"终态物"是固体废物污染控制的关键。

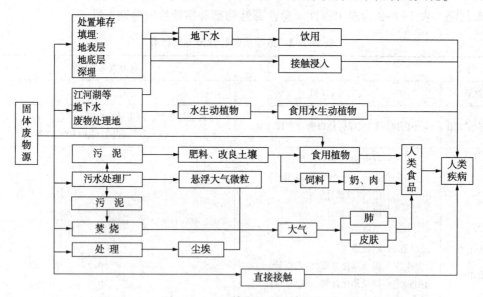

图 1-2-1　固体废物的污染途径

二、固体废物污染危害

1. 对大气环境的影响

　　堆放的固体废物中的细微颗粒、粉尘等可随风飞扬，从而对大气环境造成污染。据研究表明：当风力在 4 级以上时，粉煤灰或尾矿堆表层的粒径在 1~1.5cm 以上的粉末将出现剥离，其飘扬的高度可达 20~50m 以上，在风季期间可使平均视程降低 30%~70%。而且堆积的废物中某些物质的化学反应，可以不同程度上产生毒气或恶臭，造成地区性空气污染。例如，煤矸石自燃会散发大量的二氧化硫。

废物填埋场中逸出的沼气也会对大气环境造成影响，在一定程度上会消耗填埋场上层空间的氧，从而使植物衰败。此外，固体废物在运输和处理过程中，也能产生有害气体和粉尘。

当废物中含有重金属时，可以抑制植物生长和发育，若在缺少植物的地区，则因侵蚀作用而使土层的表面剥离。

2. 对水环境的影响

世界范围内，有不少国家直接将固体废物倾倒于河流、湖泊或海洋。固体废物弃置于水体，将使水质直接受到污染，严重危害水生生物的生存条件，并影响水资源的充分利用。此外，堆积的固体废物经过雨水的浸渍和废物本身的分解，其渗滤液和有害化学物质的转化和迁移，将对附近地区的河流及地下水系和资源造成污染。

向水体倾倒固体废物还将缩减江河湖面有效面积，使其排洪和灌溉能力有所降低。据有关单位的资料，由于江湖中排进固体废物，我国 20 世纪 80 年代的水面较之于 50 年代减少 2000 多万亩（1 亩 = 666.7m^2）。目前，每年仍有成千上万吨的固体废物直接倾入江湖之中，所产生的后果是非常严重的。

美国的"Love canal"事件是典型的固体废物污染地下水事件。1930~1953 年，美国胡克化学工业公司在纽约州尼亚加拉瀑布附近的"Love canal"废河谷填埋了约 2800t 桶装有害废物，1953 年填平覆土，在上面兴建了学校和住宅。1978 年大雨和融化的雪水造成有害废物外溢，而后就陆续发现该地区井水变臭，婴儿畸形，居民身患怪异疾病，大气中有害物质浓度超标 500 多倍，测出有毒物质 82 种，致癌物质 11 种，其中包括剧毒的四氯二苯二噁英（2,3,7,8-TCDDs）。

目前，一些国家把大量固体废物投入海洋，海洋也正面临着固体废物潜在的污染威胁。1990 年 12 月在伦敦召开的主题为消除核工业废料的国际会议上公布的数字表明，主要由美、英两国在大西洋和太平洋北部的 50 多个"墓地"投弃过大量的放射性废料，尤其美国倾倒最多，仅 1968 年美国就向太平洋、大西洋和墨西哥湾投弃了各种固体废物 4800×10⁴t 以上。1975 年美国向 153 处洋面投弃了市政及工业固体废物 500×10⁴t 以上，对海洋造成潜在的污染危害。

3. 对土壤环境的影响

固体废物及其淋洗和渗滤液中所含有害物质会改变土壤的性质和土壤结构，并将对土壤中微生物的活动产生影响。这些有害成分的存在，不仅有碍植物根系的发育和生长，而且还会在植物有机体内积蓄，通过食物链危及人体健康。

土壤是许多细菌、真菌等微生物聚居的场所。这些微生物形成了一个生态系统，在大自然的物质循环中，担负着碳循环和氮循环的部分重要任务。工业固体废物，特别是有害固体废物，经过风化、雨雪淋溶、地表径流的侵蚀，产生高温和毒水或其他反应，能杀灭土壤中的微生物，使土壤丧失腐解能力，导致草木不生。例如，我国内蒙古包头市的某尾矿堆积量已达 1500×10⁴t，使尾砂坝下游的一个乡的大片土地被污染，居民被迫搬迁。

固体废物中的有害物质进入土壤后，还可能在土壤中发生积累。我国西南某市郊因农田长期施用垃圾，土壤中的汞浓度已超过本底值 8 倍，铜、铅浓度分别增加 87% 和 55%，对作物的生长等带来危害。来自大气层核爆炸试验产生的散落物，以及来自工业或科研单位的放射性固体废物，也能在土壤中积累，并被植物吸收，进而通过食物进入人体。20世纪70年代，美国密苏里州为了控制道路粉尘，曾把混有四氯二苯二噁英的淤泥废渣当作沥青铺路面，造成多处污染。土壤中TCDDs浓度高达到300μg/L，污染深度达60cm，导致牲畜大批死亡，人们备受多种疾病折磨。在居民的强烈要求下，美国环保局同意全市居民搬迁，并花3300万美元买下该城镇的全部地产，还赔偿了市民的一切损失。

20世纪30～70年代，国内外不乏因工业废渣处置不当、毒性物质在环境中扩散而引起祸及居民的公害事件，如含镉废渣排入土壤引起日本富山县痛痛病事件，我国锦州镉渣露天堆积污染井水事件等。

不难看出，这些公害事件已给人类带来灾难性后果。尽管近10多年来，严重的污染事件发生较少，但固体废物污染环境对人类健康将会遭受的潜在危害和影响是难以估量的。2016年我国出台了《土十条》政策，系统开展了土壤污染治理的重要战略部署；2017年十九大报告提出从调整产业结构和布局出发，改变我国经济发展的总体粗放现象，在环境保护方面从污染源头上控制污染排放；2018年为了保护和改善生态环境，防治土壤污染，保障公众健康，推动土壤资源永续利用，推进生态文明建设，促进经济社会可持续发展，我国制定了《中华人民共和国土壤污染防治法》，并于2019年1月1日起施行，完善了土壤污染防治的专门法律法规。

三、固体废物污染控制

固体废物污染控制需从两个方面入手，一是减少固体废物的排放量，二是防治固体废物污染。具体来说，固体废物污染控制的特点如下：

1. 从污染源头开始

改进或采用更新的清洁生产工艺，尽量少排或不排废物。这是根本的主要控制工业固体废物污染的措施。

（1）积极推进清洁生产审核，实现经济增长方式的转变，限期淘汰固体废物污染严重的落后生产工艺和设备。

（2）采用清洁的资源和能源。

（3）采用精料。

（4）改进工艺，采用无废或少废技术和设备。

为使得工业生产中固体废物产生量减少，需积极推行清洁生产审核制度，鼓励和倡导不断采取改进设计、使用清洁的能源和原料、采用先进的技术与设备改善管理、综合利用等措施，从源头削减固体废物污染，提高资源利用效率，减少或避免在生产、服务和产品使用过程中产生固体废物，以减轻或消除固体废物对人类健康或环境的危害。

影响工业过程固体废物产生的因素如图1-2-2所示。

2. 强化对危险废物污染的控制

实行从产生到最终无害化处置全过程的严格管理（即从摇篮到坟墓的全过程管理模式），这是目前国际上普遍采用的经验。

3. 提高全民性对固体废物污染环境的认识

做好科学研究和宣传教育，当前这方面尤显重要，因而也成为有效控制其污染的特点之一。

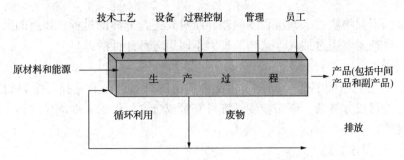

图 1-2-2 影响工业过程固体废物产生的因素

城市生活垃圾的产生与城市人口、燃料结构、生活水平等息息相关，其中人口是决定城市垃圾产量的主要因素。我国近年人均垃圾产量约 1.2kg/d，发达国家人均垃圾产量约 2.1kg/d；燃煤地区城市垃圾中无机成分明显多于燃气地区；高级住宅区的垃圾中可回收废物(塑料、纸类、金属、织物和玻璃)的含量明显高于普通住宅区。为有效控制生活垃圾的污染，可采取以下控制措施：

(1) 鼓励城市居民使用耐用环保物质资料，减少对假冒伪劣产品的使用。

(2) 加强宣传教育，积极推进城市垃圾分类收集制度。

(3) 改进城市的燃料结构，提高城市的燃气化率。

(4) 进行城市生活垃圾综合利用。

(5) 进行城市生活垃圾的无害化处理与处置，通过焚烧处理、卫生填埋处置等无害化处理处置措施，减轻污染。

第三节　固体废物处理与处置方法

一、固体废物预处理技术

固体废物的预处理技术主要有压实、破碎和分选。

1. 压实

压实又称压缩，指用机械方法增加固体废物聚集程度，增大容重和减少固体废物表观体积，提高运输与管理效率的一种操作技术。

2. 破碎

破碎是利用外力克服固体废物质点间的内聚力而使大块固体废物分裂成小块的过程，是所有固体废物处理方法的必不可少的预处理工艺，是后续处理与处置必须经过的过程。

3. 分选

分选就是将固体废物中可回收利用的废物或不利于后续处理工艺要求的废物组分采用适当技术分离出来的过程。分选技术方法可概括为人工分选和机械分选。

二、固体废物处理技术

1. 物化处理

固体废物的物化处理主要包括浮选、溶剂浸出和固体废物稳定化/固化处理。

（1）浮选

浮选是根据不同物质被水润湿程度的差异而对其进行分离的过程。物质的天然可浮性差异较小，因此浮选需要通过加入浮选药剂扩大不同组分可浮性的差异。

（2）溶剂浸出

溶剂浸出是用适当的溶剂与废物作用使物料中的有关组分有选择性溶解的物理化学过程。主要用于处理成分复杂、嵌布粒度微细且有价成分含量低的矿业固体废物、化工和冶金过程的固体废物。

（3）稳定化/固化处理

稳定化/固化处理是处理重金属废物和其他非金属危险废物的重要手段，在区域性集中管理系统中占有重要的地位。危险废物稳定化/固化处理的目的是使危险废物中的所有污染组分呈现化学惰性或被包容起来，减少在贮存或填埋处置过程中污染环境的潜在危险，并便于运输、利用和处置。

2. 生物处理

固体废物的生物处理主要包括好氧生物处理、厌氧消化及其他生物处理。

（1）好氧生物处理

好氧生物处理是指在微生物的参与下，在适宜碳氮比、含水率以及提供游离氧的条件下，将有机物降解，最终达到稳定的一种无害化处理方法。固体垃圾经好氧处理后，体积一般可降为原来的 50%~70%。好氧生物处理是实现固体废物减量化、无害化和资源化处理目标的主要手段，被认为是有机固体废物处理的有效方法。

（2）厌氧消化

目前，对于厌氧消化的生化过程有两阶段理论、三阶段理论和四阶段理论。两阶段理论主要是产酸阶段和产甲烷阶段；三阶段理论主要是水解阶段、产氢产酸阶段和产甲烷阶段；四阶段理论分为水解阶段、产氢产酸阶段、产乙酸阶段和产甲烷阶段。

（3）其他生物处理

固体废物的其他生物处理技术包括微生物浸出、蚯蚓处理有机固体废物等。

3. 热处理

固体废物的热处理技术主要包括焚烧和热解。

（1）焚烧

焚烧是一种高温热处理技术，即以一定的过剩空气量与被处理的有机废物在焚烧炉内进行氧化燃烧反应，废物中的有害有毒物质在高温下氧化、热解而被破坏，是一种可同时实现废物无害化、减量化、资源化的处理技术。

（2）热解

热解技术最早应用于煤的干馏，该方法是将有机物在无氧或缺氧状态下加热，使之分解为：①以氢气、一氧化碳、甲烷等低分子碳氢化合物为主的可燃性气体；②在常温下为液态的包括乙酸、丙酮、甲醇等化合物在内的燃料油；③纯碳与玻璃、金属、土砂等混合形成的炭黑的化学分解过程。

热解与焚烧相比有以下优点：可以将固体废物中的有机物转化为燃料气、燃料油和炭黑为主的贮存性能源；由于是缺氧分解，排气量少，有利于减轻对大气环境的二次污染；废物中的硫、重金属等有害成分被固定在炭黑中；由于保持还原条件，Cr^{3+} 不会转化为 Cr^{6+}；NO_x 的产生量少。

4. 资源化与综合利用

相对于自然资源而言，固体废物属于二次资源。尽管其一般不再具有原来的使用价值，但经过回收、处理等途径，往往又可作为其他产品的原料，成为新的可用资源。

三、固体废物最终处置技术

填埋是固体废物的最终处置技术，填埋场是在地球表面的浅地层中处置废物的物理设施，在其设计、施工质量和运行管理上应能保证减少所填埋的废物对环境和周围人体健康的影响。

图1-3-1是日本城市固体废物处理全过程，主要包括废物产生、收集、处理、处置四个部分，其中居民住宅废物与商业废物由不同部门进行收集。

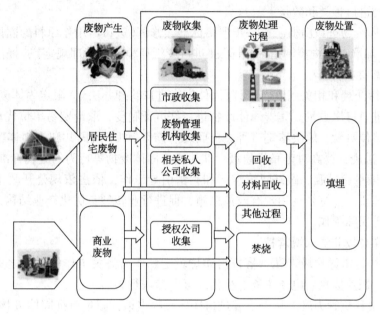

图1-3-1　日本城市固体废物处理过程

第四节　固体废物污染控制技术政策与固体废物管理

一、固体废物污染控制技术政策

1. 禁止洋垃圾入境

国办发〔2017〕70号文《禁止洋垃圾入境推进固体废物进口管理制度改革实施方案》要求以下几点：20世纪80年代以来，为缓解原料不足，我国开始从境外进口可用作原料的固体废物。同时，为加强管理，防范环境风险，逐步建立了较为完善的固体废物进口管理制度体系。近年来，各地区、各有关部门在打击洋垃圾走私、加强进口固体废物监管方面做了大量工作，取得一定成效。但是由于一些地方仍然存在重发展轻环保的思想，部分企业为谋取非法利益不惜铤而走险，洋垃圾非法入境问题屡禁不绝，严重危害人民群众身体健康和我国生态环境安全。按照党中央、国务院关于推进生态文明建设和生态文明体制改革的决策部署，为全面禁止洋垃圾入境，推进固体废物进口管理制度改革，促进国内固体废物无害化、资源化利用，保护生态环境安全和人民群众身体健康，制定以下方案。

（1）总体要求

坚持疏堵结合、标本兼治和稳妥推进、分类施策的基本原则，以严格固体废物进口管理。通过持续加强对固体废物进口、运输、利用等各环节的监管，确保生态环境安全。保持打击洋垃圾走私高压态势，彻底堵住洋垃圾入境。强化资源节约集约利用，全面提升国内固体废物无害化、资源化利用水平，逐步补齐国内资源缺口，为建设美丽中国和全面建成小康社会提供有力保障为主要目标，实施禁止洋垃圾入境政策。

（2）完善堵住洋垃圾进口的监管制度

① 禁止进口环境危害大、群众反映强烈的固体废物。

② 逐步有序减少固体废物进口种类和数量。分批分类调整进口固体废物管理目录，大幅减少固体废物进口种类和数量。

③ 提高固体废物进口门槛。进一步严格标准，修订《进口可用作原料的固体废物环境保护控制标准》，加严夹带物控制指标。印发《进口废纸环境保护管理规定》，提高进口废纸加工利用企业规模要求。

④ 完善法律法规和相关制度。修订《固体废物进口管理办法》，限定固体废物进口口岸，减少固体废物进口口岸数量。完善固体废物进口许可证制度，取消贸易单位代理进口。增加固体废物鉴别单位数量，解决鉴别难等突出问题。修订《中华人民共和国固体废物污染环境防治法》等法律法规，提高对走私洋垃圾、非法进口固体废物等行为的处罚标准。

⑤ 保障政策平稳过渡。做好政策解读和舆情引导工作，依法依规公开政策调整实施的时间节点、管理要求。综合运用现有政策措施，促进行业转型，优化产业结构，做好相关从业人员再就业等保障工作。

（3）强化洋垃圾非法入境管控

① 持续严厉打击洋垃圾走私。将打击洋垃圾走私作为海关工作的重中之重，严厉查处走私危险废物、医疗废物、电子废物、生活垃圾等违法行为。

② 加大全过程监管力度。从严审查进口固体废物申请，减量审批固体废物进口许可证，控制许可进口总量。加强进口固体废物装运前现场检验、结果审核、证书签发等关键控制点的监督管理，强化入境检验检疫，严格执行现场开箱、掏箱规定和查验标准。进一步加大进口固体废物查验力度，严格落实"三个100%"查验要求。加强对重点风险监管企业的现场检查，严厉查处倒卖、非法加工利用进口固体废物以及其他环境违法行为。

③ 全面整治固体废物集散地。开展全国典型废塑料、废旧服装和电子废物等废物堆放处置利用集散地专项整治行动。

（4）建立堵住洋垃圾入境长效机制

① 落实企业主体责任。强化日常执法监管，加大对走私洋垃圾、非法进口固体废物、倒卖或非法加工利用固体废物等违法犯罪行为的查处力度。

② 建立国际合作机制。推动与越南等东盟国家建立洋垃圾反走私合作机制，适时发起区域性联合执法行动。

③ 开拓新的再生资源渠道。推动贸易和加工模式转变，主动为国内企业"走出去"提供服务，指导相关企业遵守所在国的法律法规，爱护当地资源和环境，维护中国企业良好形象。

（5）提升国内固体废物回收利用水平

① 提高国内固体废物回收利用率。加快国内固体废物回收利用体系建设，建立健全生

产者责任延伸制，推进城乡生活垃圾分类，提高国内固体废物的回收利用率。

②规范国内固体废物加工利用产业发展。发挥"城市矿产"示范基地、资源再生利用重大示范工程、循环经济示范园区等的引领作用和回收利用骨干企业的带动作用，完善再生资源回收利用基础设施，促进国内固体废物加工利用园区化、规模化和清洁化发展。

③加大科技研发力度。提升固体废物资源化利用装备技术水平。提高废弃电器电子产品、报废汽车拆解利用水平。鼓励和支持企业联合科研院所、高校开展非木纤维造纸技术装备研发和产业化，着力提高竹子、芦苇、蔗渣、秸秆等非木纤维应用水平，加大非木纤维清洁制浆技术推广力度。

④切实加强宣传引导。加大对固体废物进口管理和打击洋垃圾走私成效的宣传力度，及时公开违法犯罪典型案例，彰显我国保护生态环境安全和人民群众身体健康的坚定决心。积极引导公众参与垃圾分类，倡导绿色消费，抵制过度包装。大力推进"互联网+"订货、设计、生产、销售、物流模式，倡导节约使用纸张、塑料等，努力营造全社会共同支持、积极践行保护环境和节约资源的良好氛围。

2. 生活垃圾分类制度实施方案

国办发〔2017〕26号文要求执行《生活垃圾分类制度实施方案》，部分内容如下：

(1) 部分范围内先行实施生活垃圾强制分类

① 实施区域。2020年底前，在以下重点城市的城区范围内先行实施生活垃圾强制分类。

a. 直辖市、省会城市和计划单列市。

b. 住房城乡建设部等部门确定的第一批生活垃圾分类示范城市，包括：河北省邯郸市、江苏省苏州市、安徽省铜陵市、江西省宜春市、山东省泰安市、湖北省宜昌市、四川省广元市、四川省德阳市、西藏自治区日喀则市、陕西省咸阳市。

c. 鼓励各省(区)结合实际，选择本地区具备条件的城市实施生活垃圾强制分类，国家生态文明试验区、各地新城新区应率先实施生活垃圾强制分类。

② 主体范围。上述区域内的以下主体，负责对其产生的生活垃圾进行分类。

a. 公共机构。包括党政机关，学校、科研、文化、出版、广播电视等事业单位，协会、学会、联合会等社团组织，车站、机场、码头、体育场馆、演出场馆等公共场所管理单位。

b. 相关企业。包括宾馆、饭店、购物中心、超市、专业市场、农贸市场、农产品批发市场、商铺、商用写字楼等。

③ 强制分类要求。实施生活垃圾强制分类的城市要结合本地实际，制定出台办法，细化垃圾分类类别、品种、投放、收运、处置等方面要求；其中，必须将有害垃圾作为强制分类的类别之一，同时参照生活垃圾分类及其评价标准，再选择确定易腐垃圾、可回收物等强制分类的类别。未纳入分类的垃圾按现行办法处理。

(2) 引导居民自觉开展生活垃圾分类

政府可结合实际制定居民生活垃圾分类指南，引导居民自觉、科学地开展生活垃圾分类。前述对有关单位和企业实施生活垃圾强制分类的城市，应选择不同类型的社区开展居民生活垃圾强制分类示范试点，并根据试点情况完善地方性法规，逐步扩大生活垃圾强制分类的实施范围。本方案发布前已制定地方性法规、对居民生活垃圾分类提出强制要求的，从其规定。

① 单独投放有害垃圾。居民社区应通过设立宣传栏、垃圾分类督导员等方式，引导居民单独投放有害垃圾。

② 分类投放其他生活垃圾。根据本地实际情况，采取灵活多样、简便易行的分类方法。引导居民将"湿垃圾"（滤出水分后的厨余垃圾）与"干垃圾"分类收集、分类投放。

（3）加强生活垃圾分类配套体系建设

① 建立与分类品种相配套的收运体系。完善垃圾分类相关标志，配备标志清晰的分类收集容器。改造城区内的垃圾房、转运站、压缩站等，适应和满足生活垃圾分类要求。

② 建立与再生资源利用相协调的回收体系。健全再生资源回收利用网络，合理布局布点，提高建设标准，清理取缔违法占道、私搭乱建、不符合环境卫生要求的违规站点。

③ 完善与垃圾分类相衔接的终端处理设施。加快危险废物处理设施建设，建立健全非工业源有害垃圾收运处理系统，确保分类后的有害垃圾得到安全处置。

④ 探索建立垃圾协同处置利用基地。统筹规划建设生活垃圾终端处理利用设施，积极探索建立集垃圾焚烧、餐厨垃圾资源化利用、再生资源回收利用、垃圾填埋、有害垃圾处置于一体的生活垃圾协同处置利用基地，安全化、清洁化、集约化、高效化配置相关设施，促进基地内各类基础设施共建共享，实现垃圾分类处理、资源利用、废物处置的无缝高效衔接，提高土地资源节约集约利用水平，缓解生态环境压力，降低"邻避"效应和社会稳定风险。

（4）强化组织领导和工作保障

① 加强组织领导。省级人民政府、国务院有关部门要加强对生活垃圾分类工作的指导，在生态文明先行示范区、卫生城市、环境保护模范城市、园林城市和全域旅游示范区等创建活动中，逐步将垃圾分类实施情况列为考核指标；因地制宜探索农村生活垃圾分类模式。

② 健全法律法规。加快完善生活垃圾分类方面的法律制度，推动相关城市出台地方性法规、规章，明确生活垃圾强制分类要求，依法推进生活垃圾强制分类。

③ 完善支持政策。按照污染者付费原则，完善垃圾处理收费制度。发挥中央基建投资引导带动作用，采取投资补助、贷款贴息等方式，支持相关城市建设生活垃圾分类收运处理设施。严格落实国家对资源综合利用的税收优惠政策。地方财政应对垃圾分类收运处理系统的建设运行予以支持。

④ 创新体制机制。鼓励社会资本参与生活垃圾分类收集、运输和处理。

⑤ 动员社会参与。树立垃圾分类、人人有责的环保理念，积极开展多种形式的宣传教育，普及垃圾分类知识，引导公众从身边做起、从点滴做起。

二、相关固体废物管理法规

解决固体废物污染控制问题的关键之一是建立和健全相应的法规、标准体系。20 世纪70 年代以来，人们逐步加深了对固体废物环境管理重要性的认识，不断加强对固体废物的科学管理，并从组织机构、环境立法、科学研究和财政拨款等方面给予支持和保证。许多国家开展了固体废物及其污染状况的调查，并在此基础上制定和颁布了固体废物管理的法规和标准。

世界各国的固体废物管理法规都经历了一个漫长的、从简单到完善的过程。美国 1965年制定的《固体废物处置法》是第一个关于固体废物的专业性法规，该法 1976 年修改为《资源保护及回收法》（RCRA），并分别于 1980 年和 1984 年经美国国会加以修订，日臻完善，迄今已成为世界上最全面、最详尽的关于固体废物管理的法规之一。根据 RCRA 的要求，美国 EPA 又颁布了《有害固体废物修正案》（HSWA），其内容共包括九大部分及大量附录，每一部分都与 RCRA 的有关章节相对应，实际上是 RCRA 的实施细则。为了清除已废弃的固体废物处置场对环境造成的污染，美国又于 1980 年颁布了《综合环境反应、赔偿和责任法》(CERCLA)，俗称《超级基金法》。日本关于固体废物管理的法规主要是 1970 年颁布并经多次修改的《废弃物处理及清扫法》，迄今已成为包括固体废物资源化、减量化、无害化以及危险废物管理在内的相当完善的法规体系。此外，日本还于 1991 年颁布了《促进再生资源利用法》，对促进固体废物的减量化和资源化起到了重要作用。

我国全面开展环境立法的工作始于 20 世纪 70 年代末期。在 1978 年的宪法中，首次提出了"国家保护环境和自然资源，防止污染和其他公害"的规定，1979 年颁布了《中华人民共和国环境保护法(试行)》，1989 年通过了《中华人民共和国环境保护法》，这是我国环境保护的基本法，对我国环境保护工作起着重要的指导作用。最新修订后的《中华人民共和国固体废物污染环境防治法》，共分为九章，内容涉及总则、固体废物污染环境防治的监督管理、固体废物污染环境的防治、一般规定、工业固体废物污染环境的防治、生活垃圾污染环境的防治、危险废物污染环境防治的特别规定、法律责任及附则等，这些规定从 2020 年 9 月 1 日成为我国固体废物污染环境防治及管理的法律依据。

三、固体废物管理制度

1. 分类管理制度

固体废物具有量多面广、成分复杂的特点，因此《中华人民共和国固体废物污染环境防治法》确立了对城市生活垃圾、工业固体废物和危险废物分别管理的原则，明确规定了主管部门和处置原则；在 2020 年修订的《中华人民共和国固体废物污染环境防治法》第 81 条中明确规定："收集、贮存危险废物，必须按照危险废物特性分类进行。禁止混合收集、贮存、运输、处置性质不相容而未经安全性处置的危险废物。"

2. 工业固体废物申报登记制度

为了使环境保护部门掌握工业固体废物和危险废物的种类、产生量、流向以及对环境的影响等情况，进而进行有效的固体废物全过程管理，《中华人民共和国固体废物污染环境防治法》要求实施工业固体废物和危险废物申报登记制度。

3. 固体废物污染环境影响评价制度及其防治设施的"三同时"制度

环境影响评价制度和"三同时"制度是我国环境保护的基本制度，《中华人民共和国固体废物污染环境防治法》进一步重申了这一制度。

4. 排污收费制度

排污收费制度也是我国环境保护的基本制度。但是，固体废物污染与废水、废气污染有着本质的不同，废水、废气量已在环境当中经物理、化学、生物等途径稀释、降解。固体废物进入环境后，不易被环境所接受，其稀释降解往往是长期的过程。严格地说，固体废物是严禁不经任何处理与处置排入环境当中的。固体废物排污费的交纳，则是对那些在按规定或标准建成贮存设施、场所前产生的工业固体废物而言的。

5. 限期治理制度

《中华人民共和国固体废物污染环境防治法》规定，没有建设工业固体废物贮存或者处置设施、场所，或者已建设但不符合环境保护规定的单位，必须限期建成或者改造。实行限期治理制度是为了解决重点污染源污染环境问题。对于排放或处理不当的固体废物造成环境污染的企业者和责任者，实行限期治理，是有效地防治固体废物污染环境的措施。限期治理就是抓住重点污染源，集中有限的人力、财力、物力，解决最突出的问题。如果限期内不能达到标准，就要采取经济手段甚至停产的措施进行制裁。

6. 禁止进口废物

《中华人民共和国固体废物污染环境防治法》明确规定："禁止中华人民共和国境外的固体废物进境倾倒、堆放、处置"；"国家逐步实现固体废物零进口，由国务院生态环境主管部门会同国务院商务、发展改革、海关等主管部门组织实施"；"海关发现进口货物疑似固体废物的，可以委托专业机构开展属性鉴别，并根据鉴别结论依法管理"。

2020年11月25日，生态环境部、商务部、国家发改委、海关总署联合发布《关于全面禁止进口固体废物有关事项的公告》。《公告》明确指出：禁止以任何方式进口固体废物；禁止我国境外的固体废物进境倾倒、堆放、处置。《公告》自2021年1月1日起施行。

7. 危险废物行政代执行制度

由于危险废物的有害性特性，其产生后如不进行适当的处置而任由产生者向环境排放，则可能造成严重危害。因此必须采取一切措施保证危险废物得到妥善处理、处置。《中华人民共和国固体废物污染环境防治法》规定："在发生或者有证据证明可能发生危险废物严重污染环境、威胁居民生命财产安全时，生态环境主管部门或者其他负有固体废物污染环境防治监督管理职责的部门应当立即向本级人民政府和上一级人民政府有关部门报告，由人民政府采取防止或者减轻危害的有效措施。有关人民政府可以根据需要责令停止导致或者可能导致环境污染事故的作业。行政代执行制度是一种行政强制执行措施，这一措施保证了危险废物能得到妥善、适当的处置。而处理费用由危险废物产生者承担，也符合我国"谁污染谁治理"的原则。

8. 危险废物经营许可证制度

危险废物的危险特性决定了并非任何单位和个人都可以从事危险废物的收集、贮存、处理、处置等经营活动。必须由具备达到一定设施、设备、人才和专业技术能力并通过资质审查获得经营许可证的单位才能进行危险废物的收集、贮存、处理、处置等经营活动。

9. 危险废物转移报告单制度

也称作危险废物转移联单制度，这一制度是为了保证运输安全、防止非法转移和处置，保证废物的安全监控，防止污染事故的发生。

四、"三化"原则和"全过程"管理原则

1. 固体废物的"三化"原则

我国固体废物污染控制工作起步较晚，技术力量及经济力量有限。在20世纪80年代中期提出了"资源化"、"无害化"和"减量化"作为控制固体废物污染的技术政策，并确定今后较长一段时间内以"无害化"为主。由于技术经济原因，我国固体废物处理利用的发展趋势必然是从"无害化"走向"资源化"，"资源化"是以"无害化"为前提的，"无害化"和"减量化"应以"资源化"为条件。

（1）减量化　通过预防减少或避免源头的垃圾产生量。

（2）资源化　对于源头不能削减的固体废物，以及经过使用报废的垃圾、旧货等加以回收、再使用、再循环，使它们回到物质循环中去。固体废物"资源化"应遵循的原则是：技术上可行，经济效益好，就地利用产品，不产生二次污染，符合国家相应产品的质量标准。

（3）无害化　对于不能避免产生和回收利用的垃圾，必须经过无害化处理，尽可能减少

其毒性，然后在填埋场进行环境无害化处置。

2."全过程"管理原则

经历了许多事故与教训之后，人们越来越意识到对固体废物实行"源头"控制的重要性。由于固体废物本身往往是污染的"源头"，故需对其产生——收集——运输——综合利用——处理——贮存——处置实行全过程管理，在每一环节都将其作为污染源进行严格的控制。因此，解决固体废物污染控制问题的基本对策是避免产生（clean）、综合利用（cycle）、妥善处置（control）的所谓"3C 原则"。另外随着循环经济、生态工业园及清洁生产理论和实践的发展，有人提出了"3R"原则，即通过对固体废物实施减少产生（reduce）、再利用（reuse）、再循环（recycle）策略实现节约资源、降低环境污染及资源永续利用的目的。

根据上述原则，可以将固体废物从产生到处置的全过程分为五个连续或不连续的环节进行控制。其中，各种产业活动中的清洁生产是第一阶段，在这一阶段，通过改变原材料、改进生产工艺和更换产品等来减少或避免固体废物的产生。在此基础上，对生产过程中产生的固体废物，尽量进行系统内的回收利用，这是管理体系的第二阶段。对于已产生的固体废物，则进行第三阶段——系统外的回收利用，第四阶段——无害化、稳定化处理以及第五阶段——固体废物的最终处置。

五、我国固体废物管理标准

我国的固体废物管理国家标准基本由国家生态环境部、住房和城乡建设部在各自的管理范围内制定。住房和城乡建设部主要制定有关垃圾清扫、运输、处理处置的标准。国家生态环境部制定有关污染控制和环境保护、分类、检测方面的标准。

1. 分类标准

主要包括《国家危险废物名录》、《危险废物鉴别标准》（GB 5085.1～7）、建设部颁布的《城市垃圾产生源分类及垃圾排放》以及《进口可用作原料的固体废物环境保护控制标准》（GB 16487）等。

2. 方法标准

主要包括固体废物样品采样、处理及分析方法的标准。如《固体废物浸出毒性测定方法》《固体废物浸出毒性浸出方法》《工业固体废物采样制样技术规范》《固体废物检测技术规范》《生活垃圾分拣技术规范》《城市生活垃圾采样和物理分析方法》《生活垃圾填埋场环境检测技术标准》等。

3. 污染控制标准

污染控制标准是固体废物管理标准中最重要的标准，是环境影响评价制度、"三同时"制度、限期治理和排污收费等一系列管理制度的基础。它可分为废物处置控制标准和设施控制标准两类。

（1）废物处置控制标准

该标准是对某种特定废物的处置标准、要求。如《含多氯联苯废物污染控制标准》即属此类标准。

（2）设施控制标准

目前已经颁布或正在制定的标准大多属于这类标准，如《一般工业固体废物贮存、处置场污染控制标准》《生活垃圾填埋场污染控制标准》《城镇生活垃圾焚烧污染控制标准》《危险废物安全填埋污染控制标准》等。

4. 综合利用标准

为推进固体废物的"资源化"并避免在废物"资源化"过程中产生"二次"污染，国家环境保护总局将制定一系列有关固体废物综合利用的规范和标准，如电镀污泥、磷石膏等废物综合利用的规范和技术规定。

第五节　中国城市固体废物处理现状

一、我国城市固体废物处理存在的问题

1. 固体废物数量巨大

随着人口的增加和居民生活水平的提高，城市固体废物的产生量也逐年增加。我国城市生活垃圾产量逐年增加，大、中城市生活垃圾产生量总量增加。城市生活垃圾产生量最大的是上海市，其次是北京、重庆、广州和深圳，由此可见，我国城市固体废物产生数量巨大，尤以经济发达的城市为主。

2. 处置设施落后、综合利用率低

由于我国各地区经济发展极不平衡，固体废物无害化安全填埋场不多，这种状况与我国每年固体废物的大量产生量及排放量极不协调。固体废物是在错误时间放在错误地点的资源，废物仅仅相对于某一过程或某一方面没有使用价值，而并非一切过程或一切方面都没有使用价值。应通过综合利用，使有利用价值的固体废物变废为宝，实现资源的再循环利用，同时减少固体废物的排放量。

3. 二次污染严重

由于固体废物对环境的危害需通过水、气或土壤等介质方能进行，因此，对固体废物的管理既要尽量避免和减少其产生，又要力求避免和减少其向水体、大气以及土壤环境的排放。最终处置需要解决的是固体废物中有害组分的最终归宿问题，也是控制环境污染的最后步骤。目前，最主要的是防治好二次污染，二次污染主要包括有机物的挥发、重金属的挥发或是处理过程中形成新的更毒物质，如二噁英，还有一些高浓度的废液，以及感染性物质的扩散，这些都是二次污染控制需要注意的问题。

二、城市固体废物处理技术现状

1. 城市生活垃圾处理现状

根据住建部调查数据，目前全国有三分之一以上的城市被垃圾包围；全国城市垃圾堆存累计侵占土地75万亩，垃圾污染形势严峻。与此同时，垃圾处理设施能力不足以及伴随着城镇化和生活水平的提升所带来的垃圾产生量持续增加，正在使污染问题进一步加剧。从城市生活垃圾无害化处理情况来看，虽然城市无害化处理率逐年增加，但是如果考虑城市生活垃圾历史存量及无害化处理率更低的城镇及农村，未经无害化处理的生活垃圾的数量就会大大增加。显然，要缓解垃圾围城的压力，就必须加大无害化处理设施建设投入，这为垃圾处理市场的发展带来了广阔的空间。

2. 城市固体废物处理现状

由于城市固体废物的严重污染，世界各国都在积极探讨处理技术和方法。国内外城市固体废物处理方法主要有卫生填埋、垃圾焚烧、高温堆肥等。目前国内城市固体废物处理主要

采用的技术是卫生填埋；焚烧技术是沿海大中城市优先采用的处理方法；不同地区有选择地使用堆肥方法。

当前常用的城市垃圾处理方式有三种：焚烧、填埋、堆肥。

(1) 焚烧

垃圾焚烧处理法是将垃圾放在特殊设计的封闭炉内，在高温下烧成灰，然后进行填埋处理。焚烧垃圾的过程既强烈又复杂，是一种氧化燃烧反应。这一过程要经过以下几个步骤：脱水、气——点燃——燃烧——熄灭。在实际的燃烧过程中，垃圾性质很不稳定，在理论反应中，可以产生水、二氧化碳、二氧化硫等，但可能会因为一些不确定因素，产生多种多样的反应途径，可能不会形成理论产物。所以，如果燃烧控制不得当还可能会产生一些有毒的化学物质，如常见的二噁英。焚烧法具有处理周期短，占地小且选址灵活，减量化程度高，可有效防止对地表水、地下水造成的污染，无害化彻底，燃烧的热量可用来发电等优点。

(2) 填埋

填埋分为传统方法、卫生填埋法两种。

传统方法：不采取任何方法的简单填埋，即自然埋沟及露天式填放，属于原始的处理方法，会在一定程度对水、环境造成影响。卫生填埋法：选择合适的地点，并对这些地点进行科学处理，如底部防渗工作等，准备工作完毕后再进行垃圾填埋。当填埋到一定高度后，加上覆盖料，让垃圾可以经过一定时间后在生物、物理、化学作用下达到稳定状态，这样操作可一定程度减少对环境的污染。

目前现阶段我国垃圾处理的主要方式是卫生填埋。科学合理地选择卫生填埋场场址，以利于减少卫生填埋对环境的影响。场址的自然条件符合标准要求的，可采用天然防渗方式；不具备天然防渗条件的，应采用人工防渗技术措施。场内实行雨水与污水分流，减少运行过程中的渗滤液产生量，并设置渗滤液收集系统，将经过处理的垃圾渗滤液排入城市污水处理系统。不具备排水条件的，应单独建设处理设施，达到排放标准后方可排入水体。渗滤液也可以进行回流处理，以减少处理量，降低处理负荷，加快卫生填埋场稳定化。设置填埋气体导排系统，采取工程措施，防止填埋气体侧向迁移引发的安全事故。尽可能对填埋气体进行回收和利用，对难以回收和无利用价值的，可将其导出处理后排放。填埋时应实行单元分层作业，做好压实和覆盖。填埋终止后，要进行封场处理和生态环境恢复，继续引导和处理渗滤液、填埋气体。

(3) 堆肥

垃圾堆肥是利用微生物对垃圾中有机物进行发酵、降解，转变成具有稳定性的物质，运用发酵中所产生的热量消灭有害生物，以此达到生物化学的过程。高温堆肥最大优点在于可以为农田提供有机类成分，在消除环境污染的同时将有用物质再利用，是资源利用化的最好方法。一般来说有以下几种堆肥的方法，如塔式及仓库式好氧、厌氧式堆肥等。

工厂堆肥相比于农村简易堆肥规模偏大，但技术设计规划相对正规，处理处置方法也较为严格。这种方法将选定好的富含大量有机质的固体废物有序堆放在同一区域，在保持一定湿度状况下利用机械控制来加速固体废物的有效分解、分离，最后形成具有一定肥力的可利用有机物堆肥。该方法从法国、荷兰引入亚洲日本之后再引入我国，目前在我国的使用率不高。

习题与思考题

1. 名词解释：固体废物、危险固体废物、减量化、资源化、无害化、全过程管理。

2. 根据《中华人民共和国固体废物污染环境防治法》的界定，如何区分固体废物、废水和废气？

3. 简述固体废物的种类和组成。

4. 清洁生产与固体废物污染控制有何关系？

5. 我国有哪些管理制度与固体废物管理相关？有哪些固体废物管理标准？

6. 如何理解固体废物的二重性？固体废物污染与水污染、大气污染、噪声污染相比有什么特点？

7. 固体废物管理的目标及污染控制对策是什么？在整治固体废物方面，我们应该做哪些努力？

第二章 固体废物的收集、贮存及清运

固体废物的收集与运输是连接发生源和处理处置设施的重要环节，在固体废物管理体系中占有非常重要的地位。在固体废物从产生到处置的全过程管理中，收集和运输的费用约占总费用的70%～80%。因此，如何提高固体废物的收运效率对于降低固体废物处理处置成本、提高综合利用效率、减少最终处置的废物量都具有重要意义。

固体废物由于其所固有的非均质特性，它的收集和运输要比废水和废气复杂和困难得多。而城市生活垃圾与工业固体废物，尤其是危险废物，无论是收集和运输方式，还是管理方法、处理处置技术都有着原则的区别，需要分别加以对待。

城市生活垃圾除包括居民生活垃圾外，还包括为城市居民生活服务的商业垃圾、建筑垃圾、园林垃圾、粪便等，这些垃圾的收集大都分别由某一个部门专门作为经常性工作加以管理。如商业垃圾与建筑垃圾由产生单位自行清运，园林垃圾和粪便由环卫部门负责定期清运，而居民生活产生的生活垃圾，由于产生源分散、总产生量大、成分冗杂，收集工作十分复杂和困难。据统计，垃圾的收运费用占整个垃圾处理系统费用的60%～80%，因此必须科学地制定合理的收运计划并提高收运效率。

第一节 城市生活垃圾的收集与清运

城市垃圾的收集与清运是城市垃圾收运管理系统中的重要步骤，也是其中操作最为复杂、人力物力需求最多的阶段。这一阶段主要包括对城市各处垃圾源的垃圾进行及时收集、集中贮存管理以及使用专用车辆装运到垃圾处理站的过程。该管理过程效率的高低，主要取决于垃圾清运方式、收运路线设定、收集清运车数量及机械化装卸程度和垃圾类型、特性以及数量等各种因素。

一、固体废物的收集

固体废物的收集方式主要有混合收集和分类收集两种。收集容器是盛装各类固体废物的专用器具，分为城市垃圾收集容器和工业废物收集容器两类。城市垃圾收集容器主要有垃圾袋、桶、箱，其规格、尺寸应与收集车辆相匹配，以便于机械化操作；工业固体废物的收集容器种类较多，但主要使用废物桶和集装箱。危险废物的收集容器往往与运输容器合用，主要是为了避免在收集和运输过程中造成不必要的污染扩散，容器所用材质要充分考虑与废物的相容性和足够的强度。

城市垃圾收运并非单一阶段操作过程，通常由三个阶段构成一个收运系统。第一阶段是从垃圾发生源到垃圾桶的过程，即搬运贮存(简称运贮)。第二阶段是垃圾的清除(简称清运)，通常指垃圾的近距离运输，一般用清运车辆沿一定的路线收集清除容器和其他贮存设施中的垃圾，并运至垃圾转运站，有时也可就近直接送到垃圾处理厂和处置场。第三阶段为转运，特指垃圾的远距离运输，即在转运站将垃圾装载至大容量运输工具上，运往远处的处理处置场。后两个阶段需要运用最优化技术，根据垃圾源位置及垃圾性质分配到不同处置场，以使成本降到最低。

二、固体废物的清运

清运操作方法可分为拖拽式和固定式两种。

1. 拖拽容器系统

拖拽容器系统分为两种方式：传统方式和交换垃圾箱方式。如图 2-1-1 和图 2-1-2 所示。

第一种方式：将垃圾箱拖运到材料回收厂、转运站或处置场，把垃圾倒掉，然后，将其送回到原来的地方。

第二种方式：以交换的运作方式将垃圾箱托运到收集站、转运站或处置场，把垃圾倒掉，然后将其送回到另一个地方，当垃圾箱大小相似时采用交换方式最好。采用交换方式，驾驶员必须随车携带一个空垃圾箱，将其放在第一个收集点，然后开始收集。

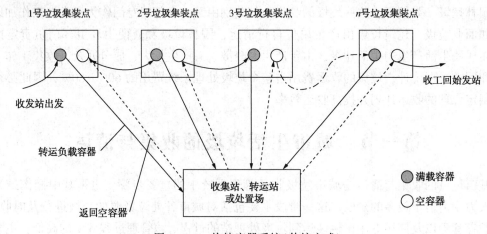

图 2-1-1 拖拽容器系统(传统方式)

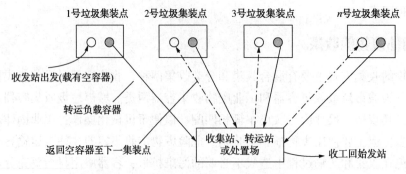

图 2-1-2 拖拽容器系统(交换垃圾箱方式)

收集成本的高低，主要取决于收集时间长短，因此对收集操作过程的不同单元时间进行分析，可以建立设计数据和关系式，求出某区域垃圾收集耗费的人力和物力，从而计算收集成本。可以将收集操作过程分为四个基本用时，即集装时间、运输时间、卸车时间和非收集时间(其他用时)。

（1）集装时间

对传统方式，每次行程集装时间包括满容器装车时间，及卸空容器放回原处时间、容器点之间行驶时间三部分。用公式表示为：

$$P_{hcs} = t_{pc} + t_{uc} + t_{dbc} \qquad (2-1-1)$$

式中　P_{hcs}——每次行程集装时间，h/次；

　　　　t_{pc}——满容器装车时间，h/次；

　　　　t_{uc}——空容器放回原处时间，h/次；

　　　　t_{dbc}——容器间行驶时间，h/次。

如果容器间行驶时间未知，可用下面运输时间公式(2-1-2)估算。

（2）运输时间

运输时间指收集车从集装点行驶至终点所需时间，加上离开终点驶回原处或下一个集装点的时间，不包括停在终点的时间。当装车和卸车时间相对恒定，则运输时间取决于运输距离和速度，从大量的不同收集车的运输数据分析，发现运输时间可以用下式近似表示：

$$h = a + bx \qquad (2-1-2)$$

式中　h——运输时间，h/次；

　　　　a——经验常数，h/次；

　　　　b——经验常数，h/km；

　　　　x——往返运输距离，km/次。

（3）卸车时间

专指垃圾收集车在终点(转运站或处理处置场)逗留时间，包括卸车及等待卸车时间。每一行程卸车时间用符号 S(h/次)表示。

（4）非收集时间

非收集时间指在收集操作全过程中非生产性活动所花费的时间。常用符号 w(%)表示非收集时间占总时间百分数。因此，一次收集清运操作行程所需时间(T_{hcs})可用下面公式表示：

$$T_{hcs} = (P_{hcs} + S + h)/(1-w) \qquad (2-1-3)$$

也可用下式表示：

$$T_{hcs} = (P_{hcs} + S + a + bx)/(1-w) \qquad (2-1-4)$$

当求出 T_{hcs} 后，则每日每辆收集车的行程次数用下式求出：

$$N_d = H/T_{hcs} \qquad (2-1-5)$$

式中　N_d——每天行程次数，次/d；

　　　　H——每天工作时数，h/d；其余符号同前。

每周所需收集的行程次数，即行程数可根据收集范围的垃圾清除量和容器平均容量，用下式求出：

$$N_W = V_W/(C \cdot f) \qquad (2-1-6)$$

式中　N_W——每周收集次数，即行程数，次/周，若计算值带小数时，需进值到整数值；

　　　　V_W——每周清运垃圾产量，m^3/周；

　　　　C——容器平均容量，m^3/次；

　　　　f——容器平均充填系数。

由此，每周所需作业时间 D_W 为：

$$D_W = t_W \cdot P_{hcs} \tag{2-1-7}$$

式中 t_W 为 N_W 取整到大的整数值。应用上述公式，即可计算出移动容器收集操作条件下的工作时间和收集次数，并合理编制作业计划。

【例2-1】某住宅区生活垃圾量约280m^3/周。拟用一辆垃圾车负责清运工作，实行改良操作法的移动式清运。已知该车每次集装容积为 8m^3/次，容器利用系数为 0.67，垃圾车采用八小时工作制。试求：为了及时清运该住宅垃圾，每周需出动清运多少次？累计工作多少小时？经调查已知：平均运输时间为 0.512h/次，容器装车时间为 0.033h/次；容器放回原处时间 0.033h/次，卸车时间 0.022h/次；非生产时间占全部工时25%。

① 按公式(2-1-1)：
$$P_{hcs} = t_{pc} + t_{uc} + t_{dbc} = 0.033 + 0.033 + 0 = 0.066(h/次)$$

② 清运一次所需时间，按公式(2-1-3)：
$$T_{hcs} = (P_{hcs} + S + h)/(1-w) = (0.066 + 0.512 + 0.022)/(1-0.25) = 0.80(h/次)$$

③ 清运车每日可以进行的集运次数，按公式(2-1-5)：
$$N_d = H/T_{hcs} = 8/0.8 = 10(次/d)$$

④ 根据清运车的集装能力和垃圾量，按公式(2-1-6)：
$$N_W = V_W/(C \cdot f) = 280/(8 \times 0.67) = 53(次/周)$$

⑥ 每周所需要的工作时间为：
$$D_W = t_W \cdot P_{hcs} = 53 \times 0.8 = 42.4(h/周)$$

2. 固定容器收集操作方法

固定容器收集操作法是指利用垃圾车到各容器集装点装载垃圾，容器倒空后固定在原地不动，车装满后运往转运站或处理处置场。固定容器收集法的一次行程中，装车时间是关键因素，分机械操作和人工操作。固定容器系统如图2-1-3所示。

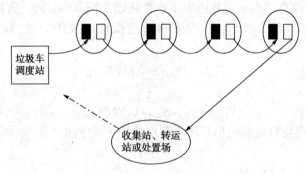

图 2-1-3　固定容器系统

（1）机械装车

每一收集行程时间用下式表示：
$$T_{scs} = (P_{scs} + S + a + bx)/(1-w) \tag{2-1-8}$$

式中　T_{scs}——固定容器收集法每一行程时间，h/次；

　　　P_{scs}——每次行程集装时间，h/次。

此处，集装时间为：
$$P_{scs} = C_t(t_{uc}) + (N_p - 1)(t_{dbc}) \tag{2-1-9}$$

式中　C_t——每次行程倒空的容器数，个/次；

t_{uc}——卸空一个容器的平均时间，h/个；

N_p——每一行程经历的集装点数；

t_{dbc}——每一行程各集装点之间平均行驶时间。

如果集装点平均行驶时间未知，也可用公式（2-1-2）进行估算，但以集装点间距离代替往返运输距离 x（km/次）。

每一行程能倒空的容器数直接与收集车容积与压缩比以及容器体积有关，其关系式：

$$C_t = Vr/(Cf) \tag{2-1-10}$$

式中　V——收集车容积，m^3/次；

r——收集车压缩比；

C——垃圾容器的体积，m^3；

f——垃圾容器的平均充填系数。

每周需要的行程次数可用下式求出：

$$N_W = V_W/(Vr) \tag{2-1-11}$$

式中　N_W——每周行程次数，次/周；其余符号同前。

由此每周需要的收集时间为：

$$D_W = [N_W P_{scs} + t_W(S+a+bx)]/[(1-w)H] \tag{2-1-12}$$

式中　D_W——每周收集时间，d/周；

t_W——N_W 值进到大整数值。

（2）人工装车

使用人工装车，每天进行的收集行程数 N_d 为已知值或保持不变。在这种情况下日工作时间为：

$$P_{scs} = (1-w)H/N_d - (S+a+bx) \tag{2-1-13}$$

每一行程能够收集垃圾的集装点可以由下式估算：

$$N_p = 60P_{scs}n/t_p \tag{2-1-14}$$

式中　n——收集工人数，人；

t_p——每个集装点需要的集装时间，人·min/点。

每次行程的集装点数确定后，即可用下式估算收集车的合适车型尺寸（载质量）：

$$V = V_p N_p/r \tag{2-1-15}$$

式中　V_p——每一集装点收集的垃圾平均量，m^3/次。

每周的行程数，即收集次数：

$$N_W = T_p F/N_p \tag{2-1-16}$$

式中　T_p——集装点总数，点；

F——每周容器收集频率，次/周。其余符号同前。

【例2-2】某住宅区共有1000户居民，由2个工人负责清运该区垃圾。试按固定式清运方式，计算清运时间及清运车容积，已知条件如下：每一集装点平均服务人数3.5人；垃圾单位产量1.2kg/（d·人）；容器内垃圾的容重120kg/m^3；每个集装点设0.12m^3的容器二个；收集频率每周一次；收集车压缩比为2；来回运距24km；每天工作8小时，每天行程2次；卸车时间0.10h/次；运输时间0.29h/次；每个集装点需要的人工集装时间为1.76分/（点·人）；非生产时间占15%；

① 按公式（2-1-13）反求集装时间：

$$H = N_d(P_{scs}+S+h)/(1-w)$$

所以：
$$P_{scs} = (1-w) \cdot H/N_d - (S+h) = (1-0.15) \times 8/2 - (0.10+0.29) = 3.01(h/次)$$

② 一次行程能进行的集装点数目：
$$N_p = 60P_{scs}n/t_p = 60 \times 3.01 \times 2/1.76 = 205(点/次)$$

③ 每集装点每周的垃圾量换成体积数为：
$$V_p = 1.2 \times 3.5 \times 7/120 = 0.245(m^3/次)$$

④ 清运车的容积应大于：
$$V = V_p N_p/r = 0.245 \times 205/2 = 25.1125(m^3/次)$$

⑤ 每星期需要进行的行程数：
$$N_W = T_p F/N_p = 1000 \times 1/205 = 4.88(次/周)$$

⑥ 每周需要的工作时间参照式(2-1-12)：
$$D_W = [N_W P_{scs} + t_W(S+a+bx)]/[(1-w)H]$$
$$= 2 \times [4.88 \times (3.01+0.10+0.29)]/(1-0.15) \times 8 = 4.89(d/周)$$

⑦ 每人每周工作日：
$$D_W/n = 4.89/2 = 2.44[d/(周·人)]$$

三、固体废物的运输

固体废物经鉴别分类和收集包装后，需要从不同的产生源地运送到中间转运站、处置场或综合利用设施。固体废物运输者需要认真核对运输清单、标记，选择合适的容器、装载方式和适宜的运输工具，确定合理的运输路线及对泄漏或临时事故的应急补救措施。目前广泛使用的输送方式有如下 5 种。

1. 带式输送机

带式输送机因其结构简单、功耗小、输送能力大，对物料适应性强，通常用于垃圾在场地内（如垃圾临时堆积储存场所）的短距离输送。采用多级传送带联合使用，可以提高传输距离、堆积高度。另外，在堆肥场或资源综合利用场所，带式输送机常与分拣机械配套使用；还可以通过组合使用或安置在行走机构上，实现传输或分流等功能，其输送倾角一般可达 38°~40°。

2. 振动式输送机

此种输送机在垃圾堆肥、分选和破碎工作中也有广泛应用。其优点是能均匀地输送物料，还可以利用其振动特性（振幅为 2cm，频率为 15Hz）作为均匀给料装置与传送带组合，实现直角或有落差场合的均匀输送。

3. 气流输送

国外已经使用气流输送在医院和大型建筑物群内收集松散的、未经处理的废物，以及向锅炉提供作为辅助燃料的经过破碎的有机废物。目前，气流输送已经从小区域规模向中型社区规模发展。在垂直输送中的气流输送速度为气流速度和物料在静止空气中沉落速度之差。经验表明，保持废物与空气的重量比为 1：10 比较适宜。输送时，要求物料对管道的摩擦损失尽量小，风机要工作在其安全系数范围内。

抽吸式管道接受系统是较新的更大范围的输送系统，已经开始用于城市固体废物的收集。日本横滨和瑞典哥德堡已经初步建成抽吸式管道城市垃圾的接受系统。在这种系统的优点如下：

（1）卫生，不必长期储存垃圾，高速的气流既可以运输物料，又起到清洁和吹干管道的作用。

（2）安全，垃圾及污物可以被迅速传输，减少周转存储带来的不安全因素。

（3）节省人力，减少了多道收集、运输、处理的人手。

（4）占地面积小，无需独立的空间来暂存垃圾。

4. 螺旋输送机

比较适宜输送料箱中的废物，不太适合于敞开堆放物料。对输送经粉碎以后的垃圾废料，螺旋输送具有牢固和稳定性，主要用于流化床焚烧炉的进料系统，在堆肥工艺中也有应用实例。

5. 车辆输送

城市垃圾运输车辆一般兼有收集功能，最初以敞开式液压自卸车型为主。为了保证在垃圾的收集和运输过程中不造成二次污染，目前新型垃圾运输车均采用密闭式。随着道路条件的不断改善和陆上运距不断加长，运输车辆将向大型密闭自卸车型发展。

（1）收集运输车辆类型

① 侧装式　配合垃圾圆筒或方筒设置，可大大减轻工人劳动强度。按其卸载方式又分为顶升倾卸式[图 2-1-4（a）]、箱体内置水平卸载式[图 2-1-4（b）]两种。

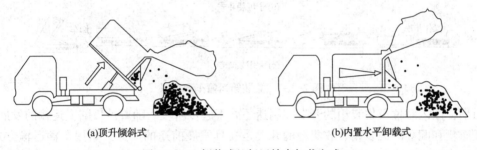

(a)顶升倾斜式　　　　　　　　(b)内置水平卸载式

图 2-1-4　侧装式垃圾运输车卸载方式

② 后装式　是近年来国内外运用比较广泛的垃圾收集车型，具有强压式装料功能、装载采用双向压缩，压缩比大，部分车型具有压碎压实功能，后装式垃圾压缩车辆如图 2-1-5 所示，后装式压缩垃圾车循环工作原理如图 2-1-6 所示。

图 2-1-5　后装式垃圾压缩车辆

③ 集装箱式运输车辆　一般集装箱还可兼做垃圾定点和流动收集箱，其构成包括拉臂式周转空箱和拉臂式运输车。运输车将满载箱拉上之后，到卸车点，可由车载液压吊钩提升

倾卸。常见集装箱式运输车主要有普通式[图2-1-7(a)]、子母船斗式[图2-1-7(b)]和牵引装卸式[图2-1-7(c)]。

装垃圾位置　提升板向后转动　提升板向下转动　提升板把垃圾刮上　压板向前运行
　　　　　　　　　　　　压板向后运动　　　　　　　　　　　把垃圾推入

图2-1-6　后装式压缩垃圾车循环工作原理

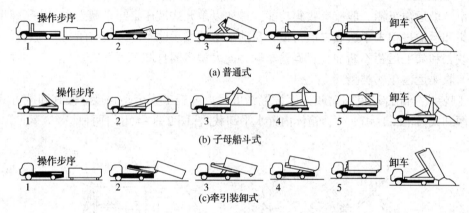

图2-1-7　集装箱运输车示意图

目前，国内对垃圾集装箱的开发和制造还处于起步阶段。随着垃圾陆上运输的发展，垃圾专用车辆和配套的集装箱、收集箱的开发是极具发展前途的产业。采用车辆运输方式时，要充分考虑车辆与收集容器的匹配、装卸的机械化、车身的密封、对废物的压缩方式、中转站类型、收集运输路线以及道路交通情况等。

（2）车辆装载效率

为了提高收集运输的效率，降低劳动强度，首先需要考虑收运过程的装卸机械化，而实现装卸机械化的前提是收运车辆与收集容器的匹配；车身的密封主要是为了防止运输过程中废物泄漏对环境造成污染，尤其是危险废物对其密封的要求更高；废物的压缩主要与车辆的装载效率有关。

车辆的装载效率(η)可以用下式表示：

$$\eta = \frac{垃圾重量}{空车重量} \qquad (2-1-17)$$

影响车辆装载效率的因素主要有：废物的种类(成分、含水率、容重、尺寸等)；车厢的容积与形状；容许装载负荷；压缩方式；压缩比。

η值随废物和车辆种类的不同而变化，因此用η值评价车辆的装载效率时，必须限定相同废物和相同车型。显而易见，车辆的压缩能力越强，废物的减容率越高，装载量也就越多。但是，压缩装置本身的重量也会降低车辆原有的装载能力。废物的压缩比通常用ξ表示，设废物的自由容重为$\gamma_f(N/m^3)$，压缩后容重为$\gamma_p(N/m^3)$，则压缩比可以表示为：

$$\xi = \frac{\gamma_f}{\gamma_p} \qquad (2-1-18)$$

其中，压缩后容重 γ_p 表示为：

$$\gamma_p = \frac{W}{V} \tag{2-1-19}$$

式中　W——装载废物重量，N；
　　　V——车厢容积，m^3。

四、垃圾存储装置

这里所说的存储装置是指一般运输环节中，为了提高运输效率而设置的小车转大车的中转站设备和垃圾焚烧前的存储装置、设施。另外，为应付一些如灾害性天气造成垃圾不能及时运走的情况，存储装置也是必需的。

1. 垃圾中转站

固体废物可以从产生地直接运往处置场，也可以经过转运站运输。但是，在大部分情况下，为了避免或减少处理处置过程对环境和健康造成危害，一般要求将固体废物处理处置设施建立在与城市居民区或工业区有一定距离的地方。在这种情况下，将垃圾直接从分散的产生地点直接运输到处置场是不经济的，甚至是不可能的。因此，通常是将收集到的废物先运到中转站，然后再集中运送到处理处置设施。从这个意义上来说，中转是城市垃圾收集运输系统中的一个重要环节。

2. 存储设备

存储设备用来存储垃圾和调节所处理的垃圾量，如垃圾焚烧厂的存储仓起到的作用，存储量一般为服务区域 5 天的垃圾量。最近科研人员又发现，经过 2~3 天的存储垃圾受自身的重压，渗滤液去除后，垃圾的热值会有一定程度的提高。

3. 存储与排出机

与现行的机械式废物收集车辆配套，比较容易将固体废物从排出机倒入收集车辆内，目前有螺旋式与滚筒式两种，如图 2-1-8 所示。

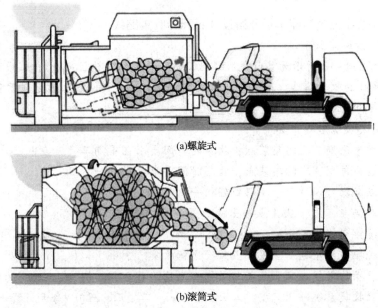

(a)螺旋式

(b)滚筒式

图 2-1-8　固体废物存储与排出机

五、垃圾收运路线设计

1. 设计原则

（1）收运线路应尽可能紧凑，避免重复或断续。

（2）收运线路应能平衡工作量，使每个作业阶段、每条路线的收集和清运时间大致相等。

（3）收运线路应避免在交通拥挤的高峰时间段收集、清运垃圾。

（4）收运线路应当首先收集地势较高地区的垃圾。

（5）收集线路起始点最好位于停车场或车库附近。

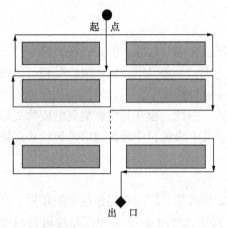

图 2-1-9　街区垃圾收运路线图

图 2-1-9 是由南-北向单行道和东-西双行道组合形成的街区垃圾收运路线。收运线路在单行街道收集垃圾，起点应尽量靠近街道入口处，沿环形路线进行路线收集工作。

2. 收集路线设计的步骤

主要问题是：收集车辆如何通过一系列的单行线或双行线街道行驶，使整个行驶距离最小，即空载行程最小。

主要步骤：

（1）在不同区域的大型地图上标出每个垃圾桶的放置点、垃圾桶的数量和收集频率。对固定容器系统还应标出每个放置点垃圾产生量。根据面积大小和放置点的数目，将地区划分成长方形和正方形的小面积。

（2）根据这个平面图，将每周收集相同频率的收集点的数目和每天需要空出的垃圾桶数目列出一张表。

（3）从调度站或垃圾车停车场开始设计每天的收集路线。

3. 设计收集清运路线实例

【例 2-3】图 2-1-10 所示为某收集服务区域（第一步已在图上完成）。试设计移动容器系统与固定容器系统的收集路线。两种收集操作方法若在每日 8h 中必须完成收集任务，试确定处置场距 B 点的最远距离可以是多少？

（1）已知有关数据和要求如下：

① 收集次数为每周 2 次的集装点，收集的时间要求在星期二、五。

② 收集次数为每周 3 次的集装点，收集时间要求在星期一、三、五。

③ 各集装点容器可以位于十字路口任何一侧集装。

④ 收集车车辆在 A 点，从 A 点早出晚归。

⑤ 移动系统按交换模式。

⑥ 移动系统操作从星期一至星期五每天进行收集。

⑦ 移动系统操作数据：容器集装与放回时间均为 0.033h/次，卸车时间为 0.053h/次。

⑧ 固定容器收集系统每周只安排 4 天（星期一、二、三、五），每天行程一次。

⑨ 固定容器收集系统的收集车选用 35m³ 的后装式压缩车，压缩比为 2。

⑩ 固定容器系统操作数据：容器卸空时间为 0.05h/个，卸车时间为 0.1h/次。

⑪ 容器估算行使时间常数 $a=0.06$h/次，$b=0.067$h/km。

⑫ 确定两种收集操作的运输时间。运输时间常数为 $a=0.08$h/次，$b=0.025$h/km。

⑬ 非收集时间系数均为 0.15。

（2）移动容器系统的路线设计

① 根据图 2-1-10 提供的资料进行分析、列表（路线设计的第二步）。

收集区域共有集装点 32 个，其中收集次数每周 3 次的有 11 和 20 两个点，每周共收集 6 次行程，时间要求在星期一、三、五；收集次数两次的有 17、27、28、29 四个点，每周共收集两次，共收集 8 次行程，时间要求在星期二、五；其余 26 个点，每周收集一次，共收集 26 次行程，时间要求在星期二至星期五。

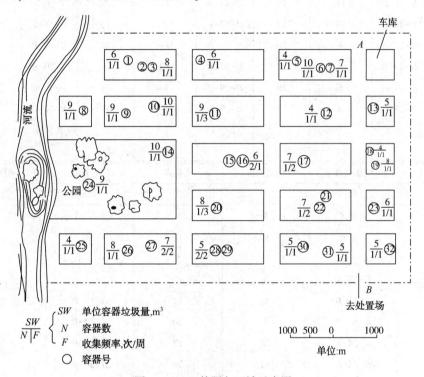

图 2-1-10　某服务区域示意图

三种收集次数的集装点，每周共需行程 40 次，因此平均安排每天收集 8 次，分配办法列成表 2-1-1。

表 2-1-1　容器收集安排

收集次数	集装点数	行程数/周	每日倒空的容器数				
			星期一	星期二	星期三	星期四	星期五
1	26	26	6	4	6	8	2
2	4	8		4			4
3	2	6	2		2		2
共计	32	40	8	8	8	8	8

② 通过反复试算，设计均衡的收集线路（第三、四步）。

在满足表 2-1-1 规定的次数要求的条件下，找到一种收集路线方案，使每天的行程大致相等，即 A 点到 B 点之间行驶距离约为 86km。每周收集路线设计与距离计算结果在表 2-1-2 中列出。

表 2-1-2 移动容器收集操作的收集路线

集装点	收集路线	距离/km	集装点	收集路线	距离/km	集装点	收集路线	距离/km
星期一			星期二			星期三		
	A 至 1	6		A 至 7	1		A 至 3	2
1	1 至 B	11	7	7 至 B	4	3	3 至 B	7
9	B-9-B	18	10	B-10-B	16	8	B-8-B	20
11	B-11-B	14	14	B-14-B	14	4	B-4-B	16
20	B-20-B	10	17	B-17-B	8	11	B-11-B	14
22	B-22-B	4	26	B-26-B	12	12	B-12-B	8
30	B-30-B	6	27	B-27-B	10	20	B-20-B	10
19	B-19-B	6	28	B-28-B	8	21	B-21-B	4
23	B-23-B	4	29	B-29-B	8	31	B-31-B	0
	B 至 A	5		B 至 A	5		B 至 A	5
共计		84	共计		86	共计		86

集装点	收集路线	距离/km	集装点	收集路线	距离/km
星期四			星期五		
	A 至 2	4		A 至 13	2
2	2 至 B	9	13	13 至 B	5
6	B-6-B	12	5	B-5-B	16
18	B-18-B	6	11	B-11-B	14
15	B-15-B	8	17	B-17-B	8
16	B-16-B	8	20	B-20-B	10
24	B-24-B	16	27	B-27-B	10
25	B-25-B	16	28	B-28-B	8
32	B-32-B	2	29	B-29-B	8
	B 至 A	5		B 至 A	5
共计		86	共计		86

③ 确定从 B 点到处置场的最远距离。

求出每次行程的集装时间——交换模式每次行程时间为：

$$P_{hcs} = t_{pc} + t_{uc} = 0.033 + 0.033 = 0.066 (\text{h/次})$$

利用式 (2-1-4) 和式 (2-1-5) 可求得往返运输距离：

$$N_d = (1-w) \times H / (P_{hcs} + S + a + bx)$$

$$8 = (1-0.15) \times 8 / (0.066 + 0.053 + 0.08 + 0.025x)$$

$$x = 26 \text{km/次}$$

确定从 B 点到处置场距离：

因为运输距离 x 包括收集距离在内，将其扣除后除以往返双程，便可得从 B 点到处置场最远单程距离：

$$(26-86/8)/2=7.63(km)$$

（3）固定容器系统的路线设计

① 用相同的方法求得每天需要收集的垃圾量，制成表 2-1-3。

表 2-1-3　固定容器收集操作的收集路线

收集次数/周	总垃圾量/m³	每日收集的垃圾量/m³				
		星期一	星期二	星期三	星期四	星期五
1	1×178	53	45	52	0	28
2	2×24		·24		0	24
3	3×17=51	17		17	0	17
共计	277	70	69	69	0	69

② 根据收集的垃圾量，经反复试算制定均衡的收集路线，每日收集路线列于表 2-1-4，A 点和 B 点间的每日的行驶距离列于表 2-1-5。

表 2-1-4　固定容器收集操作法收集路线

星期一		星期二		星期三		星期五	
集装次序	垃圾量/m³	集装次序	垃圾量/m³	集装次序	垃圾量/m³	集装次序	垃圾量/m³
13	5	2	6	18	8	3	4
7	7	1	8	12	4	10	10
6	10	8	9	11	4	11	9
4	9	9	9	20	8	14	10
5	8	15	6	24	9	17	7
11	9	16	6	25	4	20	8
20	8	17	7	26	3	27	7
19	4	27	7	30	5	28	5
23	6	28	5	21	7	29	5
32	5	29	5	22	7	31	5
总计	70	总计	68	总计	69	总计	70

表 2-1-5　A 点和 B 点间的每日行驶距离

时间	星期一	星期二	星期三	星期五
行驶距离/km	26	28	26	22

③ 从表 2-1-4 中可以看出，每天行程收集的容器为 10 个，故容器间的平均行驶的距离为：

$$(26+28+26+22)/4/10=2.55(km)$$

利用式(2-1-9)可以求出每次行程的集装时间：

$$P_{scs}=C_t(t_{uc}+t_{abc})=10×(0.05+0.06+0.067×2.55)=2.81(h/次)$$

④ 利用式(2-1-13)可求得 B 点到处置场的往返运距：

$$P_{scs}=(1-w)H/N_d-(S+a+bx)$$

$$2.81 = (1-0.15) \times 8/1 - (0.10+0.08+0.025x)$$
$$x = 152.4(\text{km})$$

⑤ 确定从 B 点至处置场的最远距离：
$$152.4/2 = 76.2(\text{km})$$

第二节　城市生活垃圾转运站的设置

一、定义

生活垃圾转运是指利用转运站，将从各分散收集点用小型收集车清运的垃圾，转运到大型运输工具，并将其远距离运输至垃圾处理处置场的过程。生活垃圾转运站是连接垃圾产生源头和末端处置系统的结合点，起到枢纽作用。

转运站的作用和功能可以归纳为以下几点：

(1) 集中收集和储存来源分散的各种固体废物。

(2) 对各种废物进行适当的预处理。例如：分选、破碎、压缩、解毒、中和、脱水，以及对有用物质的回收和再利用。通过这些预处理可以减少在后续运输和处理处置过程中的废物量和危险性，有利于提高整个废物管理的效率。

(3) 降低收运的成本。对于较长运输距离来说，大容量的运输车辆要比小容量的运输车辆经济有效，但在收集过程中，特别是城市垃圾的收集，小型车又比大型车灵活方便。在适宜的地方设置中转站，可以合理地分配使用车辆，提高收运系统的总体效率，大大降低运输费用。

二、垃圾收运模式选择

城市生活垃圾从收集、运输、中转到处理，构成了生活垃圾的处置系统。各个环节的合理配置、协调配合可获得最大的环境、社会和经济效益，相反则会造成环境的污染、劳动条件的恶化和费用支出的增加。城市生活垃圾收运系统是由处置系统中的收集、运输及中转 3 个环节组成，其硬件主要有各种收集和运输车辆(机械)、转运设备和辅助设备(如收集容器等)等。

以下介绍了 3 种城市生活垃圾收运模式：按城市规模划分(表 2-2-1)；按收集强度、距离等划分(表 2-2-2)；按收运距离划分(图 2-2-1)。

表 2-2-1　按城市规模划分

序　号	收运模式	适用地区
1	源头垃圾直接运输模式	大中、小城市、特大城市部分片区
2	定时垃圾收运模式	小城市
3	流动车收集收运模式	大中、小城市、特大城市部分片区
4	垃圾箱房收集模式	大中、小城市
5	地下垃圾箱收集模式	大中城市
6	垃圾通道收集模式	中小城市
7	真空管道垃圾收集模式	特定城市
8	集装箱+垃圾收集车收运模式	特大、大中城市

序 号	收运模式	适用地区
9	小型压缩收集站收运模式	特大、大中城市
10	收集点+压缩中转站收运模式	特大、大中城市

表 2-2-2　按收集强度、距离等划分

类型	收集强度 t/km^2	至处理厂距离/ km	收运模式		
			收集方式	转运模式	转运车
中心城区	30 以上	20 以上	2~6t 压缩车	中转站	15t 集装车
市区	10~30	10 以上	2~6t 压缩车，压缩收集站	直运+中转站	15t 集装车
近郊区	2~10	10 以上	人力收集车，3~6t 收集车，压缩收集站	直运+中转站+分流中心	8~15t 集装车
郊区	2 以下	10 以上	人力收集车，3~6t 收集车	直运+分流中心	8~10t 集装车

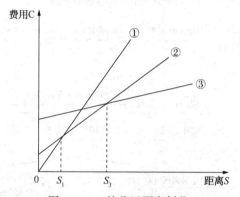

图 2-2-1　按收运距离划分

①—移动容器方式直接清运操作；②—固定容器方式直接清运操作；③—转运站转运清运操作

从图中分析：$S>S_3$ 时，中转站垃圾清运操作费用低，即需设置中转站；当 $S<S_1$ 时，应用移动容器方式直接进行垃圾清运操作较为经济合理，不需设置中转站；当 $S_1<S<S_3$ 时，使用固定容器方式直接清运垃圾，费用合理，因此也不需设置中转站。

三、垃圾常用转运方式

1. 五种常用转运方式

（1）非压缩直接转运方式

转运处理简单，设施投资少，运作管理费用低；将垃圾由小型车转装到大型车上，未进行压实减容；基本是敞开作业的，环境卫生条件较差。该工艺流程如图 2-2-2、图 2-2-3 所示。

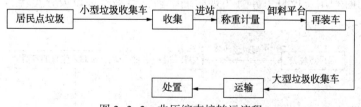

图 2-2-2　非压缩直接转运流程

（2）水平装箱转运方式

设有垃圾贮存槽，允许几辆收集车同时卸料；中转作业过程实现封闭和压缩减容，压缩比可达 2：1；设备布置形式多样，可满足不同进料方式，不同转运量的需要。配套中转车辆主要为车厢可卸式垃圾车，已实现系列化生产。该工艺流程如图 2-2-4、图 2-2-5 所示。

垃圾桶+前装式垃圾车

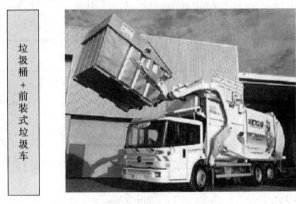

图 2-2-3　非压缩直接转运方式

居民点垃圾
小型垃圾收集车
收集
进站
称重计量
卸料平台
垃圾槽
装箱机
再装车
大型垃圾收集车
运输
处置

图 2-2-4　水平装箱转运流程

处理场
除尘除臭系统
卸料槽
拉臂车
集装箱
压缩机
收集车
引桥
称重系统

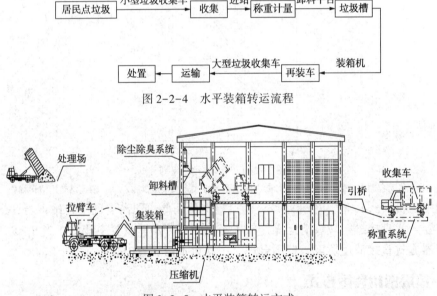

图 2-2-5　水平装箱转运方式

（3）竖直装箱转运方式

可利用垃圾自重达到压缩减容，也可用压实器自上而下压缩；较好地解决了竖立装箱工艺中容器工作状态的转换、压实机构的布置与容器的配合、特种车辆的配置及管理方式等；即使在没有电力时利用垃圾自重亦可实现压缩中转；容易实现垃圾分类转运。该工艺流程如图 2-2-6、图 2-2-7 所示。

居民点垃圾
小型垃圾收集
中转站
垃圾直接卸入竖直的容器
压缩
装车
大型运输车
长距离运输
处理处置厂(场)

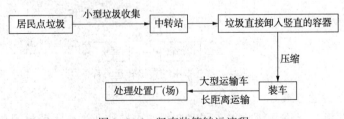

图 2-2-6　竖直装箱转运流程

图 2-2-7　竖直装箱转运方式

（4）预压缩装箱方式

设有垃圾贮存槽，允许几辆收集车同时卸料。垃圾在压缩机的强大压力作用下减容、压实并成形（块），垃圾的密度大大提高，可达到 $0.8 \sim 1.0 t/m^3$ 以上。排水效果较好。转运效率高，但投资高。该工艺流程如图 2-2-8、图 2-2-9 所示。

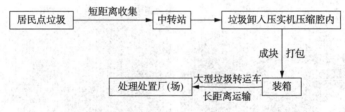

图 2-2-8　预压缩装箱流程

图 2-2-9　预压缩装箱方式

（5）车辆直接驳转（直运）方式

转运站设备较为简单、投资少；作业过程封闭性不好，作业环境较差，如图 2-2-10 所示。

2. 水路转运方式

通过水路可廉价运输大量垃圾，故也受到人们的重视。水路垃圾中转站需要设在河流或者运河边，垃圾收集车可将垃圾直接卸入停靠在码头的驳船里。水路转运如图 2-2-11 所示。

图 2-2-10　车辆直接驳转(直运)方式

图 2-2-11　水路转运方式

四、设置要求

　　垃圾转运站布局规划的主要参考依据是 CJJ 27《环境卫生设施设置标准》和 CJJ 47《城市垃圾转运站设计规范》。

1. 选址

对于城市垃圾来说，其中转站一般建议建在小型运输车的最佳运输距离之内。在选择转运站的位置时，要注意以下几个问题：①选择靠近服务地区的中心或废物产量最多的地方；②选择靠近干线公路或交通方便的地方；③选择基建或操作最方便的地方。

在规划和设计中转站时，应考虑以下几个因素：①每天的转运量；②转运站的结构类型；③主要设备和附属设施；④对周围环境的影响。

2. 规模

垃圾的转运量应根据服务区域内垃圾的高产月份平均日产量来确定。在不掌握实际数据时，可以按照下面公式计算：

$$Q = \delta \cdot n \cdot q / 1000 \qquad (2\text{-}2\text{-}1)$$

式中 Q——转运站的日转运量，t/d；

n——服务区域的实际人数；

q——服务区居民的人均垃圾日产量，kg/（人·d）。

δ——垃圾产量变化系数，可按照 $\delta = 1.3 \sim 1.4$ 给出。

转运站的规模可按转运量分为大型（$q > 450\text{t/d}$）、中型（$150\text{t/d} \leqslant q \leqslant 450\text{t/d}$）和小型（$q < 150\text{t/d}$）。用地面积标准根据日转运量确定，应符合表 2-2-3 的规定。

表 2-2-3 用地面积标准

转运量/(t/d)	用地面积/m²	与相邻建筑间距/m	绿化隔离带宽度/m
≤150	≤3000	≥10	≥5
150~450	2500~10000	≥15	≥8
>450	>8000	≥30	≥15

转运站的类型有很多，按其结构形式可以分为集中储运站和预处理中转站。前者是一种设施比较简单的收集站，固体废物在此不经过任何处理就迅速地转运出去，这种转运站投资少，转运速度快，作为小规模的废物转运应用较多。预处理中转站的结构如图 2-2-12 所示。

3. 设施

一般垃圾转运中转站设备包括：转运压缩机，转运垃圾暂存槽，转运拖车和周转箱，垃圾倾卸车，称重地磅，交通控制系统，洗车设备，站内污水处理设备，通风系统，监控系统，垃圾中转站关键设备是压缩机。垃圾中转流程如图 2-2-12 所示。

铁路及水路运输转运站，应设置与铁路系统及航道系统衔接的调度通信系统。

4. 建筑和环境绿化

转运站的外形应美观，操作应封闭，设备力求先进；其飘尘、噪声、臭气、排水等指标应符合环境监测标准；绿化面积应符合国家标准及当地政府的有关规定；转运站内建筑物、构筑物的布置应符合防火、卫生规范及各种安全要求，建筑设计和外部装修应与周围居民住房、公共建筑物及环境相协调。

五、设计实例

1. 国内设计实例

（1）地坑压缩式垃圾站

① 组成部分

组成部分：垃圾箱起重机（由吊装机构、行走机构、集装箱专用吊具和导轨等组成）、

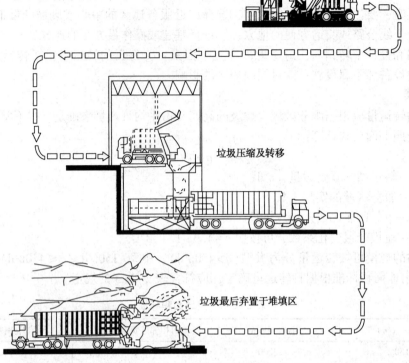

垃圾收集

垃圾压缩及转移

垃圾最后弃置于堆填区

图 2-2-12 垃圾中转流程

垃圾集装箱、压缩装置、电气系统等组成。

自卸车运输空垃圾箱到垃圾站——起重机吊起垃圾箱放入地坑——提垃圾箱小门——压缩装置推料——料满后放下垃圾箱小门——起重机吊起垃圾箱放入自卸车——运往填埋场。

② 结构特点分析

a. 垃圾箱起重机

由吊装电机、减速器、卷筒、滑轮组成吊装机构；由行走电机、减速器、行走轮组成行走机构，使吊装机构能在导轨上行走；由架体、挂箱电磁铁、连杆、滑轮等组成集装箱专用吊具。电磁铁吸合与分离，带动连杆，可挂住或脱开集装箱吊耳。导轨安装于工房顶部，作为吊装机构行走的轨道。

b. 垃圾集装箱

由箱体、吊耳、装料门和卸料门等组成。放置在地坑内，地坑下方安装有 V 形导向件。垃圾由前门装入，由后门卸出。整个垃圾集装箱由高强度耐磨型材和钢板组焊加工而成，并经特殊防腐蚀处理，结实、耐用、耐腐蚀。

垃圾集装箱的后门增加橡胶板，在关闭后门时，通过锁门机构的预压，使胶皮受到一定的压力，确保密封效果，杜绝了在垃圾运输的过程中垃圾液四溢的情况。装满垃圾的集装箱可以用经过简易改造的自卸车拉往填埋场。

c. 压缩装置

由液压系统、压装机、推板、提门机构和推压油缸等组成。整个压缩装置预埋在地坑内。用于对收集车卸入的松散垃圾压缩并装入垃圾集装箱内。

液压系统的液压泵、阀件采用了进口优质元件，提高了液压系统的可靠性。为了确保垃圾集装箱满载，保障转运车运输安全性，在压缩机的压缩油缸上还设置了压力传感器，工作压力达到设定值时即发出料满指示信号，压缩机做完该工作循环即自动停止压缩工作。

提门机构采用了一种自动伸缩的提升压紧装置。压装机、推板均由高强度耐磨型材和钢板组焊加工而成，并经特殊防腐蚀处理，其导轨采用先进的高强度耐磨钢板 NM 360 加工而成，滑块采用先进的高分子聚乙烯材料，耐磨性能更好。

压装机壳体与推板形成压缩腔，接纳来自收集车的垃圾。壳体内底部两角设有固定式导轨，对推板起定位导向作用。壳体后底部设有污水收集装置，当推板回缩时壳体底部的垃圾液可通过该装置导入污水池内。

d. 电气系统

电气系统由两部分组成，包括起重机控制部分和压缩装置电气系统。起重机控制部分实施对垃圾集装箱的起吊、下放、挂箱、松箱和横移等动作进行控制。

压缩装置电气系统采用了 PLC 控制技术，改善了整个系统的安全性、可靠性。电气控制系统分为手动和自动两种控制方式。在手动控制状态下，可对设备进行维护和维修。在自动控制状态下，可对设备进行正常的工艺控制。

通过电气系统的程序控制，站内设备自动化程度、可靠性大大提高；整套设备操作只需一人即可完成。为确保设备的可靠性，主要元器件均选用进口优质产品。

地坑压缩式垃圾转运站如图 2-2-13 所示。

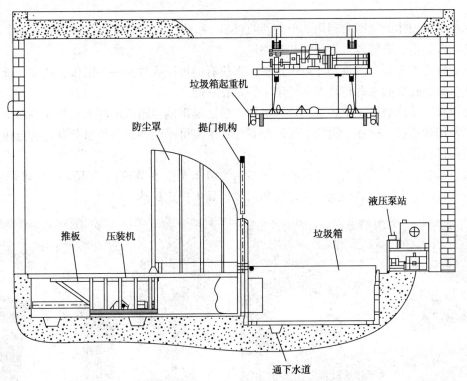

图 2-2-13　地坑压缩式垃圾转运站

e. 喷淋降尘系统

喷淋降尘系统由雾化喷头、电磁阀、管道过滤器和水管等组成，其水源为自来水系统。该系统用于垃圾转运站的降尘。雾化喷头安装于防尘罩的下方，当收集车向垃圾箱压缩腔内倾倒垃圾时传感器发出喷淋信号，电磁水阀自动打开，雾化喷头开始喷雾，扬起的灰尘在雾化喷头喷出的水雾作用下，绝大部分被沉降下来，达到降尘的目的。在喷淋的同时可将灭虫药液或芳香剂按一定比例掺到喷淋水中，起到消灭蚊蝇以及除臭作用。

压缩装置设置有污水槽，将垃圾液导流入下水管道。实验表明，只要渗滤液的量少于城市生活污水的 0.5%，那么渗滤液与城市生活污水可以合并处理，可以利用生活污水对渗滤液的缓冲，稀释作用以及城市生活污水的营养物质，改善提高渗滤液的可生化性，这样不但可以节省单独建立渗滤液处理的大额投资，而且可以降低单位处理成本。

液压泵站的总功率为 7.5kW，吊装电机的功率为 5kW，2 个行走电机的功率为 1.6kW，噪声分贝均不超过国家允许的 80dB。

（2）北京市六里屯五路居垃圾转运站

五路居转运站位于海淀区玉渊潭乡五路居，距收集区平均距离是 8km，距六里屯填埋场 25km，总面积为 $1.93×10^4 m^2$，总建筑面积 $3557m^2$，场区内建筑面积 $3268m^2$。转运车间是转运站的生产核心。主要处理海淀区的生活垃圾，日处理量 1500t，年处理量约 $54.8×10^4 t$。垃圾收集车由收集区进站后首先在地磅房进行称重，经引桥到达卸料平台将垃圾卸入地坑，垃圾在地坑推板的作用下进入压缩设备（转运车间共有 3 套压缩设备），该转运站采用预压块装式，即在压缩设备内将垃圾压缩成块，然后将垃圾块一次性推入转运集装箱。最后由转运车将集装箱运到六里屯卫生填埋场，进行卫生填埋。如图 2-2-14 所示。

2. 国外设计实例

（1）垃圾回收

通过城市固体废物回收利用的单向回收（SSR）系统，将所有可回收物品放入一个大型绿色加盖的容器中，该容器可直接滚动到路缘。

回收容器带盖且有两种尺寸可供选择，将所有的可回收物品——纸张、玻璃、纸板、铝和其他塑料等收集起来并将其与盖子牢牢固定在一起。

回收容器将从居民家中运送到位于美国奥尔巴尼市港口附近的拥有新型先进加工设备的工厂。使用输送机、磁铁、滚筒、筛网和其他技术将可回收物品按类型分开，送至相关制造车间进行再利用。

垃圾回收的前一天晚上，将回收车放在离垃圾车至少 5 英尺（1 英尺 = 0.3048m）远的地方，以便自动卡车可以轻松地收集垃圾和回收，具体模式见图 2-2-15。

图 2-2-14　五路居密闭式垃圾转运站

5英尺

图 2-2-15　回收模式

（2）垃圾转运站

如果不需要回收容器，但仍需垃圾回收处置，城镇居民可随时将其带到城镇垃圾收集和回收中转站。城镇垃圾转运站接受所有建筑垃圾、废金属、重瓦楞纸板、生活垃圾，器具和庭院垃圾。但是不接受有害废物，如液体油漆、机油、防冻剂、丙烷罐或汽车电池。

第三节　危险废物的收集、贮存及清运

《中华人民共和国固体废物污染环境防治法》中规定："危险废物，是指列入国家危险废物名录或者根据国家规定的危险废物鉴别标准和鉴别方法认定的具有危险特性的固体废物。"

危险废物的特性通常包括急性毒性、易燃性、反应性、腐蚀性、浸出毒性和疾病传染性。因此，在此类废物的收集、贮存及转运过程中必须采取一些特殊的管理措施，避免对环境产生危害。

一、危险废物的产生与收集

1. 产生

危险废物产生于工、农、商业各生产部门乃至家庭生活，其来源甚为广泛。表 2-3-1 列出一些具有代表性的生产产地和废物类别。

表 2-3-1　产生危险废物的典型部门和产出废物类别

部　　门	废 物 来 源	废 物 类 别
小型工业	金属处理(电镀、蚀刻、阳极化处理、镀锌) 照相业 纺织加工 印刷 毛皮制革	酸、重金属 溶剂、酸、银 镉、矿物酸 溶剂、染料、墨水 溶剂、铬
大型工业	铝土矿加工业 炼油业 石油制造业 化学、药品工业 氯工业	赤泥 废催化剂 废油 残留物、溶剂 汞
商业、农业	车辆维修 机场 干洗 电力变压器 医院 农场	废油 废油、废液等 卤化溶剂 多氯联苯(PCBs) 病原体、传染病源废物 废农药
家庭生活	从家庭收集的废物 从焚烧家庭废物产生的残余物	废电池、重金属等

2. 收集

危险废物一经产生，应立即将其妥善地放进专门保存该种危险废物的特种装置内，并加以保管，同时及时、科学地进行进一步贮存、处理或处置。

存放危险废物的容器应根据废物特性选择，特别要注意两者的相容性。常见的存放容器是钢制容器和特种塑料容器。此类容器都应清楚地标明内盛危险废物的名称、日期、类别、数量以及危害说明等项目。危险废物容器的包装应当安全可靠，包装时必须经过周密检查，严防在搬移、装载或清运途中出现渗漏、溢出、抛撒或挥发等情况，以免引发相应的环境污染问题。

根据危险废物的物化性质和形态，可采取不同材质的容器进行盛装。以下是可供选用的盛装容器和适于盛装的废物种类：

① $V=200L$ 带塞钢圆桶或钢圆罐，见图 2-3-1（a）：可供盛装废油和废溶剂。

② $V=200L$ 带卡箍盖钢圆桶，见图 2-3-1（b）：可供盛装固态或半固态有机物。

③ $V=30L$、$45L$ 或 $200L$ 塑料桶或聚乙烯罐：可供盛装无机盐液。

④ $V=200L$ 带卡箍盖钢圆桶或塑料桶：可供盛装散装的固态或半固态危险废物。

⑤ 贮罐：其外形与大小尺寸可根据需要设计加工，要求坚固结实，并应便于检查以防渗漏或溢出等事故的发生。此种装置适于贮存可通过管线输送方式送进或输出的散装液态危险废物。

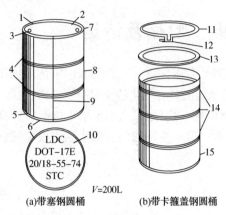

(a)带塞钢圆桶　　(b)带卡箍盖钢圆桶

图 2-3-1　危险废物盛装容器示例

1—顶箍；2—顶盖；3—气孔；4—加固箍；
5—底箍；6—桶底；7—塞（拧紧）；8—桶身；
9—咬口；10—制造厂家说明；11—螺栓箍；
12—螺栓；13—顶盖；14—加固圈；15—底箍

二、危险废物的贮存

放置在场内的桶或袋装危险废物可由产出者直接运往场外的收集中心或回收站（见图 2-3-2），也可以通过地方相关部门配备的专用清运车辆按规定路线运往指定的地点贮存或做进一步处理（见图 2-3-3）。

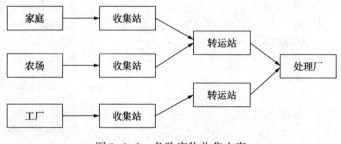

图 2-3-2　危险废物收集方案

典型的收集站由砌筑的防火墙及铺设有混凝土地面的若干库房式构筑物所组成，贮存废物的库房室内应保证空气流通，以防具有毒性和爆炸性的气体积累而产生危险。收进的危险废物应详实登记其类型和数量，并应按不同性质分别妥善贮存在安全装置内。

危险废物转运站的位置宜选择在交通路网便利的地方，由设有隔离带或埋于地下的液态危险废物贮罐、油分离系统及盛装有废物的桶或罐等库房所组成。站内工作人员应负责办理废物的交接手续，按时将所收存的危险废物如数装往处理厂的清运车厢，并责成清运者负责途中安全。转运站内部的运作方式及程序可参见图 2-3-4。

另外，还要根据危险废物的种类和特征进行标记，以便识别管理。例如美国按照危险废物的成分、工艺加工过程和来源进行分类，对各种危险固体废物规定了相应的编码符号，同时规定了几种主要危险特性标记。这几种主要特性的标记如表 2-3-2 所示。

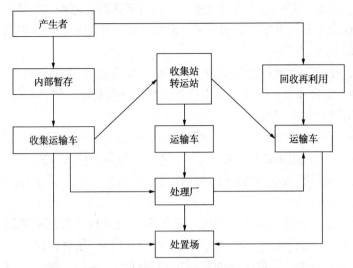

图 2-3-3 危险废物收集与转运方案

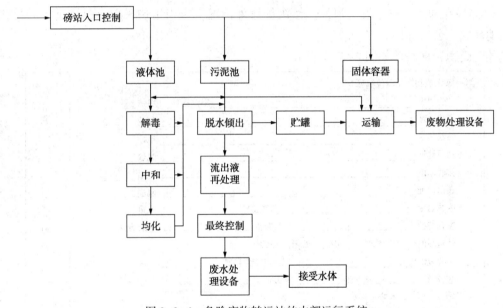

图 2-3-4 危险废物转运站的内部运行系统

表 2-3-2 几种主要危险特性标记

特 性	标 记	特 性	标 记
毒性	（T）	易燃性	（I）
EP 毒性	（E）	腐蚀性	（C）
急性毒性	（H）	反应性	（R）

三、危险废物的清运

　　危险废物的清运过程是危险废物生产者与废物贮存、处理之间的关键环节。整个清运过程要严格按照一定的规章制度来进行运作，确保危险废物安全清运到目的地。

　　危险废物同样可以通过陆路(包括公路和铁路)、水路以及空中运输工具进行清运。实际上，出于安全、经济、方便等方面的考虑，人们常常选取公路和铁路清运作为危险废物的主要清运方式，运输工具为专用公路槽车或铁路槽车。槽车设有特制防腐衬里，以防运输过程中发生腐蚀泄漏。

清运过程中，控制危险废物发生泄漏、产生危害的有效控制措施有：

① 清运车辆、船只和飞机等须经过主管单位严格查验审批，签发危险废物清运许可证，同时清运人员也应进行相关培训。

② 清运车辆、船只和飞机须有特种危险物标志或危险符号，利于人们辨别，并引起注意。目前可以参照使用我国铁路部门制定的 12 种危险物品的标志方法。

③ 清运车辆、船只和飞机执行任务时，须持有清运许可证，其上应注明废物来源、性质和运往地点。

④ 为了保证危险废物清运的安全无误，必须事先规划科学合理的清运方案，并且必须对万一危险废物发生泄漏、倾泻等情况，做出各种应急措施(紧急计划)。

⑤ 危险废物清运过程应采取周密的监督机制和制度。例如，配备专门的押运人员负责监督清运的全过程。

⑥ 如果在清运过程中发生泄漏、倾泻等意外情况，应当迅速采取应急措施，并尽快通知当地环保、公安部门。

危险废物转移联单如图 2-3-5 所示。

第一部分:废物产生单位填写

产生单位 ________ 单位盖章 电话 ____

通讯地址 ________ 邮编 ____

运输单位 ________ 电话 ____

通讯地址 ________ 邮编 ____

接收单位 ________ 电话 ____

通讯地址 ________ 邮编 ____

废物名称 ________ 类别编号 数量 ____

废物特性: ________ 形态 ________ 包装方式 ____

外运目的: 中转贮存 利用 处理 处置

主要危险成分 ________ 禁忌与应急措施 ________

发运人 ____ 运达地 ____ 转移时间 ____ 年 __ 月 __ 日

第二部分: 废物运输单位填写

运输者须知:你必须核对以上栏目事项,当与实际情况不符时,有权拒绝接受。

第一承运人 ________ 运输日期 ____ 年 __ 月 __ 日

车(船)型: ____ 牌号 ____ 道路运输证号 ____

运输起点 ____ 经由地 ____ 运输终点 ____ 运输人签字 ____

第二承运人 ________ 运输日期 ____ 年 __ 月 __ 日

车(船)型: ____ 牌号 ____ 道路运输证号 ____

运输起点 ____ 经由地 ____ 运输终点 ____ 运输人签字 ____

第三部分:废物接受单位填写

接受者须知:你必须核对以上栏目事项,当与实际情况不符时,有权拒绝接受。

经营许可证号 ________ 接收人 ____ 接收日期 ____

废物处置方式: 利用 贮存 焚烧 安全填埋 其他

单位负责人签字 ________ 单位盖章日期 ________

第五联

接受地环保局

图 2-3-5　危险废物转移联单格式示例

习题与思考题

1. 垃圾的收集主要有哪些方式？你所在的城市采用哪些方式收集垃圾？

2. 容器收集垃圾的方式有何优缺点？如何确定每个收集点的容器数量？

3. 确定城市生活垃圾收集线路时主要应考虑哪些因素？试在你所在学校的地图上设计一条高效率的废物收集路线。

4. 转运站设计时应考虑哪些因素？转运站选址时应注意哪些事项？

5. 危险废物收集及运输过程中应注意哪些事项？

6. 从下列数据估算有4000住户的住宅区垃圾产生量。统计地点为该区垃圾转运站，时间1周。设每户平均4人，运入垃圾为：①手推车65次，平均载重600kg/车；②三轮车50辆，平均载重500kg/车；③后装收集车35辆，平均载重1400kg/车。

7. 拖拽容器系统分析：从一个新建工业园区收集垃圾，根据经验从车库到第一个容器放置点的时间(t_1)以及从最后一个容器到车库的时间(t_2)分别为15min和20min。假设容器放置点之间的平均驾驶时间为6min，装卸垃圾所需的平均时间为24min，工业园到垃圾处置场的单程距离为25km(垃圾收集车最高行驶速度为88km/h)，试计算每天能清运的垃圾容器的数量(每天工作8h，非工作因子为0.15，处置场停留时间为0.133h，a为0.016h，b为0.012h/km)。

8. 对于运输时间的计算公式$t=a+bx$中，确定时间常数a和b。实测数据如下表所示，计算距离处置场10km处的时间常数和往返行驶时间。

每天运输距离(x)/km	平均运输速度(v)/(km·h^{-1})	总时间($t=x/v$)/h
2	17	0.12
5	28	0.18
8	32	0.25
12	36	0.33
16	40	0.4
20	42	0.48
25	45	0.56

9. 某住宅区生活垃圾量约为300m³/周，拟用一辆收集车负责清运工作，实行改良操作法的拖拽容器系统清运。已知该车每次集装容积为7m³/次，容器利用系数为0.67，清运车采用8h工作制。试求为及时清运该住宅垃圾，每日和每周需出动清运多少次？累计工作多长时间(h)？

经调查已知：平均运输时间0.512h/次，容器装车时间0.033h/次，容器放回原处时间0.033h/次，卸车时间0.022h/次，非生产时间占全部工时的25%。

10. 一个较大居民区，每周产生的垃圾总量大约为459m³，每栋房子设置两个垃圾收集容器，每个容器的容积为154.3m³。每周人工收运收集车收集一次垃圾，收集车的容量为26.8m³，配备工人2名，试确定收集车每个往返的行驶时间以及需要的工作量。处置场距离居民区36km，速度常数a和b分别为0.022h和0.01375h/km，容器利用效率为0.7，收集车压缩系数为2，每天工作时间按8h考虑。

11. 居民区垃圾收集系统设计：一个高级别墅住宅区，拥有1000户居民。请为该区设计垃圾收集系统。对两种不同的人工收集系统进行评价。第一种系统是侧面装运收集车，配备一名工人；第二种系统是车尾装运收集车，配备两名工人。试计算收集车的大小，并比较不同收集系统所需要的工作量，以下数据供参考：①每个垃圾容器服务居民数量为3.5人；②人均垃圾产生量为1.2kg/(人·d)；③容器中垃圾密度为120kg/m³；④每次服务容器数为2个0.25m³的容器和1.5个硬纸箱容器(平均0.15m³)；⑤收集频率为1次/周；⑥收集车压缩系数$r=2.5$；⑦往返运输距离为$x=22$km/次；⑧每天工作时间$H=8$h；⑨每天运输次数$N_d=2$；⑩始发站(车库)至第一收集点时间$t_1=0.3$h；⑪最后一个收集点至车库的时间$t_2=0.4$h；⑫非生产性因子$w=0.15$；⑬速度常数$a=0.016$h，$b=0.01125$h/km；⑭处置场停留时间$s=0.10$h/次。

第三章　固体废物的预处理技术

预处理是以机械处理为主，涉及废物中某些组分的简易分离与浓集的废物处理方法。预处理的目的是方便废物后续的资源化、减量化和无害化处理与处置操作。预处理技术主要有压实、破碎、分选等。

第一节　固体废物的压实

固体废物的压实与破碎是固体废物预处理的重要环节，是利用物理方法使固体废物转化为适于运输、贮存、资源化利用及处理处置的一种过程。压实处理通过消耗压力能来提高固体废物的容重，减少固体废物的输送量和处置体积，具有明显的经济意义。破碎处理是在外力作用下破坏质点间的内聚力使大块固体废物分裂为小块，小块的固体废物分裂为细粉的过程。经破碎处理后，固体废物变成适合进一步加工或能经济地再处理的形状与大小，直接填埋或用作土壤改良剂。破碎是资源回收的一个重要环节，也是能量消耗最大的一个环节。

一、固体废物的压实

在固体废物进行资源化处理过程中，废物的交换和回收利用均需将原来松散的废物进行压实、打包，然后从废物产生地运往废物回收利用地。如在城市垃圾的收集运输过程中，许多纸张、塑料和包装物，具有很小的密度，占有很大的体积，必须经过压实，才能有效地增大运输量，减少运输费用。有些固体废物还可利用压实技术制取高密度的惰性材料或建筑材料，便于贮存或再次利用。

固体废物可以认为是由各种颗粒以及颗粒之间充满空气的空隙所构成的集合体。由于废物中的空隙较大，而且许多颗粒有吸收水的能力，因此废物中的所有水分都吸收在固体颗粒中而不存在于空隙中。这样，固体废物的总体积就等于固体颗粒的体积加上空隙的体积，即

$$V_m = V_s + V_v \tag{3-1-1}$$

式中　V_m——固体废物总体积；
　　　V_s——固体颗粒体积(包括水分)；
　　　V_v——空隙体积。

描述固体废物的空隙通常用空隙比和空隙率来表示。

$$\text{空隙比}\quad e = \frac{V_v}{V_s} \tag{3-1-2}$$

$$\text{空隙率}\quad n = \frac{V_s}{V_m} \tag{3-1-3}$$

压缩比即固体废物压实前的体积与压实后的体积之比，用下式来表示：

$$R = \frac{V_1}{V_0} \tag{3-1-4}$$

式中　　R——固体废物体积压缩比；

V_0——废物压缩前的原始体积；

V_1——废物压缩后的最终体积。

当固体废物为均匀松散物料时，其压缩比可以达到 3~10 倍，一般固体废物压实后的压缩比为 3。对固体废物实施的压力，根据不同物料有不同的压力范围，一般可以在几 kg·f/m² ~ 几百 kg·f/m²（1kg·f/m² = 98066.5Pa）。近年来日本创造了一种高压压缩技术，对垃圾进行三次压缩，最后一次压力约 25.3MPa，将垃圾制成垃圾块，密度达到 1125.4~1380kg/m³。

压实不适于刚性材料、含易燃易爆成分的材料以及含水废物，大块的木材、金属、玻璃以及塑料也不应该压实，因为这些物质可能损坏压实设备。国外经济发达国家已普遍采用压实技术处理固体废物，一些家庭生活垃圾的收集也采用小型家庭用压实器。

二、压实设备

固体废物的压实设备称为压实器，有固定式和移动式两种形式，其工作原理大体相同，均由容器单元和压实单元构成。前者容纳物料，后者在液压或气压的驱动下依靠压头将物料压实。移动式压实器一般安装在收集垃圾的车上，接受固体废物后即进行压缩，随后送往处理处置场地。固定式压实器一般设在固体废物转运站、高层住宅垃圾滑道底部，以及需要压实废物的场合。以下是几种常见的固体废物压实器。

1. 水平式压实器

图 3-1-1 为水平压实器示意图，其操作是靠做水平往复运动的压头将物料压到矩形或方形的钢制容器中，随着容器中物料的增多，压头的行程逐渐变短，装满后压头呈完全收缩状。此时，可将铰接连接的容器更换，另一空容器装好再进行下一次的压实操作。

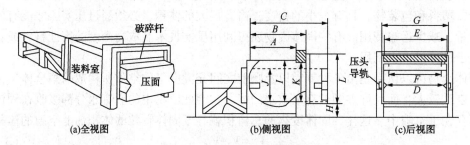

图 3-1-1　水平压实器示意图

A—有效顶部开口长度；B—装料室长度；C—压头行程；D—压头导轨宽度；

E—装料室宽度；F—有效底部开口宽度；G—出料口宽度；H—压面高度；

I—装料室高度；J—压头高度；K—破碎杆高度；L—出料口高度

2. 三向垂直压实器

该压实器装有 3 个相互垂直的压头，废物置于料斗后，三向压头 1、2、3 依次实施压缩将废物压实成密实的块体。该装置多用于松散金属类废物的压实，其结构如图 3-1-2 所示。

3. 回转式压实器

平板型压头连接于容器的一端，借助液压驱动。这种压实器适于压实体积小、质量轻的固体废物，结构如图 3-1-3 所示。

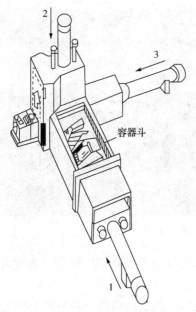

图 3-1-2　三向垂直压实器

1，2，3—压头

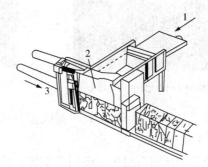

图 3-1-3　回转式压实器

1，3—压头；2—容器

4. 城市垃圾压实器

垃圾压装机用于生活垃圾集中收运过程中的压装工序，以提高转运箱装载率和转运车辆的使用效率，图 3-1-4 为大型垃圾压装机。

（1）压缩机类型

① 直压式压装机　通过自动液压夹钳式锁紧装置与转运箱紧固相连，液压驱动的活塞直接将垃圾推入转运箱内进行压缩，见图 3-1-5。

图 3-1-4　垃圾压装机

图 3-1-5　直压式压装机

② 预压式压装机　垃圾在压缩机自设的压缩室内压缩成块后一次性推入转运箱内，压缩产生的渗沥液集中收集处理，见图 3-1-6。

③ 双模式压装机　兼具直压和预压功能，常规采用直压模式，以提高压装效率；处理松散或含水率较高的垃圾时，可转换为预压模式，见图 3-1-7。

图 3-1-6 预压式压装机

图 3-1-7 双模式压装机

④ 金属打包机 可将垃圾中回收汇集后的金属废料挤压成规则的块状，方便存储、运输，见图 3-1-8。

⑤ 轻质物压缩打包机 适用于纸张、塑料及纸塑、铝塑包装物等轻质物料的连续压缩打包，配备自动控制液压系统，过载自动保护装置，见图 3-1-9。

图 3-1-8 金属打包机

图 3-1-9 轻质物压缩打包机

（2）城市垃圾压实流程

用于城市垃圾的压实器，其结构与上述相似，如常用的三向垂直压实器和水平压实器等，由于生活垃圾中含有大量的腐败有机物及水分，为防止压实过程对压实器的腐蚀，通常可在表面涂覆沥青。另外，对城市垃圾是否采用压实处理，还要考虑后续的处理技术。一般来说，压实会对分选工作产生一定的影响，如用分选法分离垃圾中的纸张时，会因压实产生的水分而影响分选的效果。

图 3-1-10 为日本与美国较先进的城市垃圾压缩处理工艺流程。具体流程如下：垃圾先装入四周垫有铁丝网的容器中，然后送入压缩机压缩，压力为 16～20MPa，压缩比可达到 5∶1，压缩后的压块由推动活塞向上推出压缩腔，送入 180～200℃沥青浸渍池 10s 涂浸沥青防漏，冷却后经运输皮带装入汽车运往垃圾填埋场。压缩污水进入油水分离器进入活性污泥处理系统，处理水灭菌后排放。

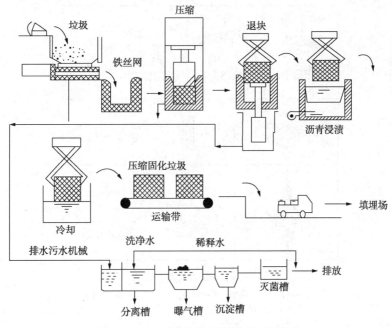

图 3-1-10　城市垃圾压缩处理工艺流程

第二节　固体废物的破碎

物料的易碎性不仅与物体的强度、硬度、密度、结构及均匀性有关，还与其形状、含水量、黏性、裂痕以及表面性质有关。粉碎时物料粒度与易碎性密切相关，同一物料随粒度减小，强度增高，给粉碎带来不利影响。

固体废物破碎的目的如下：（1）容易使废物混合均匀，可提高燃烧、热解等处理过程的效率及稳定性；（2）可防止粗大、锋利的废物损坏分选、焚烧、热解等设备；（3）可减小容积，降低运输费用；（4）容易通过磁选等方法回收小块的贵重金属；（5）破碎后的生活垃圾进行填埋处置时，压实密度高而均匀。

一、破碎方法

目前，对物料的破碎方法主要有物理方法与机械方法两类。物理破碎方法主要有超声波、水射流、低温与热破碎。机械破碎方法对物料的施力方式有压力、剪切、劈碎、研磨、冲击和弯曲等，如图 3-2-1 所示。对于具体一种破碎机，破碎时几种施力方式同时存在，并以一种或几种为主。

机械破碎施力种类因物料性质、粒度及粉碎产品的要求不同，归纳起来大致可按如下的原则选择：（1）粒度较大或中等硬度的物料——压碎、冲击或打击、弯曲等；（2）粒度较小的坚硬物料——压碎、冲击、研磨、剪切等；（3）粉状或泥状物料——研磨、冲击、压碎等；（4）磨蚀性弱的物料——冲击、打击、劈碎、研磨等；（5）磨蚀性较强的物料——以压碎为主；（6）韧性物料——剪切或高速冲击；（7）多组分物料——冲击作用下的选择性破碎。

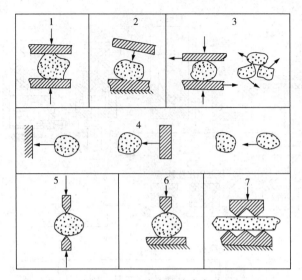

图 3-2-1 破碎的施力方式
1—压碎；2—打击；3—研磨；4—冲击；5—剪切；6—劈碎；7—弯曲

二、破碎比

在破碎过程当中，原废物粒度与破碎产物粒度的比值称为破碎比。破碎比表示废物粒度破碎过程中减少的比例，表征了废物被破碎的程度。破碎机的能量消耗处理能力与破碎比有关。破碎比的表征方法主要有以下两种：

（1）用废物破碎前的最大粒度（D_{max}）与破碎后的最大粒度（d_{max}）的比值来确定破碎比（i）。

$$i = D_{max}/d_{max} \qquad (3-2-1)$$

（2）用废物破碎前的平均粒度（D_{cp}）与破碎后的平均粒度（d_{cp}）的比值来确定破碎比（i）。

$$i = D_{cp}/d_{cp} \qquad (3-2-2)$$

一般破碎机的平均破碎比在 3~30 之间，磨碎机破碎比可达 40~400 以上。

三、破碎段

固体废物每经过一次破碎机或磨碎机称为一个破碎段。如若要求的破碎比不大，则一段破碎即可。但对有些固体废物的分选工艺，如浮选、磁选等，由于要求入料的粒度很细，破碎比很大，所以通常根据实际需要将几台破碎机或磨碎机依次串联起来组成破碎流程。对固体废物进行多次（段）破碎，其总破碎比（i）等于各段破碎比（i_1，i_2，…，i_n）的乘积，如式（3-2-3）所示。

$$i = i_1 \times i_2 \times i_3 \times \cdots \times i_n \qquad (3-2-3)$$

破碎段数是决定破碎工艺流程的基本指标，主要决定破碎废物的原始粒度和最终粒度。破碎段数越多，破碎流程越复杂，工程投资相应增加，因此，如果条件允许的话，应尽量减少破碎段数。根据固体废物的性质、颗粒的大小、要求达到的破碎比和选用的破碎机类型，每段破碎流程可以有不同的组合方式，其基本工艺流程如图 3-2-2 所示。

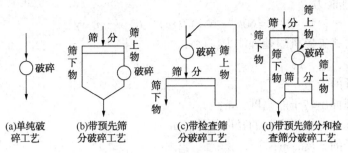

(a)单纯破　　(b)带预先筛　　(c)带检查筛　　(d)带预先筛分和检
碎工艺　　分破碎工艺　　分破碎工艺　　查筛分破碎工艺

图 3-2-2　破碎的基本工艺流程

四、破碎设备

常用的破碎设备有剪切式破碎机、冲击式破碎机、颚式破碎机、球磨机等。前述几种破碎技术均是在常温下进行，由于破碎过程产生的噪声、粉尘等严重污染环境。另外还消耗大量的动力，为此又开发了低温破碎和湿式破碎技术。新技术的开发不仅解决了破碎过程的能源问题同时还对后续的分选操作起到了积极的作用。

1. 剪切破碎机

剪切破碎机是通过固定刀刃与活动刀刃(包括往复刀和回转刀)之间的啮合作用将固体废物剪切成适宜的形状和尺寸。根据刀刃的运动方式，可分为往复式与回转式。

2. 冲击式破碎机

冲击式破碎机具有破碎比大、适应性强、构造简单、外形尺寸小、操作方便、易于维护等特点。适用于破碎中等硬度、软质、脆性、韧性及纤维状等多种固体废物。

常见的冲击式破碎机主要有锤式破碎机、反击式破碎机。

（1）锤式破碎机

锤式破碎机是最普通的一种工业破碎设备，按转子数目可分为两类。一类为单转子锤式破碎机，只有一个转子；另一类为双转子锤式破碎机，有两个做相对运动的转子。锤式破碎机一般分为卧轴锤式破碎机和立轴锤式破碎机。

① 卧轴锤式破碎机

卧轴锤式破碎机中，轴由两端的轴承支撑。原料借助重力或用输送机送入，转子下方装有算条筛，算条缝隙的大小决定破碎后颗粒的大小。有些锤式破碎机是对称的，转子的旋转方向可以改变，以变换锤头的磨损面，减少对锤头的检修。

② 立轴锤式破碎机

立轴锤式破碎机有一根立轴，物料靠重力进入破碎腔的侧面。这种破碎机，通常在破碎腔的上部间隙较大，越往下间隙逐渐减小。因此，当物料通过破碎机时，就逐渐被破碎，破碎后颗粒尺寸取决于下部锤头与机壳之间的间隙。

（2）反击式破碎机

反击式破碎机是一种新型高效破碎设备，具有破碎比大、适应性广（可以破碎中硬、软、脆、韧性、纤维性物体）、构造简单、外形尺寸小、安全方便、易于维护等许多优点。

冲击式破碎机的参数计算如下：

① 转速　冲击破碎机的转速取决于板锤端部的圆周速度的大小。

② 处理能力　除按生产厂家提供的有关技术特征并参阅生产实践的数据外，也可按如

下公式计算其处理能力：

$$Q = 60k_q \cdot N \cdot (h+e) \cdot L \cdot d \cdot n \cdot \gamma \qquad (3\text{-}2\text{-}4)$$

式中　Q——冲击式破碎机的处理能力，t/h；

　　　k_q——系数，$k_q \approx 1$；

　　　N——板锤的个数；

　　　h——板锤伸出转子的高度，m；

　　　e——板锤与冲击板之间的径向间隙，m；

　　　L——转子的长度，m；

　　　d——最大的排料粒度，m；

　　　n——转子的转速，r/min；

　　　γ——物料的松散体积密度，t/m³。

$$Q = 3600L \cdot V \cdot e \cdot \gamma \cdot \mu \qquad (3\text{-}2\text{-}5)$$

式中　V——板锤的圆周速度，m/s；

　　　μ——松散系数，0.2~0.7。

③ 电动机功率　按照下列公式计算：

$$N = W_0 \cdot Q \qquad (3\text{-}2\text{-}6)$$

式中　N——冲击式破碎机的电动机功率，kW；

　　　W_0——物料破碎的比功耗，(kW·h)/t，建议取 1.2~2.4；

　　　Q——冲击式破碎机的处理能力，t/h。

3. 辊式破碎机

辊式破碎机施力方式以剪切与挤压为主。一般分为光辊破碎机和齿辊破碎机，光辊破碎机的辊子表面光滑，主要作用为挤压与研磨，可用于硬度较大的固体废物的中碎与细碎，齿辊破碎机辊子表面有破碎齿牙，使其主要作用为劈裂，主要用于脆性大或塑性较大的废物。辊式破碎机的工作过程是：旋转的工作转辊借助摩擦力将给到其上的物料块带入破碎腔内，使之受到挤压和磨削作用(有时还兼有劈碎和剪切作用)而破碎，最后由转辊带出破碎腔成为破碎产品排出。

辊式破碎机技术参数如图3-2-3所示。两个辊子的直径为 D，被破碎物料颗粒直径为 d。颗粒和辊子之间的法向力为 N，切向力为 T。如果合力 R 的方向向下，该颗粒就能被卷入和被破碎；如果 R 的方向向上，该颗粒将浮动在辊子上。

辊式破碎机的参数计算如下：

(1) 辊子直径

光面双辊破碎机辊子直径的理论公式为：

$$D = \frac{1}{20} \cdot \phi \qquad (3\text{-}2\text{-}7)$$

式中　D——辊子直径，mm；

　　　ϕ——物料与辊面之间的摩擦系数，一般 $f=0.3$，$\phi = 16°40'$。

(2) 辊面的圆周速度和辊子的转速　光面辊碎机在破碎中硬物料，且破碎比为4时辊面的圆周速度为：

$$V = \frac{1.27\sqrt{D}}{\sqrt[4]{\left(\dfrac{D+d}{D+s}\right)^2 - 1}} \qquad (3\text{-}2\text{-}8)$$

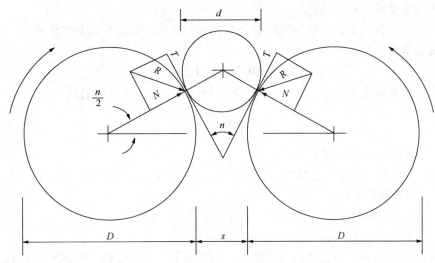

图 3-2-3　辊式破碎机技术参数的定义

式中　V——辊面的圆周速度，m/s；

　　　D——辊子的直径，m；

　　　d——最大给料粒度，m；

　　　s——排料口宽度，m。

　　圆周速度通常在 1.5~7m/s 之间。破碎的物料越硬、给料粒度越大，使用齿面辊子时圆周速度取小值。高速齿面破碎机的圆周速度可达 8~10m/s，适用于给料粒度较大的软或中硬物料，而且能破碎有明显解离或自然脆弱裂纹的坚硬物料。

　　另外，考虑辊子直径、结料粒度、物料与辊面之间的摩擦系数等因素的转子转速计算公式为：

$$N = K \sqrt{\frac{f}{D \cdot d \cdot \phi}} \qquad (3-2-9)$$

式中　K——与辊面形状有关的系数，$K=120~240$，光面的辊碎机取上限；齿面或槽形齿的辊碎机取下限。

　　（3）处理能力

　　辊碎机的处理能力与排料口尺寸、辊子圆周速度和辊碎机的规格尺寸等因素密切相关，有以下理论公式：

$$Q = 188s \cdot L \cdot D \cdot n \cdot \gamma \cdot \mu \qquad (3-2-10)$$

式中　Q——辊碎机的处理能力，t/h；

　　　s——排料口宽度，m；

　L、D——辊子的长度和直径，m；

　　　n——辊子的转速，r/min；

　　　γ——物料的松散体积密度，t/m³；

　　　μ——物料的松散系数，处理中硬物料、破碎比=4，给料粒度为 0.8×破碎机最大给料粒度时，$\mu=0.3~0.5$；给料粒度为(0.8~1)×破碎机的最大给料粒度时，$\mu=0.25~0.5$；若破碎比较小，μ 最大可取 0.8，破碎煤、焦炭或潮湿物料时，$\mu=0.4~0.75$。

（4）电动机功率

辊碎机的电动机功率，通常按照经验公式或生产数据来确定。光面辊碎机破碎中硬物料时的电动机功率公式为：

$$N = 0.795K \cdot L \cdot V \qquad (3-2-11)$$

当辊面的圆周速度为2.5~3.3m/s、破碎软物料时的电动机功率公式为：

$$N = 0.06\frac{d}{s}Q \cdot \gamma \qquad (3-2-12)$$

式中　N——电动机功率，kW；

　　　K——与给料和破碎产品粒度有关的系数，$K = 0.6D/d + 0.15$（D为给料粒度，d为破碎产品粒度）；

　　　V——辊子的圆周速度，m/s；

　　　s——排料口宽度，mm。

辊式破碎机能耗低、产品过粉碎程度小，构造简单、工作可靠。但破碎效果不如锤式破碎机，另外此种破碎机运行时间长，使得设备较为庞大。目前也开发出一些专用的辊式破碎机，如袋装垃圾破袋机与用于废旧电路板粗碎的辊式破碎机。

图3-2-4　袋装垃圾专用破袋机

破袋机主要由机架、辊筒、破袋刀、传动装置、过载保护装置及防缠绕装置等组成（图3-2-4）。其工作原理是：当袋装垃圾落入破袋破碎机的两辊之间时，由于辊筒内固定轴的中心线与辊筒中心线之间有偏移量，且两辊筒以不等速绕各自中心线相向回转，因而在两辊上均匀排布的伸缩式锯齿形破碎刀逐渐由筒内向外伸出戳入垃圾袋内，随着辊筒继续转动，破碎刀伸出到最大位置，将大块有机物如瓜果、蔬菜等戳破并挤碎，随后破碎刀开始向辊筒内退缩，将垃圾袋撕破，充分破袋。袋内的垃圾在破碎刀的低速冲击、剪切和撕扯作用下，有机物料被破碎成适合于分选的粒度，脆性无机物如陶瓷、砖石、玻璃等被破碎成块。由于刀排之间交错间隙较大，因而不会造成粉碎性破碎，废电池等物料保持原形而易于分选，实现选择性破碎。随着辊筒的继续回转，破碎刀逐渐缩回到辊筒内，从而自动解脱缠绕在破碎刀上的烂布条、包装袋等强韧性缠绕物，破碎后的垃圾落在下方输送带上被运走。

4. 颚式破碎机

颚式破碎机具有结构简单、坚固、维护方便、工作可靠等优点，在固体废物破碎处理中主要用于破碎强度韧性高腐蚀性强的废物。通常按照可动颚板（动颚）的运动特性分为两种类型：动颚做简单摆动的双肘板机构（简摆颚式）的颚式破碎机［图3-2-5(a)］，动颚做复杂摆动的单肘板机构（所谓复摆颚式）的颚式破碎机［图3-2-5(b)］。近年来，液压技术在破碎设备上得到应用，出现了液压颚式破碎机［图3-2-5(c)］。

颚式破碎机（图3-2-6）主要由机体、偏心轴、连杆、定颚板、动颚板、调节机构、飞轮等组成，具体部件如图3-2-7所示。为颚式破碎机喂料时，物料从顶部入口进入含有颚齿的破碎室，颚齿以巨大力量将物料顶向室壁，将之破碎成更小的物料。支持颚齿运动的是一根偏心轴，此偏心轴贯穿机身构架。偏心运动通常由固定在轴两端的飞轮所产生。飞轮和偏心支撑轴承经常采用球面滚子轴承，轴承的工作环境极为苛刻。轴承必须承受巨大的冲击载荷，磨蚀性污水和高温。

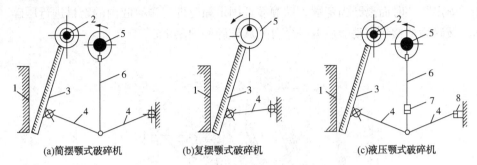

(a)简摆颚式破碎机　　(b)复摆颚式破碎机　　(c)液压颚式破碎机

图 3-2-5　颚式破碎机的主要类型

1—固定颚板；2—动颚悬挂轴；3—可动颚板；4—前(后)推力板；

5—偏心轴；6—连杆；7—连杆液压油缸；8—调整液压油缸

图 3-2-6　颚式破碎机

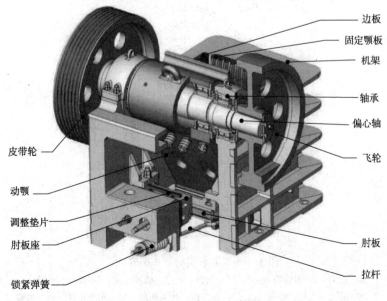

图 3-2-7　破碎机部件图

（1）简单摆动颚式破碎机 图3-2-8是国产2100mm×1500mm简单摆动颚式破碎机的结构示意图。主要由机架、传动机构、工作机构、保险装置等部分组成。皮带轮带动偏心轴旋转时，偏心顶点牵动连杆上下运动，也就牵动前后推力板作舒张及收缩运动，从而使动颚时而靠近固定颚，时而离开固定颚。动颚靠近固定颚时即对破碎腔内的物料进行压碎、劈碎及折断。破碎后的物料在动颚后退时靠自重从破碎腔内落下。

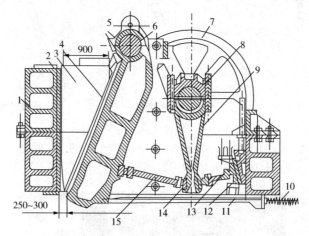

图3-2-8 简单摆动颚式破碎机

1—机架；2—破碎齿板；3—侧面衬板；4—破碎齿板；5—可动颚板；6—心轴；7—飞轮；8—偏心轴；
9—连杆；10—弹簧；11—拉杆；12—楔块；13—后推力板；14—肘板支座；15—前推力板

（2）复杂摆动颚式破碎机 图3-2-9是复杂摆动颚式破碎机。复杂摆动颚式破碎机与简单摆动颚式破碎机从构造上少了一根动颚悬挂的心轴，动颚与连杆合为一个部件，没有垂直连杆，肘板也只有一块。可见，复杂摆动颚式破碎机构造简单，但动颚的运动却比简摆颚式破碎机复杂，动颚在水平方向上有摆动，同时在垂直方向也有运动，是一种复杂运动，故称复杂摆动颚式破碎机。

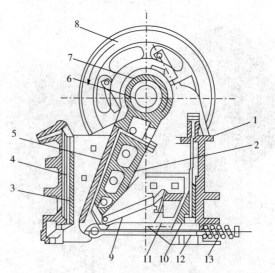

图3-2-9 复杂摆动颚式破碎机

1—机架；2—可动颚板；3—固定颚板；4，5—破碎齿板；6—偏心转动轴；
7—轴孔；8—飞轮；9—肘板；10—调节楔；11—楔块；12—水平拉杆；13—弹簧

复杂摆动颚式破碎机的优点是破碎产品较细，破碎比大（一般可达4~8，简摆只能达3~6）。规格相同时复摆型比简摆型破碎能力高20%~30%。

颚式破碎机相关参数计算如下：

（1）啮合角　破碎的动颚与固定颚之间的夹角 α（图3-2-10）称为啮合角。啮合角的上限应能保证破碎时能够咬住物料不被挤出破碎腔。同时，在调节排料口的宽度时，啮合角是变化的。排料口宽度减少，啮合角增大；反之，排料口宽度增大，而啮合角减小。啮合角增大，破碎比也增大，但生产能力相应减少。所以啮合角大小的选择还应考虑破碎能力和破碎比之间的关系。理论上两颚板之间极限啮角的大小，可通过颚板上的受力分析求出。当颚板压住物料，作用在物体上的力如图3-2-10所示。

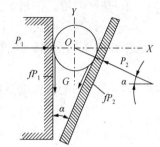

图3-2-10　颚式破碎机的啮合角

设颚板对物料的垂直动力为 P_1、P_2，物料沿颚板表面所受的摩擦力为 fP_1、fP_2，其中 f 表示物料与颚板之间的摩擦系数。物料的重量与作用力 P_1、P_2 相比很小，故可忽略。由图中两个颚板受力情况的分析，可得：

$$\mathrm{tg}\alpha = \frac{2f}{1+f^2} \qquad (3-2-13)$$

摩擦系数 f 可用摩擦角 $f=\mathrm{tg}\varphi$ 表示，则得到：

$$\mathrm{tg}\alpha = \mathrm{tg}2\varphi \qquad (3-2-14)$$

$$\alpha = 2\varphi \qquad (3-2-15)$$

式（3-2-15）表明，啮合角的最大值为摩擦角的2倍。通常情况下，物料与颚板之间的摩擦系数 $f=0.2~0.3$，相当于摩擦角 $\varphi \approx 12°$。因此，颚式破碎机的啮合角通常取18°~24°。

（2）偏心轴的转速　颚式破碎机偏心轴的转速即为动颚前后摆动的次数。偏心轴转一圈，动颚往复摆动一次，前半圈为工作行程，后半圈为空行程。若转速太快，已被破碎的物料来不及从破碎腔中排出，动颚又向前摆动而影响排料，不利于提高破碎机的生产能力。转速太慢，破碎腔内的物料已经排出，但动颚还未开始工作行程，同样不利于破碎机生产能力的发挥。

当设备规格>900×1200mm 的颚式破碎机，其转速可用下式计算：

$$n \approx 500\sqrt{\frac{\mathrm{tg}\alpha}{s}} \qquad (3-2-16)$$

当设备≤900×1200mm 的颚式破碎机，其转速可用于下式计算：

$$n \approx 665\sqrt{\frac{\mathrm{tg}\alpha}{s}} \qquad (3-2-17)$$

式中　α——啮合角，（°）；

　　　s——动颚在排料口处的水平行程，cm。

在实际生产中，常用下列简单的公式来确定破碎机的转速。当破碎机给料口宽度 $B \leqslant 1200mm$，偏心轴转速为 $n = 310 - 145B$；而给料口宽度 $B > 1200mm$，则 $n = 160 - 42B$。B 为颚式破碎机的给料口宽度，cm。

（3）处理能力　颚式破碎机的处理能力可按理论公式计算。但在理论计算时常将一些影响因素过于简化，致使计算结果与实际数值出入较大。一种计算处理能力 Q 的公式为：

$$Q = \frac{45n \cdot L \cdot s(8e+3s)\mu \cdot \gamma}{8\text{tg}\alpha} \times 10^{-6} \tag{3-2-18}$$

式中　n——偏心轴的转速，r/min；

　　　L——破碎机破碎腔的长度，cm；

　　　s——动颚在排料口处的行程，cm；

　　　μ——物料的松散系数，通常为 0.25～0.7；

　　　γ——物料的松散体积密度，t/m^3；

　　　α——啮合角，(°)；

　　　e——排料口的宽度，cm。

在工作中常用下面的经验公式计算颚式破碎机的处理能力，即

$$Q = 340K \cdot L \cdot e \cdot \gamma \times 10^{-6} \tag{3-2-19}$$

式中　K——考虑给料粒度及物料可碎性的系数。当给料中粗粒含量高，且处理的是难碎性物料时，$K=1$；处理难碎性物料，当给料中粗粒含量少或处理中硬物料，当给料中粗粒含量多时，$K=1.25$；处理易碎物料，且给料中粗粒含量低时，$K=1.5$。

（4）电动机功率

① 满载破碎时破碎力的最大峰值称为最大破碎力：

$$F_{\text{max}} = \frac{0.034(B-e)}{\tan\alpha}\sigma_{\text{B}}k \tag{3-2-20}$$

式中　F_{max}——最大破碎力，N；

　　　σ_{B}——抗压强度，N/cm^2；

　　　k——有效破碎系数，当 $\alpha=20°$时，取 $k=0.38～0.42$。

功率计算公式如下：

$$P = \frac{F_{\text{max}}s_{\text{m}}n\cos\alpha}{6\times10^4\eta} \tag{3-2-21}$$

式中　F_{max}——最大破碎力，N；

　　　s_{m}——动颚齿面各点水平行程平均值，mm；

　　　η——机器总效率。

电动机的安装功率 N_{m} 为：

$$N_{\text{m}} \approx 1.5N \tag{3-2-22}$$

② 对于设备规格为 900mm×1200mm 以上的大型颚式破碎机，按经验公式计算功率为：

$$N = \left(\frac{1}{100}～\frac{1}{120}\right)B \cdot L \tag{3-2-23}$$

对于规格为 600mm×900mm 以下的中、小型颚式破碎机，功率为：

$$N = \left(\frac{1}{50}～\frac{1}{70}\right)B \cdot L \tag{3-2-24}$$

式中　B、L——破碎机给料口的宽度和长度，cm。

③ 电动机功率的另一个经验公式

对于简摆式颚式破碎机的功率为：

$$N = 10L \cdot H \cdot s \cdot n \tag{3-2-25}$$

对于复摆式颚式破碎机的功率按下式计算：

$$N = 18L \cdot H \cdot r \cdot n \qquad (3-2-26)$$

式中　r——偏心轴的偏心距，m；

　　　s——动颚在排料口处的行程，m。

5. 球磨机

球磨机磨碎在固体废物处理与利用中占有重要地位。例如，用煤矸石生产水泥、砖瓦、矸石棉、化肥和提取化工原料等，用钢渣生产水泥、砖瓦、化肥、溶剂以及对垃圾堆肥深加工等过程都离不开球磨机对固体废物的磨碎。图3-2-11是球磨机的示意图，该磨碎机主要由圆柱筒体、端盖、中空轴颈、轴承和传动大齿圈等部件组成。筒体内装有直径为25～150mm钢球，其装入量是整个筒体有效容积的25%～50%，筒体内壁设有衬板，除防止筒体磨损外，兼有提升钢球的作用，筒体两端的中空轴颈有两个作用：一是起轴颈的支撑作用，使球磨机全部自重经中空轴颈传给轴承和机座；二是起给料和排料的漏斗作用。电动机通过联轴器和小齿轮带动大齿圈和筒体缓缓转动。当筒体转动时，在摩擦力、离心力和衬板共同作用下，钢球和物料被衬板提升。当提升到一定程度后，在钢球和物料本身重力作用下，产生自由泻落和抛落(图3-2-12)，从而对筒体内底角区内的物料产生冲击和研磨作用，使物料粉碎。物料达到磨碎细度要求后，由风机抽出。

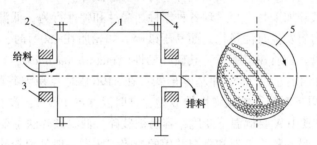

图 3-2-11　球磨机的示意图

1—筒体；2—端盖；3—轴承；4—大齿轮；5—传动大齿圈

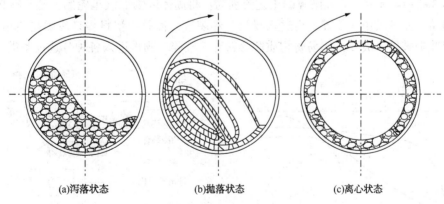

(a)泻落状态　　　　　(b)抛落状态　　　　　(c)离心状态

图 3-2-12　磨介的运动状态

6. 湿式破碎

湿式破碎技术是利用特制的破碎机将投入机内的含纸垃圾和大量水流一起剧烈搅拌和破碎成为浆液的过程，以回收垃圾中的纸纤维，该技术最早是由美国开发的。其工作原理如下：垃圾由传送带给入，湿式破碎机的圆形槽底设有多孔筛，筛上装有6个刀片的旋转破碎辊，随着辊的旋转，使投入的垃圾随大量水流在水槽中急速旋转，废纸则破碎成浆状。通过底部筛孔排出后经固液分离器排除其中的残渣，纸浆送到纤维回收工序。破碎机内难以破碎的筛上物(金属等)从破碎机侧门排出，再用斗式提升机送至装有磁选器的皮带运输机分离其中的铁和非铁物质。

湿式破碎的特点如下：(1)含纸垃圾变成均质浆状物，可按流体处理；(2)废物在液相中处理，不会孳生蚊蝇，挥发恶臭；(3)操作过程不产生噪声，无爆炸危险；(4)适合回收垃圾中的纸类、玻璃以及金属材料。

7. 半湿式选择性破碎分选

该破碎技术是破碎和分选同时进行。其原理是不同物质在均匀温度下，其强度、脆性(耐冲击性、耐压缩性、耐剪切力)不同而破碎成不同的粒度，达到破碎和分离的目的。

采用半湿式选择性破碎技术可将垃圾在同一台设备中同时进行破碎和分选，可有效地回收垃圾中的有用物质。另外，该装置对进料的适应性好，易碎的废物破碎后能及时排出，避免了过度粉碎现象，且能耗低，处理费用低。

8. 低温破碎

对于常温下难以破碎的固体废物如汽车轮胎、包覆电线等，可利用其低温变脆的性能进行破碎，也可利用不同物质脆化温度的差异进行选择性破碎。

韧性物料，在破碎加工时，会呈现各种塑性、黏性和弹性行为。低温破碎的基本原理就是利用制冷技术使物质发生改性脆化，而易于破碎。如轮胎在-80℃时，变得非常脆，轮胎的各部分很容易分离。物质在冷冻时，其破碎韧性(Fracture toughness，FT)必须低才容易被粉碎。温度影响破碎韧度 FT 的三种基本形式：在-196℃时容易破碎的 A 型，这时温度>-196℃；在-196℃以下时残留柔软弹性的 B 型，这时温度<-196℃；没有明显脆性的 C 型，如图 3-2-13 所示，其中 A 要低温下变脆，容易被破碎。低温破碎法主要分为两种工艺，一种是低温粉碎工艺，另一种是低温和常温并用的粉碎工艺。一般低温粉碎机主要使用低温高速旋转型的冲击式粉碎机和破碎机，转速可调，一般为 2000~7000r/min。

如图 3-2-14 所示，低温破碎的工艺流程为：将固体废物如汽车轮胎、塑料或包覆电线等复合制品，先投入预冷装置，再进入浸没冷却装置，橡胶、塑料等易冷脆物质迅速脆化，送入高速冲击破碎机破碎，使易脆物质脱落粉碎。破碎产物再进入各种分选设备进行分选。

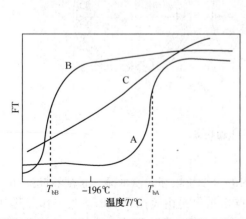

图 3-2-13　温度影响破碎韧度的三种基本类型

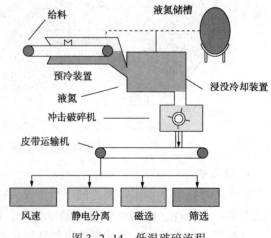

图 3-2-14　低温破碎流程

图 3-2-15 为德国 Linde 公司的破碎聚酰胺等热敏性物质的低温流程，物料从计量装置通过加药轮给入螺旋冷却机中，通过液氮进行冷却，然后再送入高速冲击破碎机，破碎后的产品经过多孔轮隔片排出，从冲击破碎机中排出的气体由过滤器进行净化。相关工艺参数如下：出料粒度 80μm；产量 350kg/h；液氮消耗量 1.25kg/kg 聚酰胺；功率 21kW，该装置的破碎效果较好。

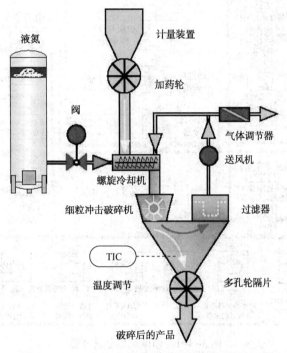

图 3-2-15　Linde 公司的破碎聚酰胺的低温流程

图 3-2-16 为四段式处理工艺，拆卸后的废板先进行预破碎、磁选，再进行液氮冷冻后粉碎，再经过筛分进行粒度分级，最后经静电分选出金属与塑料。

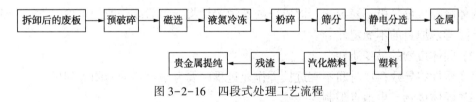

图 3-2-16　四段式处理工艺流程

第三节　固体废物的分选技术

固体废物的分选是废物处理的一种方法，其目的是将废物中可回收利用的或不利于后续处理、处置工艺要求的物料分离出来。目前固体废物的分选技术多使用机械处理技术，该方法具有方法相对简单，产生的二次污染小等优越性。

固体废物的分选具有重要的意义，因为固体废物中的各种成分物理化学性质不同，采用的回收方法也不同，所以在固体废物资源化、能源化、无害化之前，分选是重要的操作条件之一。分选的效果还将直接影响固体废物的资源化效果和能否进入市场。图 3-3-1 介绍了城市固体废物分选的几种方式及其适用范围。

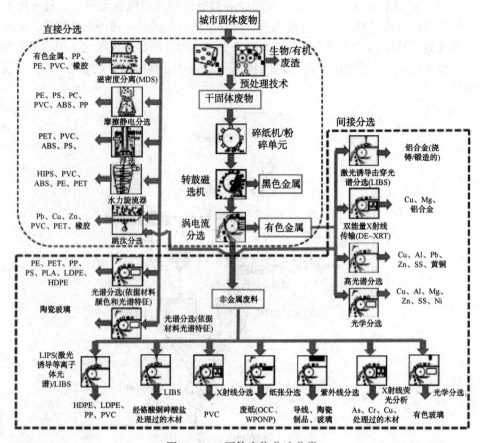

图 3-3-1　固体废物分选分类

由于固体废物种类繁多，组成与质量又极不稳定。因而，分选技术是一项既复杂又艰巨的系统工程，影响固体废物分选效果的主要因素有：

（1）固体废物的非均质性

固体废物成分是极不稳定的，而成分的不稳定性将导致后续作业的不稳定性。分选设备的设计要考虑原料的不稳定性。

（2）固体废物的易变质性

易变质性将导致存放时间不宜过长，作业过程中要考虑容器的密闭等问题。

（3）固体废物产生地点限制

由于固体废物产生地点是分散的，废物处置前后的运输费用较高，很难建立大型回收工厂。

（4）产品的价值相对较低

普通的固体废物价值比较低，直接影响到回收的经济效益。

（5）供应的不确定性

固体废物的产量取决于废物收集情况，其供应具有不确定性。

（6）技术不成熟

各种固体废物的分选技术目前尚处于初始阶段，技术不成熟。

一、筛分

筛分是根据尺寸大小进行分选的一种处理方法，是利用筛子将粒度范围较宽的颗粒群分成窄级别的作业。筛分作业一般安排在入料准备阶段和最后作业之前，是固体废物预处理过程中的重要方法。

筛分过程可看作是由物料分层和细粒透过筛面两个阶段组成的。物料分层是完成分离的条件，细粒透过筛面是分离的目的。为了使粗细物料通过筛面分离，必须使物料和筛面之间具有适当的相对运动，使筛面上的物料层处于松散状态，即按颗粒大小分层，形成粗粒位于上层，细粒位于下层的规则排列，细粒到达筛面并通过筛孔。同时物料和筛面的相对运动还可以使堵在筛孔上的颗粒脱离筛孔，以利于颗粒透过筛孔。细粒透筛时，尽管粒度都小于筛孔，但透筛的难易程度却不同。粒度小于筛孔 3/4 的颗粒，很容易通过粗粒形成的间隙到达筛面而透筛，称为"易筛粒"；粒度大于筛孔 3/4 的颗粒，很难通过粗粒形成的间隙到达筛面而透筛，而且粒度越接近筛孔尺寸就越难透筛，称为"难筛粒"。

根据筛分在工艺过程中应完成的任务，筛分作业可分为以下六类：

(1) 独立筛分　目的在于获得符合用户要求的最终产品的筛分，称为独立筛分。

(2) 准备筛分　目的在于为下一步作业做准备的筛分，称为准备筛分。

(3) 预先筛分　在破碎之前进行筛分，称为预先筛分，目的在于预先筛出合格或无需破碎的产品，提高破碎作业的效率，防止过度粉碎和节省能源。

(4) 检查筛分　对破碎产品进行筛分，又称为控制筛分。

(5) 选择筛分　利用物料中的有用成分在各粒级中的分布，或者性质上的显著差异进行的筛分。

(6) 脱水筛分　脱出物料中水分的筛分，常用于废物脱水或脱泥。

从理论上讲，固体废物中所有粒度小于筛孔尺寸的颗粒都应该透过筛孔成为筛下产品，而大于筛孔尺寸的颗粒应全部留在筛上排出成为筛上产品，筛分可以获得很高的筛分效率。但是实际上，由于筛分过程中受到多种因素的影响，总会有一些小于筛孔的细粒留在筛上随粗粒一起排出成为筛上产品。筛分与其他分选装置一样，也不可能达到 100% 的效率。为了评价筛分设备的分离效果，引入筛分效率这个概念。

所谓筛分效率是指实际得到的筛下产品质量与入筛废物中所含小于筛孔尺寸的细粒物料的质量之比，用百分数表示，即

$$E = \frac{Q_1}{Q\alpha} \times 100\% \qquad (3-3-1)$$

式中　E——筛分效率，%；

　　Q——入筛固体废物质量，kg；

　　Q_1——筛下产品质量，kg；

　　α——入筛固体废物中小于筛孔的细粒含量，%。

但是，在实际筛分过程中要测定 Q_1 和 Q 比较困难，因此必须变换成便于计算的公式。

设固体废物入筛质量（Q）等于筛上产品质量（Q_2）和筛下产品质量（Q_1）之和，即

$$Q = Q_1 + Q_2 \qquad (3-3-2)$$

固体废物中小于筛孔尺寸的细粒质量等于筛上产品与筛下产品中小于筛孔尺寸的细粒质量之和，即

$$Q\alpha = 100\% Q_1 + Q_2\theta \qquad (3-3-3)$$

式中 θ ——筛上产品中所含有小于筛孔尺寸的细物质量分数,%。

将式(3-3-2)代入式(3-3-3)得:

$$Q_1 = \frac{(\alpha-\theta)Q}{1-\theta} \qquad (3-3-4)$$

将 Q_1 值代入式(3-3-1)得:

$$E = \frac{\alpha-\theta}{\alpha(1-\theta)} \times 100\% \qquad (3-3-5)$$

必须指出,筛分效率的计算公式(3-3-4)是在筛下产品 100% 都小于筛孔尺寸的前提下推导出来的。实际生产中由于筛网磨损而常有部分大于筛孔尺寸的粗粒进入筛下产品,此时,筛下产品不是 $100\% Q_1$,而是 $Q_1\beta$,筛分效率的计算公式为:

$$E = \frac{\beta(\alpha-\theta)}{\alpha(\beta-\theta)} \times 100\% \qquad (3-3-6)$$

适用于固体废物处理的筛分设备主要有固定筛、筒形筛、振动筛和摇动筛。其中用得最多的是固定筛、筒形筛、振动筛。

1. 固定筛

筛面由许多平行排列的筛条组成,可以水平安装或倾斜安装。固定筛由于构造简单、不耗用动力、设备费用低和维修方便,在固体废物处理中广泛应用。固定筛又分为格筛和棒条筛两类。格筛一般安装在粗破碎机之前,以保证入料粒度适宜。棒条筛主要用于粗碎和中碎之前,为保证废物料沿筛面下滑的摩擦角,一般为 30°~50°。棒筛条筛孔尺寸为筛下粒度的 1.1~1.2 倍,一般筛孔尺寸不小于 50mm。筛条宽度应大于固体废物中最大粒度的 2.5 倍。

2. 筒形筛

筒形筛是一个倾斜的圆筒,置于若干滚子上,圆筒的侧壁上开有许多筛孔,如图 3-3-2 所示。图 3-3-3 为滚筒筛实物图。

圆筒以很慢的速度转动(10~15r/min),因此不需要很大动力,筒形筛的优点是不会堵塞。筒形筛筛分时,固体废物在筛中不断滚翻,较小的物料颗粒最终进入筛孔筛出。物料在筛子中的运动有两种状态,如图 3-3-4 所示。

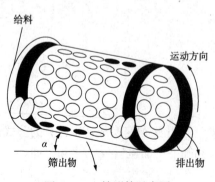

图 3-3-2 筒形筛示意图

图 3-3-3 滚筒筛

（1）沉落状态 物料颗粒由于筛子的圆周运动被带起，然后滚落到向上运动的颗粒上面；

（2）抛落状态 筛子运动速度足够时，颗粒飞入空中，然后沿抛物线抛落回筛底。

当筛分物料以抛落状态运动时，颗粒达到最大的紊流状态，此时筛子的筛分效率达到最高。如果筒形筛的转速进一步提高，会达到某一临界速度，这时颗粒呈离心状态运动，结果使物料颗粒附在筒壁上不会掉下，使筛分效率降低。

以一个颗粒运动为例，如图3-3-5所示，颗粒 P 受到几个力的作用：重力 $W=mg$，向心力 $F_{向}=mg\cos\alpha$，离心力 $F_{离}=m(r\omega^2)$。其中 α 为 OP 线与垂直方向的夹角；ω 为转速，rad/s；$\omega=2\pi n$；n 为转速；r 为筒形筛的半径。

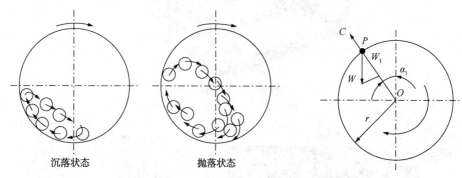

图3-3-4 筒形筛中颗粒的运动状态　　图3-3-5 筒形筛分析图

当 $F_{离}=F_{向}$ 时，颗粒不会落下，此时 $mg\cos\alpha=mr\omega^2=mr4\pi^2n^2$，由此可得：

$$\cos\alpha=\frac{4\pi^2n^2r}{g} \tag{3-3-7}$$

当 r 和 n 一定后，颗粒最终降落位置可以确定。

但当转速继续增大时；$\cos\alpha=1$，$\alpha=0$。此时颗粒不再落下，这时的转速为临界转速：

$$N_e=\sqrt{\frac{g}{4\pi^2r}}=\frac{1}{2\pi}\sqrt{\frac{g}{r}} \tag{3-3-8}$$

筛分效率与圆筒筛的转速和停留时间有关，一般认为物料在筒内滞留25~30s。转速5~6r/min为最佳。例如，筒形筛的直径为1.2m，长1.8m，转速18r/min，当生产能力为2t/h，效率95%~100%；当生产能力达到2.5t/h，效率下降为91%。另外，筒的直径和长度也对筛分效率有很大影响。

3. 振动筛

振动筛的特点是振动方向与筛面垂直或近似垂直，振动次数3600r/min，振幅0.5~1.5mm。物料在筛面上发生离析现象。密度大而粒度小的颗粒钻过密度小而粒度大的颗粒的空隙，进入下层到达筛面，有利于筛分的进行。振动筛的倾角一般在8°~40°之间，如图3-3-6为振动筛实物图。

振动筛由于筛面强烈振动，消除了堵塞筛孔的现象，有利于湿物料的筛分，可用于粗、中、细粒的筛分，还可以用于脱水筛分和脱泥筛分。振动筛主要有惯性振动筛和共振筛。

（1）惯性振动筛 此种共振动筛是通过由不平衡体的旋转所产生的离心惯性力，使筛箱产生振动的一种筛子，其构造及工作原理如图3-3-7所示。当电动机带动皮带轮作高速旋转时，配重轮上配重块即产生离心惯性力，其水平分力使弹簧作横向变形，由于弹簧横向刚度大，所以水平分力被横向刚度所吸收。而垂直分力则垂直于筛面，通过筛箱作用于弹簧，强迫弹簧做拉伸及压缩运动。因此，筛箱的运动轨迹为椭圆或近似于圆。由于该种筛子激振力是离心惯性力，故称为惯性振动筛。

图 3-3-6　振动筛

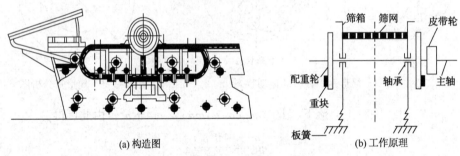

(a) 构造图　　　　　　　　　　　　(b) 工作原理

图 3-3-7　惯性振动筛构造及工作原理

（2）共振筛　利用连杆上装有弹簧的曲柄连杆机构驱动，使筛子在共振状态下进行筛分。其构造及工作原理如图 3-3-8 所示。

当电动机带动装在下机体上的偏心轴转动时，轴上的偏心使连杆做往复运动。连杆通过其端的弹簧将作用力传给筛箱，与此同时下机体也受到相反的作用力，使筛箱和下机体沿着倾斜方向振动。筛箱、弹簧及下机体组成一个弹性系统，该弹性系统固有的自振频率与传动装置的强迫振动频率接近或同时，使筛子在共振状态下筛分，故称为共振筛。

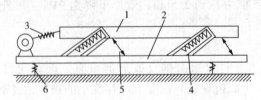

图 3-3-8　共振筛的原理图

1—上机体；2—下机体；3—传动装置；4—共振弹簧；5—板簧；6—支承弹簧

共振筛具有处理能力大、筛分效率高、耗电少及结构紧凑等优点，是一种有发展前途的筛分设备；但其制造工艺复杂，机体较重。

二、重力分选

重力分选是在活动的或流动的介质中按颗粒的密度或粒度进行颗粒混合物的分选过程。

重力分选的介质有空气、水、重液(密度大于水的液体)、重悬浮液等。固体废物重力分选的方法很多,按作用原理可分为气流分选、惯性分选、重介质分选、摇床分选、跳汰分选等。

悬浮在流体介质中的颗粒,其运动速度受自身重力、介质阻力和介质的浮力三种力作用。分别表示为 F_E(重力)、F_B(介质浮力)、F_D(介质摩擦阻力),如图3-3-9所示。

重力:

$$F_E = \rho_s V_g \tag{3-3-9}$$

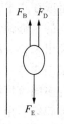

图3-3-9 受力分析示意图

式中　ρ_s——颗粒密度,kg/m^3;

　　　V_g——颗粒体积,m^3,假定颗粒为球形,则

$$V_g = \frac{\pi}{6} d^3 \tag{3-3-10}$$

浮力:

$$F_B = \rho V_g \tag{3-3-11}$$

式中　ρ——介质密度。

介质摩擦阻力:

$$F_D = 0.5 C_D v^2 \rho A \tag{3-3-12}$$

式中　C_D——阻力系数;

　　　v——颗粒相对介质速度,m/s;

　　　A——为颗粒投影面积(在运动方向上),m^2。

当 F_E、F_B、F_D 三个力达到平衡时,且加速度为零时的速度为末速度,此时有

$$F_E = F_B + F_D$$

$$\rho_s V_g = \rho V_g + \frac{C_D v^2 \rho A}{2} \tag{3-3-13}$$

$$\frac{\pi}{6} d^3 (\rho_s - \rho) g = \frac{\pi d^2}{4} \cdot \frac{C_D v^2 \rho}{2} \tag{3-3-14}$$

$$v = \sqrt{\frac{4(\rho_s - \rho) g d}{3 C_D \rho}} \tag{3-3-15}$$

式中　C_D——系数,与颗粒的尺寸及运动状态有关,通常用雷诺数来表述。

$$Re = \frac{vd\rho}{\mu} = \frac{vd}{\upsilon} \tag{3-3-16}$$

式中　μ——流体介质的黏度系数;

　　　υ——流体介质的动黏度系数。

如果假定流体运动为层流,则 $C_D = 24/Re$。可以进一步得出人们所熟知的斯托克斯公式:

$$v = \frac{d^2 g (\rho_s - \rho)}{18\mu} \tag{3-3-17}$$

分析上式可见,影响重力分选的因素很多,主要有颗粒的尺寸、颗粒与介质的密度差以及介质的黏度等。

三、气流分选

气流分选的作用是将轻物料从较重的物料中分离出来，其基本原理是气流将较轻的物料向上带走或在水平方向带向较远的地方，而重物料则由于向上气流不能支撑而沉降，或是由于重物料的足够惯性而不被剧烈改变方向穿过气流沉降。被气流带走的轻物料再进一步从气流中分离出来，一般用旋流器分离。图 3-3-10 是立式气流分选机示意图；水平气流分选机示意图如图 3-3-11 所示，气流分选的方法具有工艺简单的特点，作为一种传统的分选方式，被许多国家广泛地使用在城市垃圾的分选中。20 世纪 70 年代初期，在美国曾广泛使用将垃圾破碎以后用气流分选的方法分离以可燃性物料为主要成分的轻组分和以无机物为主要成分的重组分。

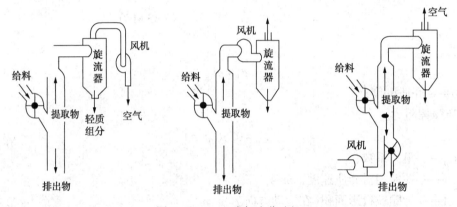

图 3-3-10　立式气流分选机

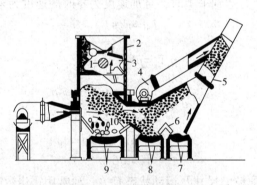

图 3-3-11　水平气流分离系统

1—轴；2—粉碎机；3—破碎转子；4—风机；5—管；6、10—倾斜板；7、8、9—输送带

气流分选机能有效地识别轻、重物料的重要条件，是要使气流在分选筒中产生湍流和剪切力，从而把物料团块进行分散，达到较好的分选效果。为达到这一目的，对分选筒可进行改进，可采用锯齿形、振动式或回转式分选筒的气流通道，是让气流通过一个垂直放置的、具有一系列直角或 60°转折的筒体，如图 3-3-12 所示。

当通过筒体的气流速度达到一定的数值以后，即可以在整个空间形成完全的湍流状态，物料团块在进入湍流后立即被破碎，轻颗粒进入气流的上部，重颗粒则从一个转折落到下一个转折。在沉降过程中，气流对于没有被分散的固体废物团块继续施加破碎作用。重颗粒沿管壁下滑到转折点后，即受到上升气流的冲击，此时对于不同速度和质量的颗粒将出现不同

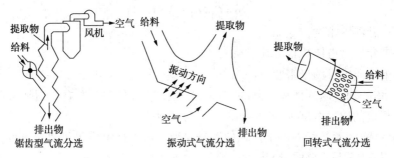

图 3-3-12   锯齿形、振动式和回转式气流分选机

锯齿型气流分选　　振动式气流分选　　回转式气流分选

的结果，质量大和速度大的颗粒将进入下一个转折，而下降速度慢的轻颗粒则被上升气流所夹带，因此每个转折实际上起到了单独的一个分选机的作用。

气流分选机实质上包含了两种分离过程：将轻颗粒与重颗粒分离，再进一步将轻颗粒从气流中分离出来。

西班牙 BIANNA 公司是一款坚固耐用的设备(图 3-3-13)，能够将轻质材料与重型材料分开。其目的是分离惰性材料(石头，废料，不锈钢)，以提高替代燃料生产线二级粉碎机的可用性和耐用性，从而确保较低的运营成本。

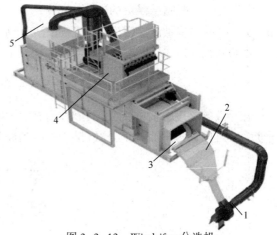

图 3-3-13   Windsifter 分选机
1—脉冲离心机；2—空气喷嘴；3—传送带；
4—过滤器；5—气体和粉尘收集系统

四、重介质分选

重介质有重液和重悬浮液两大类。重液有四溴乙烷和丙酮的混合物，密度为 2.4kg/m³，可以将铝从较重的物料中分离出来。另一种常用的重液是五氯乙烷，密度为 1.67kg/m³。

重悬浮液中加的介质有硅铁，将硅铁与水按 85∶15 的比例混合，相对密度可以达到 3.0 以上。另外还有方铅矿、磁铁矿和黄铁矿等重介，性质见表 3-3-1。

表 3-3-1   重悬浮液加重质的性质

种类	密度/(g/cm³)	莫氏硬度	重悬浮液密度/(g/cm³)	磁性	回收方法
硅铁	6.9	6	3.8	强磁性	磁选
方铅矿	7.5	2.5~2.7	3.3	非磁性	浮选
磁铁矿	5.0	6	2.5	强磁性	磁选
黄铁矿	4.9~5.1	6	2.5	非磁性	浮选
毒砂	5.9~6.2	5.5~6	2.8	非磁性	浮选

加重质的粒度约 200 目，占 60%~80%，与水混合形成微细颗粒的重悬浮液。影响重介质分选效率的悬浮液基本性质是密度、黏度和稳定性。

水和加重质的悬浮液密度，是单位体积内水和加重质的质量之和，悬浮液的密度称为视密度，计算式如下：

$$\rho = C_V(\rho_a - 1) + 1 \tag{3-3-18}$$

式中　ρ——重悬浮液密度，kg/m^3；

C_V——重介质所占体积百分比，%；

ρ_a——重介质本身的干密度，kg/m^3。

一般带棱角的加重质的体积浓度为 17%~35%，平均在 25% 左右。似加重质容积浓度为 43%~48%，相应的质量浓度为 50%~60% 或 85%~90%。

按规定悬浮液密度，配制一定体积的置悬浮液，所需加重质量可以由下面一系列公式计算(加重质质量+水质量=总质量)求出。即

$$M + \left(V_t - \frac{M}{\rho_a}\right)\rho_w = V_t\rho \tag{3-3-19}$$

式中　　M——加重质质量，kg；

V_t——配制悬浮液的体积，m^3；

ρ、ρ_a、ρ_w——重悬浮液密度、加重质密度和水的密度，kg/m^3。

由公式(3-3-19)可以导出加重质的加入量：

$$M = \frac{V_{总}(\rho_{浮} - \rho_{水})\rho_a}{\rho_a - \rho_{水}} \tag{3-3-20}$$

悬浮液的黏度，又称视黏度，对颗粒的分离也有很大影响。且随着悬浮质容积浓度增大而变大，可以通过下面理论公式(3-3-21)和经验公式(3-3-22)计算确定。

$$\frac{\mu_a}{\mu} = 1 + 2.5c \tag{3-3-21}$$

$$\frac{\mu_a}{\mu} = \frac{10^{12(1-X)}}{X} \tag{3-3-22}$$

式中　μ_a——悬浮液视黏度；

μ——组成悬浮液的液体的黏度；

c——悬浮液中固体微粒的体积浓度；

X——悬浮液中液体体积百分比。

重悬浮液的黏度不应太大，黏度增大会使颗粒在其中运动的阻力增大，从而降低分选精度和设备生产率。降低悬浮液的黏度可以提高物料分选速度，但会降低悬浮液的稳定性，所以工业应用中为保持悬浮液的稳定，可以采用如下方法：(1)选择密度适当、能造成稳定悬浮液的加重质，或在黏度要求允许的条件下，把加重质磨碎一些；(2)加入胶体稳定剂，如水玻璃、亚硫酸盐成聚合物等；(3)适当的机械搅拌促使悬浮液更加稳定。

工业上应用的分选机一般分为鼓形重介质分选机和深槽式、浅槽式、振动式、离心式分选机。

鼓形重介质分选机的构造和原理如图 3-3-14 所示。该设备外形是一个圆筒形转鼓，由四个辊轮支撑，通过圆筒间的大齿轮带动旋转，转速 2r/min。在圆筒内壁沿纵向设有扬板，用以提升重产物落到溜槽内，圆筒水平安装。固体废物和重介质一起由一端给入，在向另一端流动过程中，密度大于重介质的颗粒沉于槽底，由扬板提升落入溜槽内，排出槽外成为重产物；密度小于重介质的颗粒随重介质流从圆筒溢流口排出，称为轻产品。鼓形重介质分选机适用于分离粒度较粗的固体废物。

深槽式圆锥形重悬浮液分选机如图 3-3-15 所示，分选机的空心轴同时作为排出重产物

的空气提升管。

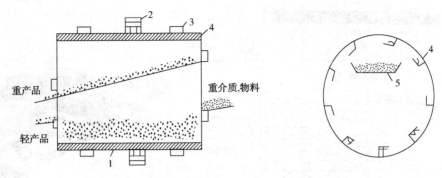

图 3-3-14　鼓形重介质分选机的构造和原理图
1—圆筒形转鼓；2—大齿轮；3—辊轮；4—扬板；5—溜槽

五、摇床分选

1. 水力摇床

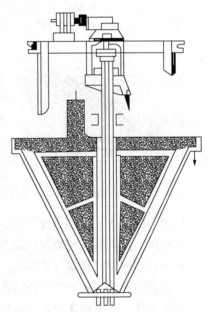

图 3-3-15　深槽式圆锥形
重悬浮液分选机

水力摇床分选是在一个倾斜的床面上，借助床面的不对称往复运动和薄层斜面水流的综合作用，使细粒固体废物按密度差异在床面上呈扇形分布而进行分选的一种方法。摇床分选是一种分选精度很高的单元操作，在摇床分选设备中最常用的是平面摇床。平面摇床主要由床面、床头和传动机构组成，如图 3-3-16 所示。摇床床面近似呈梯形，横向有 1.5°~5° 的倾斜。在倾斜床面的上方设置有给料槽和给水槽。床面上铺有耐磨层（如橡胶等）。沿纵向布置有床条，床条高度从传动端向对侧逐渐降低，并沿一条斜线逐渐趋向于零。整个床面由机架支撑，床面横向坡度借机架上的调坡装置调节，床面由传动装置带动进行往复不对称运动，实物图见图 3-3-17。

摇床分选过程是由给水槽给入冲洗水，布满横向倾斜的床面，并形成均匀的斜面薄层水流。当固体废物颗粒给入往复摇动的床面时，颗粒群在重力、水流冲力、床层摇动产生的惯性力以及摩擦力等综合作用下，按密度差异产生松散分层。不同密度（或粒度）的颗粒以不同的速度沿床面纵向和横向运动，因此，合速度偏离摇动方向的角度也不同，致使不同密度颗粒在床面上呈扇形分布，从而达到分选的目的，如图 3-3-18 所示。

在摇床分选过程中，物料的松散分层及在床面上的分带，直接受床面的纵向摇动及横向水流冲洗作用支配。床面摇动及横向水流流经床条所形成的涡流，造成水流的脉动，使物料松散并按沉降速度分层。由于床面的摇动，导致细而重的颗粒钻过颗粒的间隙，沉于最底层，这种作用称为析离。析离分层是摇床分选的重要特点，会使颗粒按密度分层更趋完善。分层的结果是粗而轻的颗粒在最上层，其次是细而轻的颗粒，再次之是粗而重的颗粒，最底层是细而重的颗粒，如图 3-3-19 所示。

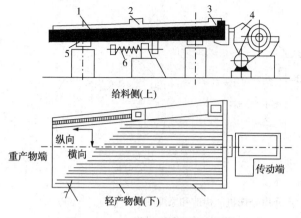

图 3-3-16　水力摇床结构示意图

1—床面；2—给水槽；3—给料槽；4—床头；
5—滑动支承；6—弹簧；7—床条

图 3-3-17　水力摇床

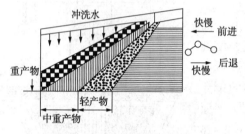

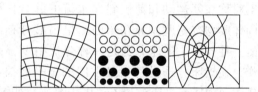

图 3-3-18　摇床上颗粒分带情况示意图　　　　图 3-3-19　摇床上析离分层示意图

床面上的床条不仅能形成沟槽，增强水流的脉动，增加床层松散，有利于原粒分层和析离，而且所引起的涡流能清洗出混杂在大密度颗粒层内的小密度颗粒，改善分选效果。床条高度由传动端向重产物端逐渐降低，使分好层的颗粒依次受到冲洗；处于上层的是粗而轻的颗粒，重颗粒则沿沟槽被继续向重产物端迁移。这些特性对摇床分选起很大作用。

综上所述，水力摇床分选具有以下特点：(1)床面的强烈摇动使松散分层和迁移分离得到加强，分选过程中析离分层占主导，使其按密度分选更加完善；(2)摇床分选是斜面薄层水流分选的一种，等径颗粒可因移动速度的不同而达到按密度分选；(3)不同性质颗粒的分离，不单纯取决于纵向和横向的移动速度，而主要取决于合速度偏离摇动方向的角度。

2. 空气摇床

空气摇床除具有干法分选的优点以之外，还具有结构相对简单、操作方便、使用成本低等优点，在资源回收中有比较广泛的应用。

空气摇床技术早期主要用于选种和选矿行业。用于选矿行业的空气摇床，其使用受限因素较多。1942 年，空气摇床在美国曾被用于废旧电线电缆的回收设备，回收其中含有的金属铜、铝与橡胶、塑料等可回收利用的物质。废旧电线电缆在经过切碎、粉碎与分级处理后，同一粒级的物料进入空气摇床进行分选，经分选作用分成轻重两个产品。直到 1998 年，空气摇床才被用于废旧电路板的回收。

图 3-3-20 所示为美国 Outokumpu 技术公司生产的 30DC Oliver 空气摇床，采用电控鼓风机产生的风力作用与床面振动相结合，可以按密度高效率地分选物料，用于矿石分选，从

非磁性金属中回收铝和铜，从石墨粉中回收杂质以及用于精炼药品与香料。Kamas LA-K 空气摇床（图 3-3-21），被用来从废旧电路板物料中回收金属，在实际分选过程中能够对入料进行分类与分选，去除其中的铝箔与灰尘，使用空气摇床能得到较高的金属品位。对金属铜的分选效果较好，铜的回收率为 76%，品位为 72%。还可以使用空气摇床进行的废旧塑料的分离。

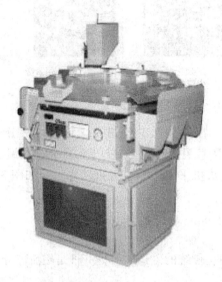
图 3-3-20 30DC Oliver 空气摇床图

图 3-3-21 Kamas LA-K 空气摇床

六、跳汰分选

跳汰分选是在垂直变速介质流中按密度分选固体废物的一种方法，若分选介质是水，则称为水力跳汰。水力跳汰分选机的结构如图 3-3-22 所示。

跳汰分选时，将固体废物给入跳汰机的筛板上，形成密集的物料层，从下面透过筛板周期性地给入上下交变的水流，使床层松散并按密度分层，如图 3-3-23 所示。分层后，密度大的颗粒群集中到底层；密度小的颗粒群进入上层。上层的轻物料被水平水流带到机外成为轻产物；下层的重物料透过筛板或通过特殊的排料装置排出成为重产物。随着固体废物的不断给入和轻、重产物的不断排出，形成连续不断地分选过程。

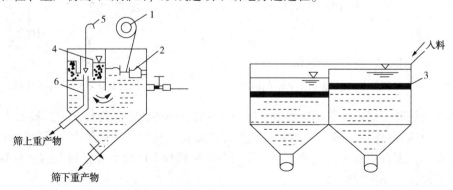
图 3-3-22 隔膜跳汰机分选示意图
1—偏心机构；2—隔膜；3—筛板；4—外套筒；5—锥形阀；6—内套筒

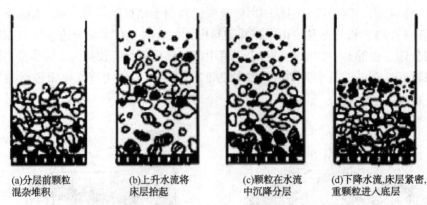

(a)分层前颗粒　　　(b)上升水流将　　　(c)颗粒在水流　　　(d)下降水流,床层紧密,
混杂堆积　　　　　床层抬起　　　　　中沉降分层　　　　重颗粒进入底层

图 3-3-23　颗粒在跳汰时的分层过程

按照推动水流运动方式,跳汰分选设备分为隔膜跳汰分选机和无活塞跳汰分选机两种。隔膜跳汰机是利用偏心连杆机构带动橡胶隔膜往复运动,借以推动水流在跳汰室内做脉冲运动,如图 3-3-24(a)所示;无活塞跳汰机采用压缩空气推动水流,如图 3-3-24(b)所示。

七、磁力分选

磁力分选简称磁选。磁选有两种类型,一种是传统的磁选法,另一种是磁流体分选法。

1. 磁选法

磁选是利用固体废物中各种物质的磁性差异在不均匀磁场中进行分选的一种处理方法。磁选过程如图 3-3-25 所示,将固体废物输入磁选机后,磁性颗粒在不均匀磁场作用下被磁化,从而受磁场吸引力的作用,使磁性颗粒吸在圆筒上,并随圆筒进入排料端排出。非磁性颗粒由于受到的磁场作用力很小,仍留在废物中而被排出。

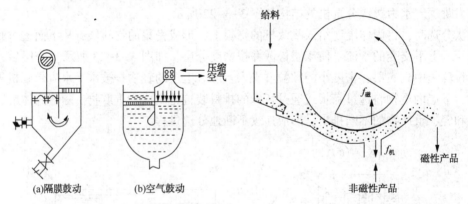

(a)隔膜鼓动　　　(b)空气鼓动

图 3-3-24　跳汰机中推动水流运动的形式　　　图 3-3-25　颗粒在磁场中分离示意图

固体废物颗粒通过磁选机的磁场时,同时受到磁力和机械力(包括重力、离心力、介质阻力、摩擦力等)的作用。磁性强的颗粒所受的磁力大于其所受的机械力,而非磁性颗粒所受的磁力很小,则以机械力占优势。由于作用在各种颗粒上的磁力和机械力的合力不同,运动轨迹也不同,从而实现分离。

磁性颗粒分离的必要条件是磁性颗粒所受的磁力必须大于与其方向相反的机械力的合力,即:

$$f_磁 > \Sigma f_机 \qquad\qquad (3-3-23)$$

式中　$f_磁$——磁性颗粒所受的磁力；

　　　$\Sigma f_机$——与磁力方向相反的机械力的合力。

该式不仅说明了不同磁性颗粒的分离条件，同时也说明了磁选的实质，即磁选是利用磁力与机械力对不同磁性颗粒的不同作用而实现。

根据固体废物比磁化系数（x_0）的大小，可将其中各种物质大致分为以下三类：①强磁性物质，$x_0 = (7.5 \sim 38) \times 10^{-6} \mathrm{m^3/kg}$，在弱磁场磁选机中可分离出这类物质；②弱磁性物质，$x_0 = (0.19 \sim 7.5) \times 10^{-6} \mathrm{m^3/kg}$，可在强磁场磁选机中回收；③非磁性物质，$x_0 < 0.19 \times 10^{-6} \mathrm{m^3/kg}$，在磁选机中可以与磁性物质分离。

（1）磁力滚筒

磁力滚筒又称磁滑轮，有永磁和电磁两种。应用较多的是永磁滚筒，见图3-3-26。这种设备的主要组成部分是一个回转的多极磁系和套在磁系外面的用不锈钢或铜、铝等非导磁材料制的圆筒，一般磁系包角为360°。磁系与圆筒固定在同一个轴上，安装在皮带运输机头部（代替传动滚筒）。

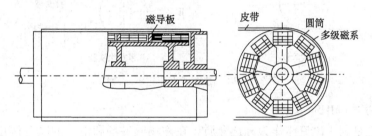

图3-3-26　CT型永磁磁力滚筒

将固体废物均匀地给在皮带运输机上，当废物经过磁力滚筒时，非磁性或磁性很弱的物质在离心力和重力作用下脱离皮带面；而磁性较强的物质受磁力作用被吸在皮带上，并由皮带带到磁力滚筒的下部，当皮带离开磁力滚筒伸直时，由于磁场强度减弱而落入磁性物质收集槽中。

这种设备主要用于工业固体废物或城市垃圾的破碎设备或焚烧炉前，除去废物中的铁器，防止损坏破碎设备或焚烧炉。

（2）湿式CTN型永磁圆筒式磁选机

CTN型永磁圆筒式磁选机的构造型式为逆流型（图3-3-27）。其给料方向和圆筒旋转方向或磁性物质的移动方向相反。物料由给料箱直接进入圆筒的磁系下方，非磁性物质由磁系左边下方的底板上排料口排出。磁性物质随圆筒逆着给料方向移到磁性物质排料端，排入磁性物质收集槽中。

这种设备适用于粒度≤0.6mm强磁性颗粒的回收及从钢铁冶炼排出的含铁尘泥和氧化铁皮中回收铁，以及回收重介质分选产品中的加重质。

（3）悬吊磁铁器

悬吊磁铁器主要用来去除城市垃圾中的铁器，保护破碎设备及其他设备免受损坏。悬吊磁铁器有一般式除铁器和带式除铁器两种（图3-3-28）。当铁数量少时采用一般式除铁器，当铁数量多时采用带式除铁器。一般式除铁器是通过切断电磁铁的电流排除铁物，而带式除铁器则是通过胶带装置排除铁物。

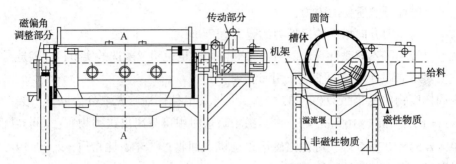

图 3-3-27 CTN 型永磁圆筒式磁选机

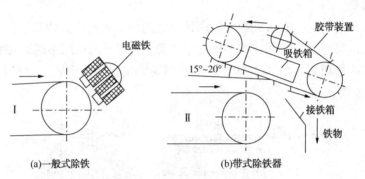

(a)一般式除铁   (b)带式除铁器

图 3-3-28 除铁器工作过程示意图

2. 磁流体分选(MHS)

磁流体分选是利用磁流体作为分选介质,在磁场或磁场和电场的联合作用下产生"加重质"作用,按固体废物各组分的磁性和密度的差异,或磁性、导电性和密度的差异,使不同组分分离。当固体废物中各组分间的磁性差异小,而密度或导电性差异较大时,采用磁流体可以有效地进行分离。磁流体通常采用强电解质溶液、顺磁性溶液和铁磁性胶体悬浮液。磁流体分选法将在固体废物处理与利用中占有特殊的地位。不仅可以分离各种工业固体废物,而且还可以从城市垃圾中回收铝、铜、锌、铅等金属。

似加重后的磁流体仍然具有液体原来的物理性质,如密度、流动性、黏滞性等。似加重后的密度称为视在密度,可以通过改变外磁场强度、磁场梯度或电场强度来调节。视在密度高于流体密度(真密度)数倍,流体真密度一般为 $1400\sim1600kg/m^3$ 左右,而似加重后的流体视在密度可高达 $19000kg/m^3$,因此,磁流体分选可以分离密度范围宽的固体废物。

磁流体分选根据分离原理与介质的不同,可分为磁流体动力分选和磁流体静力分选两种。磁流体动力分选是在均匀或非均匀磁场与电场的联合作用下,以强电解质溶液为分选介质,按固体废物中各组分间密度、比磁化率和电导率的差异使不同组分分离。

磁流体动力分选的研究历史较长,技术也较成熟,其优点是分选介质为导电的电解质溶液,来源广、价格便宜、黏度较低,分选设备简单,处理能力较大,处理粒度为 $0.5\sim6mm$ 的固体废物时,可达 50t/h,最大可达 $100\sim600t/h$。缺点是分选介质的视在密度较小,分离精度较低。

磁流体静力分选是在非均匀磁场中,以顺磁性液体和铁磁性胶体悬浮液为分选介质,按固体废物中各组分间密度和比磁化率的差异进行分离。由于不加电场,不存在电场和磁场联合作用产生的特性涡流，故称为静力分选。其优点是视在密度高，如磁铁矿微粒制成的铁磁性胶体悬浮液视在密度高达 19000kg/m³，介质黏度较小，分离精度高。缺点是分选设备较复杂，介质价格较贵，回收困难，处理能力较小。

当要求分离精度高时，通常采用静力分选；固体废物中各组分间电导率差异大时，采用动力分选。图 3-3-29 为 J. Shimoiizaka 分选槽构造及工作原理示意图。该磁流体分选槽的分离区呈倒梯形，上宽 130mm，下宽 50mm，高 50mm，纵向深 150mm。磁系属于永磁，分离密度较高的物料时，磁系用钐-钴合金磁铁，其视在密度可达 10000kg/m³。每个磁体大小为(40×23×136)mm，两个磁体相对排列，夹角为 30°。分离密度较低的物料时，磁系用锶铁铁氧体磁体，视在密度可达 3500kg/m³，图中阴影部分相当于磁体的空气隙，物料在这个区域中被分离。

北方重工于 20 世纪 60 年代初首先研制成功我国第一台永磁筒式磁选机，近年来又不断得到发展，改进了磁系结构，采用新型铁氧体和稀土合金磁钢复合磁系，大大提高了感应强度，并形成了完整的产品系列，是目前国内产品性能优良、规格最齐全的生产厂家。图 3-3-30 为北方重工开发研制的永磁筒式磁选机。

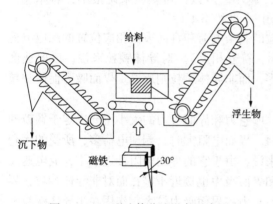

图 3-3-29　磁流体分选设备示意图

图 3-3-30　永磁筒式磁选机

八、电力分选

1. 概述

电力分选简称电选，是利用固体废物中各种组分在高压电场中电性的差异实现分选的一种方法。电选分离过程是在电选设备中进行的。废物颗粒的电选分离过程，如图 3-3-31 所示。废料由给料斗均匀给入辊筒上，随着辊筒的旋转，废物颗粒进入电晕电场区，由于空间带有电荷，使导体和非导体颗粒都获得负电荷(与电晕电极电性相反)。导体颗粒一面带电，一面又把电荷传给辊筒，其放电速度快，因此，当废物颗粒随着辊筒的旋转离开电晕电场区而进入静电场区时，导体颗粒的剩余电荷少，而非导体颗粒则因放电速度慢，致使剩余电荷多。导体颗粒进入静电场后不再继续获得负电荷，但仍继续放电，直至放完全部负电荷，并从辊筒上得到正电荷而被辊筒排斥，在电力、离心力和重力分力的综合作用下，其运动轨迹偏离辊筒，而在辊筒前方落下。偏向电极的静电引力作用更增大了导体颗粒的偏离程度。非导体颗粒由于有较多的剩余负电荷，将与辊筒相吸，被吸附在辊筒上，带到辊筒后方，被毛刷强制刷下，半导体颗粒的运动轨迹则介于导体与非导体颗粒之间，成为半导体产品落下，从而完成电选分离过程。

废物颗粒进入电选设备电场后，受到电力和机械力的作用。作用在颗粒上的电力有库仑力、非均匀电场吸引力和界面吸力等，机械力有重力和离心力等(见图3-3-32)。

(1) 作用在颗粒上的电力

① 库仑力(f_1) 根据库仑定律，一个带电荷的颗粒在电场中所受的库仑力为：

$$f_1 = QE \qquad (3-3-24)$$

式中 f_1——作用在颗粒上的库仑力；

Q——颗粒上的电荷；

E——颗粒所在位置的电场强度。

实际上，颗粒在辊筒表面上不仅吸附离子而获得电荷，同时也放出电荷给辊筒。剩余电荷同颗粒的放电和荷电速度的比值有关。因此，作用在颗粒上的库仑力为：

$$f_1 = Q_r E \qquad (3-3-25)$$

式中 Q_r——颗粒上的剩余电荷。对于导体颗粒 Q_r 接近于零；对于非导体颗粒 Q_r 接近于1。

库仑力的作用是促使颗粒被吸引在辊筒表面上。

② 非均匀电场引起的作用力(f_2) 这种力又称质动力，在电晕电场中，越靠近电晕电极 f_2 越大；而靠近辊筒表面则电场近于均匀，f_2 越小。所以，对颗粒来说很小，与库仑力相比要小数百倍(对1mm颗粒)，因此，在电选中 f_2 可忽略不计。

③ 界面吸力(f_3) 界面吸力(f_3)是荷电颗粒的剩余电荷和辊筒表面相应位置的感应电荷之间的吸引力(此感应电荷大小与剩余电荷相同，符号相反)。对导体颗粒来说，放电速度快，剩余电荷少，所以，其界面吸力也接近于零，而非导体颗粒则反之。界面吸力促使颗粒被吸向辊筒表面。

从以上作用在颗粒上的三种电力可以看出，库仑力和界面吸力的大小主要决定于颗粒的剩余电荷，而剩余电荷又决定于颗粒的界面电阻。界面电阻大时，剩余电荷多，所受的库仑力和界面吸力就大，反之则相反。对导体颗粒来说，由于它的界面电阻接近于零，放电速度快，剩余电荷很少，所以作用在其上的库仑力和界面吸力也接近于零；而对非导体颗粒，界面电阻很大，放电速度很慢，剩余电荷很多，库仑力和界面吸力较大；作用在半导体颗粒上的上述两种力的大小介于导体颗粒与非导体颗粒之间。

(2) 作用在颗粒上的机械力

① 重力(f_4) 颗粒在分选中所受的重力 $f_4 = mg$。在整个过程中其径向和切线方向的分力是变化的。如图3-3-32中，在 A、B 两点的电场区内，重力从 A 点开始起着使颗粒沿辊筒表面移动或脱离的作用。f_4 除在 E 点是一沿着切线向下的力外，在 AB 内其他各点仅是其分力起作用。

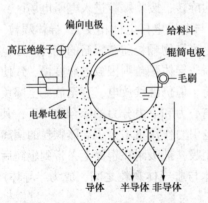

图3-3-31 电选分离过程示意图

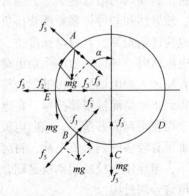

图3-3-32 作用在颗粒上的力

② 离心力(f_5)　颗粒在分选中所受离心力为

$$f_5 = m\frac{v^2}{R} \qquad (3-3-26)$$

式中　f_5——作用在颗粒上的离心力；

　　　v——颗粒在辊筒表面上的运动速度；

　　　R——辊筒的半径。

为保证不同电性颗粒的分离，应当具备下列条件。

① 在分选带 AB 段内分出导体颗粒的受力条件：

$$f_1 + f_3 + mg\cos\alpha < f_2 + f_5 \qquad (3-3-27)$$

式中　α——颗粒在辊筒表面所在的位置与辊筒半径的夹角，(°)。

② 在分选带 BC 段内分出半导体颗粒的受力条件：

$$f_1 + f_3 + mg\cos\alpha < f_2 + f_5 \qquad (3-3-28)$$

③ 在分选带 CD 段内分出非导体颗粒的受力条件：

$$f_3 + mg\cos\alpha < f_5 \qquad (3-3-29)$$

以上分析中引用的公式只是对分选过程的粗略定性说明。目前国外高压电选理论研究正逐步由定性研究进入定量研究；用理论电动力学来研究颗粒放电动态过程，使之接近颗粒放电的实际情况。

2. 静电分选机

图 3-3-33 是辊筒式静电分选机的构造和原理示意图。将含有铝和玻璃的废物通过电振给料器均匀地给到带电辊筒上，铝为良导体，从辊筒电极获得相同符号的大量电荷，因而被辊筒电极排斥落入铝收集槽内；玻璃为非导体，与带电辊筒接触被极化，在靠近辊筒一端产生相反的束缚电荷，被辊筒吸住，随辊筒带至后面被毛刷强制刷落进入玻璃收集槽，从而实现铝与玻璃的分离。

3. YD14 型高压电选机

YD14 型高压电选机的构造如图 3-3-34 所示。该机特点是具有较宽的电晕电场区的下料装置和防积灰漏电措施。整机密封性能好。采用双筒并列式，结构合理、效率高。可作为粉煤灰专用设备。

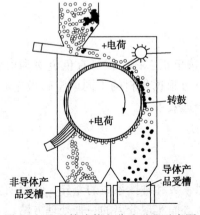

图 3-3-33　筒式静电分选过程示意图

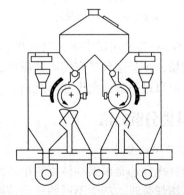

图 3-3-34　YD-4 型高压静电选机结构示意图

该机的工作原理是将粉煤灰均匀给到旋转接地辊筒上，带入电晕电场后，炭粒由于导电性良好，很快失去电荷，进入静电场后从辊筒电极获得相同符号的电荷而被排斥，在离心力、重力及静电斥力综合作用下落入集炭槽成为精煤。而灰粒由于导电性较差，能保持电荷，与带符号相反的辊筒相吸，并牢固地吸附在辊筒上，最后被毛刷强制落入集灰槽，从而实现炭灰分离。

4. 涡流电选机

涡电流分选(Eddy current separation，ECS)是利用物质电导率不同的一种分选技术，其分选原理基于两个重要的物理现象：一个随时间而变的交变磁场总是伴生一个交变的电场(电磁感应定律)；载流导体产生磁场(毕奥—萨伐尔定律)。

图3-3-35为涡流电选机结构示意图，在高强度的涡流电场中，金属与非金属因所受到的电磁力、重力、离心力与摩擦力的差异有不同的运动轨迹，从而选择性地分离出铝。对7mm以下废旧电路板物料分选效果较好。图3-3-36为涡流电选机实物图。工作时，在分选磁辊表面产生高频交变的强磁场，当有导电性的有色金属经过磁场时，会在有色金属内感应出涡电流，此涡电流本身会产生与原磁场方向相反的磁场，有色金属(如铜、铝等)则会因磁场的排斥力作用而沿其输送方向向前飞跃，实现与其他非金属类物质的分离，达到分选的目的；其主要区分判据是物料导电率和密度的比率值，比率值高的较比率值低的物料更易分离。

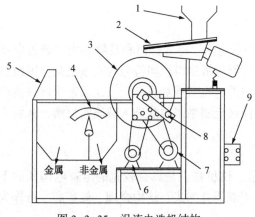

图3-3-35　涡流电选机结构
1—给料漏斗；2—振动给料机；3—外壳；4—刮刀；
5—收集槽；6—外壳驱动装置；7—辊子驱动装置；
8—调整装置；9—控制机构

图3-3-36　涡流电选机

德国STEINER公司推出涡流电选机，可有效分选出铝、锌、铜等有色金属和玻璃、塑胶等有机物质，该分选机具有偏心式磁极辊轮系统，可根据物料的不同调整磁极中心位置，使非铁金属能以最适宜的角度相斥跳离，获得最佳分选效果。

九、其他分选方法

1. 摩擦与弹跳分选

摩擦与弹跳分选是根据固体废物中各组分的摩擦系数和碰撞系数的差异，在斜面上运动或与斜面碰撞弹跳时，产生不同的运动速度和弹跳轨迹而实现分离的一种处理方法。

固体废物从斜面顶端给入，并沿着斜面向下运动时，其运动方式随颗粒的形状或密度不同而不同。其中纤维状废物或片状废物几乎全靠滑动，球形颗粒有滑动、滚动和弹跳三种运动方式。

颗粒沿斜面运动时，颗粒受重力作用（如图3-3-37所示），颗粒沿斜面下滑的条件是：

$$G\sin\alpha \geqslant F \tag{3-3-30}$$

$$F = fN = fG\cos\alpha \tag{3-3-31}$$

式中　G——颗粒的重力；

　　　F——颗粒与斜面之间的摩擦力；

　　　α——斜面的倾角；

　　　f——摩擦系数（与颗粒形状、接触面粗糙程度、斜面材料有关）；

　　　N——垂直斜面的压力。

由此可得：

$$\text{tg}\alpha \geqslant f \tag{3-3-32}$$

以 φ 代表摩擦角，则 $\alpha \geqslant \varphi$。这说明如果斜面倾角大于颗粒的摩擦角，颗粒将沿着斜面向下滑动，否则颗粒将不产生滑动。

使颗粒沿斜面下滑的作用力 P 为

$$P = G(\sin\alpha - f\cos\alpha) \tag{3-3-33}$$

颗粒在 P 作用下，沿斜面下滑的加速度 a 为，

$$a = \frac{P}{m}g(\sin\alpha - f\cos\alpha) \tag{3-3-34}$$

式中　g——重力加速度。

初速度为零的颗粒，沿斜面下滑 L 距离后的速度 v 为

$$v = \sqrt{2aL} \tag{3-3-35}$$

将式（3-3-34）代入式（3-3-35）得

$$v = \sqrt{2(p/m)gL(\sin\alpha - f\cos\alpha)} \tag{3-3-36}$$

由上式可见，当斜面长度 L 及倾角 a 一定时，颗粒的运动速度 v 仅与摩擦系数 f 有关。摩擦系数小的颗粒，其运动速度大；而摩擦系数大的颗粒，其运动速度小。颗粒离开斜面后，以抛物线轨道下落（若忽略空气阻力）。

颗粒抛落的水平距离 L 为

$$L = v\cos\sqrt{2H/g} \tag{3-3-37}$$

由上式可见，当 H 及 α 一定时，仅与颗粒的运动速度 v 有关，所以摩擦系数不同的颗粒，其滑出斜面的落下地点不同，可分别收集实现分选。

颗粒因弹性不同，与平面碰撞时，其弹跳的高度及速度不同，假设颗粒从高度 H 落到平面（筛网）上，见图3-3-38，此时颗粒的瞬时速度 $v = \sqrt{2gH}$，与平面碰撞后弹跳的初速度为 u，弹跳高度为 h，则 $u = \sqrt{2gh}$；碰撞后弹跳的速度 u 和碰撞前速度 v 的比值称为碰撞恢复系数或速度恢复系数 K，即

$$K = \frac{u}{v} = \sqrt{\frac{h}{H}} \tag{3-3-38}$$

式中　K 表示颗粒碰撞的弹性性质。当 $K=1$ 时，$u=v$，$h=H$，此时表示颗粒为完全弹性碰撞；当 $0<K<1$ 时，$u<v$，$h<H$，表示颗粒为弹性碰撞；当 $K<0$ 时，$u=0$，$h=0$，表示颗粒为塑性碰撞。

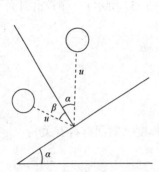

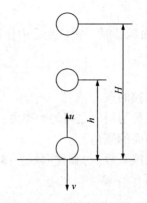

图 3-3-37　颗粒在斜面上的碰撞　　　　图 3-3-38　颗粒与平面的碰撞

在城市垃圾中，废塑料、废橡胶、金属块、碎砖瓦、碎玻璃器皿等 K 值介于 0 及 1 之间，属于弹性碰撞；而废纤维、破布、废纸、灰土、厨房有机垃圾等，其 K 值接近零，属于塑性碰撞。

颗粒在斜面上的碰撞如图 3-3-37 所示。颗粒碰撞恢复系数（K_p）应等于碰撞前后的速度在斜面法线上投影之比，即

$$K_p = \frac{u\cos\beta}{v\cos\alpha} \tag{3-3-39}$$

若忽略摩擦系数的影响，K_p 可近似地表示为

$$K_p = \frac{\mathrm{tg}\alpha}{\mathrm{tg}\beta} \tag{3-3-40}$$

式中　α——颗粒下落角，即下落轨迹与斜面法线之间的夹角；

β——弹跳角，即弹跳方向与斜面法线之间的夹角。

当 $K_p = 1$ 时，则 $\alpha = \beta$，为完全弹跳碰撞；当 $K_p = 0$ 时，则 $\beta = 90°$，为塑性碰撞；当 $0 < K_p < 1$ 时，为弹性碰撞。城市垃圾自一定高度给到斜面上时，其废纤维、有机垃圾和灰土等近似塑性碰撞，不产生弹跳；而砖瓦、铁块、碎玻璃、废橡胶等则属弹性碰撞，产生弹跳，跳离碰撞点较远。两者运动轨迹不同，因而得以分离。

常见的摩擦与弹跳分选设备有带式筛、斜板运输分选机和反弹滚筒分选机。

（1）带式筛

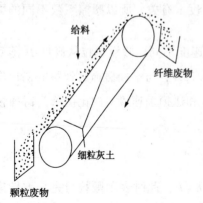

带式筛是一种倾斜安装带有振打装置的运输带，如图 3-3-39 所示。其带面由筛网或刻沟的胶带制成。带面安装倾角大于颗粒废物的摩擦角，小于纤维废物的摩擦角。

废物从带面的下半部由上方给入，由于带面的振动，颗粒废物在带面上做弹性碰撞，向带的下部弹跳，又因带面的倾角大于颗粒废物的摩擦角，所以颗粒废物还有下滑的运动，最后从带的下端排出。纤维废物与带面为塑性碰撞，不产生弹跳，并且带面倾角小于纤维废物的摩擦角，所以纤维废物不沿带面下滑，而随带面一起向上运动，从带的上端排出。在向上运动过程中，由

图 3-3-39　带式筛示意图

于带面的振动使一些细粒灰土透过筛孔从筛下排出，从而使颗粒状废物与纤维状废物分离。

（2）斜板运输分选机

图3-3-40是斜板运输分选机的工作原理示意图。城市垃圾由给料皮带运输机从斜板运输分选机的下半部的上方给入，其中砖瓦、铁块、玻璃等与斜板板面产生弹性碰撞，向板面下部弹跳，从斜板分选机下端排入重的弹性产物收集仓；而纤维织物、木屑等与斜板板面为塑性碰撞，不产生弹跳，因而随斜板运输板向上运动，从斜板上端排入轻的非弹性产物收集仓，从而实现分离。

（3）反弹滚筒分选机

该分选系统由抛物皮带运输机、回弹板、滚筒和产品收集仓组成，如图3-3-41所示。其工作过程是将城市垃圾由倾斜抛物皮带运输机抛出，与回弹板碰撞，其中铁块、砖瓦、玻璃等与回弹板、分料滚筒产生弹性碰撞，被抛入重的弹性产品收集仓；而纤维废物、木屑等与回弹板为塑性碰撞，不产生弹跳，被分料滚筒抛入轻的非弹性产品收集仓，从而实现分离。

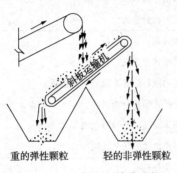

图3-3-40　斜面运输分选机

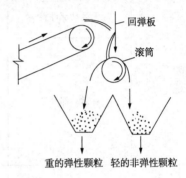

图3-3-41　反弹滚筒分选机

2. 光电分选

光电分选系统及工作过程包括以下三个部分：

（1）给料系统　固体废物入选前，需要预先进行筛分分级，使之成为窄粒级物料，并消除废物中的粉尘，以保证信号清晰，提高分离精度。分选时，使预处理后的物料颗粒排队呈单行，逐一通过光检区，保证分离效果。

（2）光检系统　光检系统包括光源、透镜、光敏元件及电子系统等。这是光电分选机的心脏，因此，要求光检系统工作准确可靠，工作中要维护保养好，经常清洗，减少粉尘污染。

（3）分离系统（执行机构）　固体废物通过光检系统后，其检测所收到的光电信号经过电子电路放大，与规定值进行比较处理，然后驱动执行机构，一般为高频气阀（频率为300Hz），将其中一种物质从物料流中吹动使其偏离出来，从而使物料中不同物质得以分离。

图3-3-42是光电分选过程示意图。固体废物经预先分级后进入料斗。由振动溜槽均匀地落入高速沟槽进料皮带上，在皮带上拉开一定距离并排队前进，从皮带首端抛入光检箱受检。当颗粒通过光

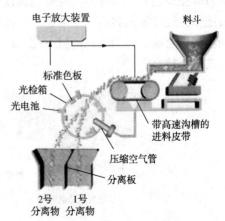

图3-3-42　光电分选过程示意图

检测区时，受光源照射，背景板显示颗粒的颜色或色调，当欲选颗粒的颜色与背景颜色不同时，反射光经光电倍增管转换为电信号(此信号随反射光的强度变化)，电子电路分析该信号后，产生控制信号驱动高频气阀，喷射出压缩空气，将电子电路分析出的异色颗粒(即欲选颗粒)吹离原来下落轨道，加以收集。而颜色符合要求的颗粒仍按原来的轨道自由下落加以收集，从而实现分离。

3. 形状分选

在颗粒形状分选时，首先要考虑颗粒形状特性值的差异。形状特性值包括颗粒的摩擦系数、滚动性、通过筛孔的速度和黏着力等。表 3-3-2 是根据颗粒的这些特性对形状分选进行分类。

表 3-3-2　形状分选分类

类　型		分　选　机
倾斜或旋转类	无运动部件类	螺旋形状分选机
		斜管式形状分选机
	有运动部件类	倾斜转盘式形状分选机
		旋转锥形状分选机
		带刮板的倾斜旋转圆筒形状分选机
		斜振动板式形状分选机
		水平圆运动板式形状分选机
		倾斜运输机式形状分选机
根据通过的速度差类		筛分形状分选机
		振动筛形状分选机
		旋转圆筒筛分形状分选机
其他类		黏着形状分选机
		吸入形状分选机
		阻力形状分选机

倾斜旋转圆筒形状分选机装备有多个刮板(如图 3-3-43 所示)。与圆筒内壁平行的单排刮板缓慢地旋转，非球形颗粒被刮板往上耙，有的非球形颗粒在落到圆筒下端前被下一个刮板耙住，连续输送到圆筒上端出口。相反地，球形颗粒沿倾斜方向向下快速滚动，在下一个刮板到来之前，就滚落到圆筒下端。由于该设备是以每个刮板为单位的串联分选结构，所以分选效率较高。

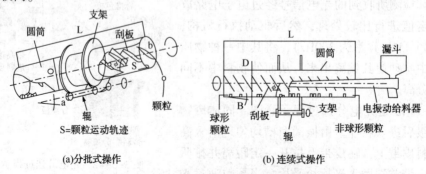

(a)分批式操作　　　　　(b)连续式操作

图 3-3-43　带刮板的倾斜旋转圆筒形状分选机

废旧电路板组分在经过破碎以后，各组分会呈现出不同的形状。日本古屋仲等人使用倾斜振动板形状分选机从废旧印刷电路板中回收铜，也有使用形状分选机对废旧电路板物料进行预处理的。相关研究表明，形状分选过程比较难控制，因为颗粒的形状尺寸在两个方向不一致，细长的金属丝容易混入其他颗粒中，而且大多数金属在粉碎作用下会变形，给分选带来不利影响。

习题与思考题

1. 简述固体废物压实的原理，如何选择压实设备？
2. 影响破碎效果的因素有哪些？如何根据固体废物的性质选择破碎方法？
3. 破碎机选择时应考虑哪些因素？为什么？
4. 简摆式颚式破碎机与复摆式破碎机有什么异同点？
5. 什么是低温破碎，在哪些领域内有应用？
6. 根据固体废物的性质，如何选择分选方法？
7. 如何评价筛分设备的使用效果？怎样计算筛分效率？其影响因素有哪些？
8. 如何选择筛分设备？
9. 如何判断固体废物重力分选的可能性？
10. 根据固体废物的磁性如何选择磁选设备？
11. 根据生活垃圾中各组分的性质，设计分选工艺系统。

第四章　固体废物的物化处理

固体废物的物化处理是利用物理化学反应过程对固体废物进行处理的方法。常见的固体废物物化处理方法有浮选、溶剂浸出、稳定化/固化处理。

第一节　浮选

物质被水润湿的程度称为物质的润湿性。许多无机废物极易被水润湿，而有机废物则不易被水润湿。易被水润湿的物质，称为亲水性物质；不易被水润湿的物质，称为疏水性物质。浮选就是根据不同物质被水润湿的程度的差异，而在水介质中对其进行分离的过程，其可浮性的好坏主要取决于其润湿性的强弱。

一、浮选原理

物质的天然可浮性差异均较小，仅利用它们的天然可浮性差异进行分选，分选效率很低。因此通过在固体废物与水调成的料浆中加入浮选药剂，以此来扩大不同组分可浮性的差异，再通入空气形成无数细小气泡，使目的颗粒黏附在气泡上，并随气泡上浮于料浆表面成为泡沫层后刮出，成为泡沫产品；不上浮的颗粒仍留在料浆内，通过适当处理后废弃。

二、浮选药剂

物质对气泡的黏附作用都具有选择性，其中有些物质表面的疏水性较强，容易黏附在气泡上，而另一些物质表面亲水，则不易黏附在气泡上。物质表面的亲水、疏水性，可以通过浮选药剂的作用而加强，因此，在浮选工艺中正确选择、使用浮选药剂是调整物质可浮性的主要外因条件。

浮选药剂根据它在浮选过程中的作用不同，可分为捕收剂、起泡剂和调整剂三大类。

1. 捕收剂

能够选择性地吸附在欲选的颗粒上，使目的颗粒表面疏水，增加可浮性，使其易于向气泡附着的药剂称为捕收剂。良好的捕收剂应具有以下特点：捕收作用强、具有足够的活性；有较高的选择性；易溶于水、无毒、无臭、成分稳定、不易变质；价廉易得。

常用的捕收剂主要有异极性捕收剂和非极性油类捕收剂两类。其中异极性捕收剂分子由极性基(亲固基)和非极性基(疏水基)两部分组成。典型的异极性捕收剂有黄药、油酸等。极性基活泼，能与废物表面发生作用而吸附于废物表面，从而满足废物表面的未饱和性能；非极性基具有石蜡、烃类的疏水作用，能朝外排水而造成废物表面的"人为可浮性"。

黄药的学名为烃基二硫代碳酸盐，也称黄原酸盐，其通式为 ROCSSAm/ROCSSMe。式中，R 为不同的烷基、烷芳基、环烷基、烧氧基等，Am/Me 为钠、钾等碱金属离子，也有制成铵盐的。常用的黄药烃链中含碳数为 2~5 个。一般烃链越长，捕收作用越强，但烃链过长时，其选择性和溶解性均下降，反而降低其捕收效果。由于黄药与碱土金属(Ca^+、

Mg^{2+}、Be^{2+}等)形成的黄原酸盐易溶于水，因此黄药对含碱土金属成分的废物(如 $BaSO_4$、$CaCO_3$、CaF_2等)没有捕收作用。但黄药能与许多含重金属和贵金属离子的废物生成表面难溶盐化合物，如含 Hg、Au、Bi、Cu、Pb、Co、Ni 等的废物，与黄药生成的表面化合物的溶度积小于 10^{-10}。

非极性油类捕收剂主要包括脂肪烷烃 C_nH_{2n+2}、脂环烃 C_nH_{2n} 和芳香烃三类，难溶于水，不能解离为离子。常用的非极性油类捕收剂有煤油、柴油、燃料油、变压器油、重油等。目前，只有一些可浮性很好的非极性废物颗粒才单独使用非极性油类捕收剂，如粉煤灰中未燃尽炭的回收、废石墨的回收等。

2. 起泡剂

起泡剂是一种作用在水-气界面上使其界面张力降低的表面活性物质，能促使空气在料浆中弥散，形成小气泡，防止气泡兼并，增大分选界面，提高气泡与颗粒的黏附和上浮过程中的稳定性，以保证气泡上浮形成泡沫层，常与捕收剂有联合作用。常用的起泡剂有松醇油、脂肪醇等。

起泡剂的共同结构特征是：

(1) 是一种异极性的有机物质，极性基亲水，非极性基亲气，使起泡剂分子在空气和水的界面上产生定向排列；

(2) 大部分起泡剂是表面活性物质，能够强烈地降低水的表面张力；

(3) 起泡剂应有适当的溶解度，溶解度过小，起泡剂来不及溶解即随泡沫流失或起泡速率小，延缓时间较长，难以控制，溶解度过大，则药耗大或迅速产生大量泡沫，但不耐久。

图 4-1-1 所示为起泡剂在气泡表面的吸附作用。起泡剂分子的极性端朝外，对水偶极有引力作用，使水膜稳定而不易流失。有些离子型表面活性起泡剂，带有电荷，于是各个气泡因同性电荷相互排斥而阻止兼并，增加了气泡的稳定性。

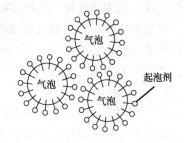

图 4-1-1 起泡剂在气泡表面的吸附

图 4-1-2 所示为起泡剂与捕收剂的相互作用方式。起泡剂与捕收剂在气泡表面和废物表面都有联合作用，这种联合作用称为"共吸附"现象。由于废物表面和气泡表面都有起泡剂与捕收剂的共吸附，因而产生共吸附的界面"互相穿插"，这是颗粒向气泡附着的作用之一。

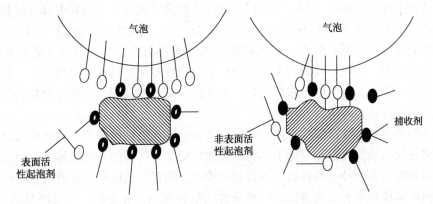

图 4-1-2 起泡剂与捕收剂的相互作用

3. 调整剂

用于调整捕收剂的作用及介质条件的药剂就是调整剂。表 4-1-1 所示为常用的调整剂种类以及其功能。

表 4-1-1　常用的调整剂种类以及其功能

调整剂系列	pH 调整剂	活化剂	抑制剂	絮凝剂	分散剂
典型代表	酸、碱	金属阳离子，阴离子 HS^-、$HSiO_3^-$	O_2、SO_2 和淀粉、单宁等	聚丙烯酰胺	水玻璃、磷酸盐
功能	调整介质的 pH	促进目的颗粒与捕收剂作用	抑制非目的颗粒可浮性	促使料浆中目的细粒联合成较大团粒	促使料浆中非目的细粒呈分散状态

浮选剂的种类和用量随矿石性质和浮选条件及流程特点而各异，可用试验单位提供药方（或称药剂制度），在生产实践过程中也可根据上述各种条件的变化而加以改变。

三、浮选工艺过程

浮选工艺过程主要包括调浆、调药、调泡三个程序。

1. 调浆

调浆即废物的破碎、磨碎等。浮选的料浆浓度必须适合浮选工艺的要求：一般浮选密度及粒度较大的废物颗粒，往往用较浓的料浆；反之浮选密度较小的废物颗粒，可用较稀的料浆，但是若浓度很低，则回收率很低，但产品质量很高；当浓度太高时，回收率反而下降，因此料浆浓度要适当；在选择料浆浓度时，还应该考虑到浮选机的充气量、浮选药剂的消耗、处理能力等因素的影响。

2. 调药

调药即调整浮选过程中药剂的过程。调药包括提高药效、合理添加、混合用药、料浆中药剂浓度调节与控制等。药剂合理添加主要是为了保证料浆中药剂的最佳浓度，一般顺序为：先加调整剂，再加捕收剂，最后加起泡剂。所加药剂的种类和数量，应根据欲选废物颗粒的性质通过实验确定。

3. 调泡

调泡即调节浮选气泡的过程。对于机械搅拌式浮选机而言，当料浆中有适量起泡剂存在时，大多数气泡直径介于 0.4～0.8 mm，最小 0.05 mm，最大 1.5 mm，平均 0.9 mm 左右。

气泡主要是供疏水颗粒附着，并在料浆表面形成三相泡沫层，不与气泡附着的亲水颗粒，则留在料浆中。因此，气泡的大小、数量和稳定性对浮选具有重要影响。一般来说，气泡越小，数量越多，在料浆中分布越均匀，料浆的充气程度越好，为欲浮颗粒提供的气液界面也就越充分，浮选效果越好。

将有用物质浮入泡沫产物，无用或回收经济价值不大的物质仍留在料浆内的浮选法称为正浮选。将无用物质浮入泡沫产物中，将有用物质留在料浆中的浮选法称为反浮选。

固体废物中含有两种或两种以上的有用物质时，通常采用优先浮选或混合浮选方法。优先浮选是将固体废物中有用物质依次一种一种地单独浮出，成为单一物质产品的浮选方法；混合浮选则是将固体废物中有用物质共同浮出为混合物，然后再把混合物中有用物质一种一种地分离的方法。

四、浮选设备

浮选机是实现浮选过程的重要设备。对浮洗机的基本要求是：① 良好的充气作用；② 搅拌作用；③ 能形成比较平稳的泡沫区；④ 能连续工作及便于调节。

浮选机种类很多，按充气和搅拌方式的不同，目前生产中使用的浮选机主要有机械搅拌式浮选机、充气搅拌式浮选机、充气式浮选机和气体析出式浮选机四类。机械搅拌式浮选机根据搅拌器结构不同分为 XJK 型浮选机、维姆科 (Wemco) 大型浮选机、棒型浮选机等，其中 XJK 型浮选机是我国使用最广的浮选机。图 4-1-3 所示为 XJK 型机械搅拌式浮选机的结构示意图。

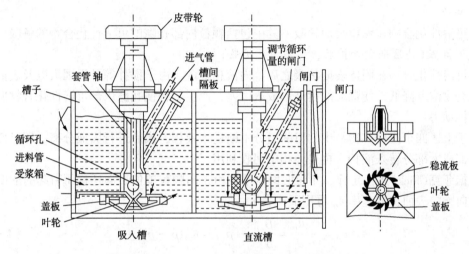

图 4-1-3　XJK 型机械搅拌式浮选机的结构示意图

大型浮选机每 2 个槽为一组，第一个为吸入槽，第二个为直流槽。小型浮选机多为 4~6 个槽为一组，每排可配置 2~20 个槽。每组有 1 个中间室和料浆面调节装置。

浮选机工作时，料浆由进浆管送到盖板的中心处，叶轮旋转产生的离心力将料浆甩出，在叶轮与盖板间形成一定的负压。在叶轮的强烈搅拌作用下，料浆与空气得到充分的混合，同时气流被分割成细小的气泡，欲选废物颗粒与气泡碰撞黏附在气泡上而浮升至料浆表面形成泡沫层，经刮泡机刮出成为泡沫产品，再经消泡脱水后即可回收。

第二节　溶剂浸出

一、概述

所谓溶剂浸出，是用适当的溶剂与废物作用使物料中有关的组分有选择性地溶解的物理化学过程。适用成分复杂、嵌布粒度微细且有价成分含量低的矿业固体废物、化工和冶金过程的废弃物。其特点在于能够使物料中有用或有害成分能选择性地最大限度地从固相转入液相。同时具有对目的组分选择性好、浸出率高，速率快、成本低，容易制取，便于回收和循环使用以及对设备腐蚀性小等优点。

二、动力学方程

浸出反应的进行在很大程度上取决于动力学过程。浸出过程大多取决于两个阶段：溶剂向反应区的迁移和界面上的化学反应。浸出过程大致可分成以下几个阶段：

1. 外扩散

外扩散即溶剂分子向颗粒表面和孔隙扩散。浸出的物料颗粒一般较细，或经前处理之后变得疏松多孔。加之溶剂的浸润作用，所以内扩散显得不那么明显。一般来说，外扩散可使溶剂扩散到表面或孔隙内部反应带。

2. 化学反应

化学反应即溶剂达到反应带之后与颗粒中的某些组分发生反应生成可溶性化合物。

3. 解吸

即可溶性化合物在颗粒表面解吸，其中包括颗粒内部孔隙的可溶性化合物的解吸。

4. 反扩散（为区别于外扩散，称之为反扩散）

即可溶性化合物在固体表面解吸之后，向液相扩散，由于搅拌等外界因素以及表面上可溶性化合物浓度降低，使颗粒的内外形成浓度差，产生一种使孔隙内部可溶性化合物向表面扩散的推动力。

由于上述四个过程，物料中的目的组分不断进入液相，最后进行固液分离，即可使目的组分全部或大部分转入液相，再从液相中回收利用。

根据菲克（Fick）第一定律，单位时间内溶剂由于向颗粒单位表面迁移而引起的浓度降低即溶剂向颗粒表面扩散速率 v_D 可用下式表示：

$$v_D = -\frac{d_\rho}{d_t} = \frac{D}{\delta}(\rho - \rho_s) = K_D(\rho - \rho_s) \qquad (4\text{-}2\text{-}1)$$

式中　ρ——溶液中溶剂的浓度；

　　　ρ_s——溶剂在颗粒表面上的浓度；

　　　δ——扩散层的厚度；

　　　D——扩散系数；

　　　K_D——扩散或传质速率常数，$K_D = D/\delta$。

根据质量作用定律，单位时间内溶剂由于在颗粒表面上发生化学反应而引起的浓度降低即溶剂在颗粒表面上的化学反应速率 v_k 为：

$$v_k = -\frac{d_\rho}{d_t} = K_k \rho_s^n \qquad (4\text{-}2\text{-}2)$$

式中　K_k——吸附化学反应动力学阶段的速率常数；

　　　n——反应级数。

大多数浸出过程属于一级反应，即 $n = 1$，经过一段时间之后，当扩散速率和化学反应速率达到动态平衡时，则过程宏观速率 v 可用下式表示：

$$v = v_k = v_D = -\frac{d_\rho}{d_t} \qquad (4\text{-}2\text{-}3)$$

当 $n = 1$ 时：

$$v = K_D(\rho - \rho_s) = K_k \rho_s^n = K_k \rho_s \qquad (4\text{-}2\text{-}4)$$

经变换，得：

$$\rho_s = \frac{K_D}{K_D + K_k}\rho \tag{4-2-5}$$

将式(4-2-5)代入式(4-2-4)得:

$$v = \frac{K_D K_k}{K_D + K_k}\rho \tag{4-2-6}$$

讨论:

(1) 当 $K_k \gg K_D$ 时,即动力学区域的速率常数远远大于扩散区域速率常数时,分母中 K_D 忽略不计,则式(4-2-6)变为: $v = K_D \cdot \rho$,即当溶剂浓度 ρ 一定时,过程速率受物质迁移(扩散)所限制,在扩散区域内过程速率服从扩散(传质)规律。

(2) 当 $K_k \ll K_D$ 时,则式(4-2-6)中分母 K_k 可忽略不计,式(4-2-6)转变为: $v = K_k \cdot \rho$,即当溶剂浓度 ρ 一定时, $v \propto K_k$,过程速率为化学反应控制,在动力学区域内,过程速率服从化学反应规律。

三、浸出过程的化学反应机理

物料浸出是一个极为复杂的溶解过程,在简化情况下,根据物料(溶液)和溶剂的互相作用特性,溶解过程可分为物理溶解过程和化学溶解过程。

物理溶解过程指溶质在溶剂作用下仅发生晶格的破坏,溶质可以从溶液中结晶出来。过程消耗的能量等于晶格能。离子或原子之间化学键的破坏,是一种可逆过程。

化学溶解过程指溶剂与物料的有关组分之间发生化学反应生成可溶性化合物进入溶液相的过程。这种化学作用主要包括是交换反应、氧化还原反应,络合反应等,是一种不可逆过程。

1. 交换反应溶解过程

交换反应溶解是由于物料中的金属氧化物、硫化物与酸、碱、可溶性盐作用,生成可溶性的盐类的过程。例如:

$$CuO + H_2SO_4 \longrightarrow CuSO_4 + H_2O$$
$$Fe_2O_3 + 6HCl \longrightarrow 2FeCl_3 + 3H_2O$$
$$GeO_2 + 2NaOH \longrightarrow Na_2GeO_3 + H_2O$$
$$CuS + Fe_2(SO_4)_{3(溶液)} \longrightarrow CuSO_4 + 2FeSO_4 + S$$

2. 氧化还原反应过程

氧化还原反应溶解指溶液同物料组成之间发生氧化还原反应,生成可溶性化合物的过程。例如:

$$Cu + H_2SO_4 + \frac{1}{2}O_2 \longrightarrow CuSO_4 + H_2O$$

该反应在一般情况下很难发生,要使反应发生需向体系鼓入空气。显然 Cu 首先被氧化成 CuO 之后,再与 H_2SO_4 发生反应生产溶于水的 $CuSO_4$。

3. 络合反应溶解过程

络合反应溶解过程是指溶剂与物料中组分发生络合反应,生成可溶性络合物的化学反应过程。例如:

$$2Cu + O_2 + nNH_3 \longrightarrow 2CuO \cdot nNH_3$$
$$2Cu + 2CuO \cdot nNH_3 \longrightarrow 2Cu_2O \cdot nNH_3$$

$$CuO+2NH_3 \cdot H_2O+(NH_4)_2CO_3 \longrightarrow Cu(NH_3)_4CO_3+3H_2O$$
$$Cu+Cu(NH_3)_4CO_3 \longrightarrow Cu_2(NH_3)_4CO_3$$

四、几种典型浸出反应

浸出过程是提取和分离目的组分的过程。浸出过程所用的药剂称为浸出剂，浸出后含目的组分的溶液称为浸出液，残渣为浸出渣。按浸出药剂种类的不同，浸出可分为酸浸、碱浸、中性浸出等方法。

1. 中性溶剂浸出

中性浸出剂包括水和盐，如 $NaCl$、$NaClO$、$CuCl_2$ 和高价铁盐等溶液。

当硫化铜矿经硫酸化焙烧后，其中可溶性的 $CuSO_4$ 可用水浸出，浸出反应为：

$$CuSO_{4(固)}+H_2O \longrightarrow Cu^{2+}+SO_4^{2-}+H_2O$$

当铌铁矿同 $NaOH$ 一起进行焙烧之后，变成 Na_5NbO_5，可以用 H_2O 浸出，生成含水的铌酸钠：

$$Fe(NbO_3)_2+10NaOH \xrightarrow{熔融} 2Na_5NbO_5+FeO+5H_2O$$
$$12Na_5NbO_5+55H_2O \longrightarrow 7Na_2O \cdot 6Nb_2O_5 \cdot 32H_2O+46NaOH$$

某些重金属及其硫化物可以用 $FeCl_3$ 或 $Fe_2(SO_4)_3$ 浸出。若废料中含有 NiS，则可以用 $Fe_2(SO_4)_3$ 浸出，化学反应为：

$$NiS+Fe_2(SO_4)_3 \longrightarrow NiSO_4+2FeSO_4+S$$

实际生产中，为了提高浸出效果和防止液相中盐类水解，往往将其调成酸性，所以实际是在酸性条件下浸出的。

用 $NaCN$ 溶液浸出含金废渣，是典型的氰化物浸出工艺，其化学反应为：

$$2Au+4NaCN+H_2O+\frac{1}{2}O_2 \longrightarrow 2NaAu(CN)_2+2NaOH$$

Au 在含 $NaCN$ 0.03%～0.15%的低浓度溶液中溶解的速率最快，浸出也较彻底，但当 $NaCN$ 浓度大于 0.2%时，Au 的溶解速率反而下降。工业上常用提高溶液中含氧浓度来强化 Au 的浸出率。

2. 酸性溶剂浸出

凡废物中的成分可溶解进入酸溶液的都可以采用此方法。酸浸包括简单酸浸、氧化酸浸和还原酸浸。常用酸浸剂有稀硫酸(H_2SO_4)、浓硫酸、盐酸(HCl)、硝酸(HNO_3)、王水、氢氟酸(HF)、亚硫酸(H_2SO_3)等。

(1) 简单酸浸 适用于易被酸分解的简单金属氧化物、金属含氧盐及少数的金属硫化物中的有价金属的浸出。简单酸浸是含铜废物回收金属铜的重要方法。

$$Me_2O_y + 2yH^+ \longrightarrow 2Me^{y+}+yH_2O$$
$$MeO \cdot Fe_2O_3+8H^+ \longrightarrow Me^{2+}+2Fe^{3+}+4H_2O$$
$$MeAsO_4+3H^+ \longrightarrow Me^{3+}+ H_3AsO_4$$
$$MeO \cdot SiO_2+ 2H^+ \longrightarrow Me^{2+}+ H_2SiO_3$$
$$MeS+2H^+ \longrightarrow Me^{2+}+H_2S \uparrow$$

大部分金属的简单氧化物、铁酸盐、砷酸盐和硅酸盐能进行简单酸浸，除 FeS、$\alpha-NiS$、CoS、MnS 和 Ni_3S_2 能简单酸浸外，大部分金属硫化物不能进行酸浸。

（2）氧化酸浸　多数金属硫化物在酸性溶液中相当稳定，不易简单酸浸。但在有氧化剂存在时，几乎所有的金属硫化物在酸液中或在碱液中均能被氧化分解而浸出，其氧化分解反应式为：

$$MeS + H^+ + 氧化剂 \longrightarrow Me^{2+} + S \text{ 或 } SO_4^{2-}$$

常压氧化酸浸常用的氧化剂有 Fe^{3+}、Cl_2、O_2、HNO_3、$NaClO$、MnO_2、H_2O_2 等。通过控制酸用量和氧化剂用量来控制浸出时的 pH 和电位、使金属硫化物中的金属组分呈离子形式转入浸液，使硫化物中的硫元素转化为单质硫或硫酸根。

氧化酸浸还常用于浸出某些低价化合物。如赤铜矿、辉铜矿中的铜的氧化酸浸：

赤铜矿 $2Cu_2O + 8H^+ + O_2 \longrightarrow 4Cu^{2+} + 4H_2O$

辉铜矿 $2Cu_2S + 8H^+ + O_2 \longrightarrow 4Cu^{2+} + 2H_2S + 2H_2O$

热的浓硫酸为强氧化酸，可将大部分的金属氧化物转变为相应的硫酸盐，其反应式为：

$$MeS + 2H_2SO_4 \overset{\triangle}{\longrightarrow} MeSO_4 + SO_2 \uparrow + S + 2H_2O$$

（3）还原酸浸　主要用于浸出变价金属的高价金属氧化物和氢氧化物。还原酸浸反应式如下：

$$Me_xO_y [\text{ 或 } Me(OH)_y] + H^+ + 还原剂 \longrightarrow Me^{n+} + H_2O$$

有色金属冶炼过程产出的镍渣、锰渣、钴渣等可进行还原酸浸，其反应式如下：

$$MnO_2 + 2Fe^{2+} + 4H^+ \longrightarrow Mn^{2+} + 2Fe^{3+} + 2H_2O$$

$$3MnO_2 + 2Fe + 12H^+ \longrightarrow 3Mn^{2+} + 2Fe^{3+} + 6H_2O$$

$$2Co(OH)_3 + SO_2 + 2H^+ \longrightarrow 2Co^{2+} + SO_4^{2-} + 4H_2O$$

$$2Ni(OH)_3 + SO_2 + 2H^+ \longrightarrow 2Ni^{2+} + SO_4^{2-} + 4H_2O$$

3. 碱性溶剂浸出

碱性溶剂浸出（碱浸）过程选择性高，可获得较纯净的浸出液，且设备防腐问题较易解决。常用的碱浸药剂包括碳酸铵 $[(NH_4)_2CO_3]$ 和氨水（$NH_3 \cdot H_2O$）、碳酸钠（Na_2CO_3）、苛性钠（$NaOH$）、硫化钠（Na_2S）等，相应的浸出方法包括氨浸、碳酸钠溶液浸出、苛性钠溶液浸出和硫化钠溶液浸出等。

（1）碳酸钠溶液浸出

所有能与碳酸钠反应生成可溶性钠盐的固体废物，都可采用碳酸溶液浸出的方法来提取其中的有价金属，特别是碳酸盐含量较高的废物更适宜采用这种方法。如经焙烧过的钨矿中的 W 可用 Na_2CO_3 浸出，生成可溶性的钨酸钠。

$$CaWO_4 + Na_2CO_3 + SiO_2 \longrightarrow Na_2WO_4 + CaSiO_3 + CO_2 \uparrow$$

（2）氨浸

在碱性溶液浸出中，氨浸是对含 Cu、Ni、Co 元素的固体废物浸出中应用较多的方法。氨浸对 Cu、Ni、Co 具有较高的选择性，Cu、Ni、Co 能与氨生成稳定的络合物，而其他金属不易生成不稳定的络合物。工业实践中，浸出剂常用 $NH_3 \cdot H_2O$ 和 $(NH_4)_2CO_3$ 的混合液。

$$CuO + 2NH_4OH + (NH_4)_2CO_3 \longrightarrow Cu(NH_3)_4CO_3 + 3H_2O$$

$$Cu(NH_3)_4CO_3 + Cu \longrightarrow Cu_2(NH_3)_4CO_3$$

$$Cu_2(NH_3)_4CO_3 + (NH_4)_2CO_3 + 2NH_3 \cdot H_2O + \frac{1}{2}O_2 \longrightarrow 2Cu(NH_3)_4CO_3 + 3H_2O$$

浸出液经固液分离得到含铜的氨浸液，对其进行蒸馏，氧化铜以沉淀析出，NH_3 和 CO_2

冷凝吸收得 $(NH_4)_2CO_3$ 和 $NH_3 \cdot H_2O$，返回浸出作业再利用。

五、影响浸出过程的主要因素

浸出操作要保证有较高的浸出率。浸出率是目的溶质进入溶液的质量分数。浸出过程的主要影响因素有：物料粒度及其特性、浸出压力、搅拌速度和溶剂浓度等，影响浸出效果的因素还有物料层的孔隙率等。

1. 浸出温度

大部分浸出化学反应和扩散速率随温度升高而加快，因为若有大量的颗粒积存了大量的热能以破坏或削弱原物质中的化学键，同时浸出料浆的流体力学性质如粒度、流态等，也发生有利于浸出的变化。温度升高，化学反应速率会快于扩散速率，常使反应从动力区转入扩散区。但温度升高的程度受到浸出溶剂沸点和技术经济条件的限制。

2. 搅拌速度

搅拌的目的是为了减小扩散层厚度，但不能消除扩散层。当搅拌速度达到一定值时，由于此时反应已不受扩散条件限制，而是受到反应动力学因素限制，因此进一步提高搅拌速度并不能完全加速离子或分子的扩散，因此适宜的搅拌速度应通过具体的实验确定。

3. 物料粒度及其特性

一般情况下，粒度细、比表面积大、组成简单、结构疏松、裂隙和孔隙发达、亲水性强的物料浸出率高。例如含铜废渣酸浸时，粒度由 150 mm 磨细到 0.2 mm，完全浸出时间由 4~6 年减少到 4~6 h，浸出速率提高近万倍。但是浸出粒度不宜过细，渗滤池浸出粒度以 0.5~1.0 cm 为宜，搅拌浸出粒度<0.74 mm 占 30%~90%即可，过细则粉末费用太高，浸出后固液分离困难，浸出率也不会显著提高。

4. 浸出压力

通常情况下浸出速率随着压力增加而加快。

5. 固液比

固液比是溶解条件的重要特性，在浸出一定的固体物质时，固液比减小，溶剂的绝对量增加，黏度下降(对微细颗粒和胶粒，若存在絮凝条件，则不利于浸出)。浸出料浆中的氧分压具有很大意义，升高温度会使氧溶解度减小。同时，由于料浆中气体可以通过加强溶解氧的化学作用，从而影响固体物质被水润湿的程度，因此必须充分注意。

6. 溶剂浓度

溶剂浓度越大，固体的溶解速率和溶解程度都随之增加，但溶剂浓度过高时，杂质进入溶液的量增多，这不仅不经济，对设备腐蚀程度也增大。适宜的溶剂浓度也必须通过实验确定。

通过对以上因素的有效控制，固体废物中目的组分浸出，进入了浸出液，再通过离子沉淀、置换沉淀、电沉积、离子交换、溶剂萃取等方法可从浸出液中提取或分离目的组分。

六、浸出工艺

根据浸出剂与被浸废料的相对运动方式的不同，浸出分为顺流浸出、错流浸出和逆流浸出三种。浸出剂与被浸废料的流动方向相同的浸出为顺流浸出；浸出剂与被浸废料的流动方向相错的浸出为错流浸出；浸出剂与被浸废料运动方向相反的浸出为逆流浸出。

根据浸出过程中废料的运动方式，浸出又分为渗滤浸出和搅拌浸出。前者多用于大规模矿业废物，如尾矿的浸出。后者用于各种数量较少的工业废物，如各种冶金、化工废渣等的浸出。

1. 渗滤浸出

渗滤浸出是使浸出剂溶液通过物料层实现的，按溶液流向分为上升流浸出和下降流浸出。若堆积场底部渗漏则必须重新选择不渗漏自然（或人工防渗）场地进行堆浸或槽浸。

2. 搅拌浸出

搅拌浸出与渗滤浸出不同，浸出时物料和浸出剂同时流动，在机械、空气或机械与空气联合搅拌下进行。因此，必须先将物料磨细，再配成 20%~50% 的料浆，具有浸出速率快、浸出率高、生产能力大、连续方便等优点。

浸出系统由数个浸出设备组成，料浆逆向连续通过各浸出槽多段浸出，以提高浸出效果。机械搅拌和高压釜可采用化工生产类似设备。

空气搅拌浸出与机械搅拌浸出相比，具有充气性好，搅拌能力强和避免机械搅拌部件腐蚀和磨损等优点。生产中究竟采用哪种工艺与设备，取决于浸出物料品位、回收的有用组分的价值和进行反应所需条件等因素，进行综合讨论后方可决定。

现已采用连二硫酸钙法浸出含锰多金属氧化物，并从中综合回收 Ag、Pb、Zn 等金属举例说明，工艺流程如图 4-2-1 所示，主要简述如下：

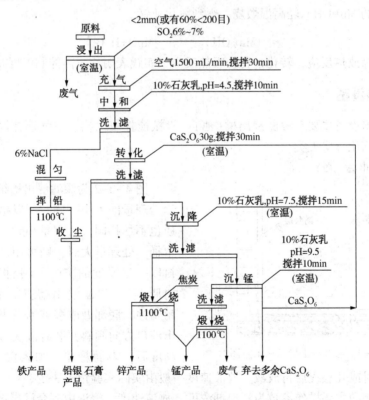

图 4-2-1　含锰、锌渣溶剂浸出工艺流程图

（1）浸出作业

通入的 SO_2 气体与锰作用生成硫酸锰及部分连二硫酸锰。

$$SO_2 + H_2O + \frac{1}{2}O_2 \longrightarrow H_2SO_4 + 229kJ$$

$$2SO_2 + H_2O + \frac{1}{2}O_2 \longrightarrow H_2S_2O_6 + 517kJ$$

$$MnO_2 + SO_2 \longrightarrow MnSO_4 + 224kJ$$

$$2MnO + 2SO_2 + O_2 \longrightarrow 2MnSO_4$$

$$Mn_3O_4 + 2SO_2 + 2H_2SO_4 \longrightarrow 2MnSO_4 + MnS_2O_6 + 2H_2O$$

（2）转化作业

除铁后，在空气中富含 $MnSO_4$ 的滤液中加入 CaS_2O_6，发生以下反应：

$$MnSO_4 + CaS_2O_6 \longrightarrow MnS_2O_6 + CaSO_4 \downarrow -225kJ$$

由于 $MnSO_4$ 浓度高而纯净，反应相当完全。生成的 MnS_2O_6 纯度很高，过滤后得到洁白的合成石膏，这不但可将通用流程中沉淀于浸渣中的 CaS_2O_6 分离成单一副产品，使浸渣量大大减少，还有利于浸渣综合利用。

（3）沉锰作业

在滤除了 $CaSO_4$ 后，向富含 MnS_2O_6 的溶液中加入石灰乳，生成的 CaS_2O_6 除循环用量之外，还有所积累。

$$MnS_2O_6 + Ca(OH)_2 \longrightarrow Mn(OH)_2 \downarrow + CaS_2O_6$$

（4）煅烧作业

过滤得到的 $Mn(OH)_2$ 经高温煅烧，得到氧化亚锰。

$$Mn(OH)_2 \xrightarrow{1100℃} MnO + H_2O \uparrow$$

浸出过程为放热反应，转化过程为吸热反应，实践表明均不需控制温度。

七、浸出设备

常用的浸出设备主要有渗滤浸出槽（池）、机械搅拌浸出槽、空气搅拌浸出槽、流态化逆流浸出塔和高压釜等五类。

1. 渗滤浸出槽（池）

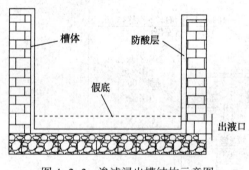

图 4-2-2 渗滤浸出槽结构示意图

图 4-2-2 为渗滤浸出槽结构示意图。由于处理量的大小不同，所以槽体所采用的材质也不尽相同。处理量小时，采用碳钢槽或木桶。处理量大时，则可用混凝土结构，内衬以一定厚度的防腐层（瓷板、塑料、环氧树脂等）。渗滤浸出槽应能承压、不漏液、耐腐蚀，底部做成多坡倾斜出液口式，略向出液口方向倾斜并装有假底。物料装至规定高度后，表面耙平，加入浸出剂至浸没废料，浸泡数小时或几昼夜后再放液。放液速度一般由实际实验情况决定。

渗滤浸出槽的主要操作参数为浸出剂浓度、放液速度、浸液中剩余浸出剂浓度和目的组分含量等，当浸液中剩余浸出剂浓度高时，可将其返回进行循环浸出。当浸液中目的组分含量降至某一定值时，可认为浸出已达终点，用清水洗涤后排除浸渣，重新装料进行渗浸。

2. 机械搅拌浸出槽

根据物料的搅拌方法可分为机械搅拌浸出和压缩空气搅拌浸出。图 4-2-3 为机械搅拌浸出槽结构示意图。

机械搅拌浸出槽有单浆和多浆搅拌两种。搅拌器可采用不同的形状，包括浆叶式、旋浆式、锚式和涡轮式等。浆叶式搅拌器利用径向方向的速度差使物料充分混合均匀，在轴向则相对无法产生满意的搅拌作用。旋浆式搅拌器由于是沿全长逐渐倾斜，高速旋转时形成轴向液流，在浆叶外加装循环筒以加强轴向液流而增强搅拌作用。锚式和涡轮式搅拌器常用于固体含量大、相对密度差大、黏度大的料浆的搅拌。值得注意的是涡轮式搅拌器旋转时可产生负压，有吸气的作用。

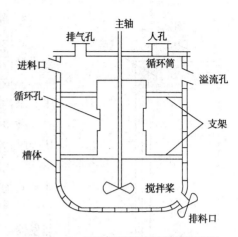

图 4-2-3　机械搅拌浸出槽结构示意图

3. 空气搅拌浸出槽

压缩空气搅拌槽常又称为空气搅拌浸出塔，一般用于处理量较大的废物处理，图 4-2-4 为其结构示意图。操作时，料浆和浸出试剂由进料口进入浸出塔，压缩空气由底部小管进入中心循环筒，由于压缩空气的冲力和稀释作用，料浆在循环筒内上升，通过循环孔进入外环室；外环室的料浆下降进入循环筒内，从而使循环筒内外的料浆产生强烈的对流作用，使料浆上下反复循环。可通过调节压缩空气的压力和流量控制料浆的搅拌强度。在连续进料的条件下，循环筒内有一部分料浆被空气提升至溢流槽流出。

4. 流态化逆流浸出塔

图 4-2-5 为流态化逆流浸出塔的结构示意图。塔的上部为浓缩扩大室，中部为圆柱体，底部为圆锥体。塔顶有排气孔及观察孔。自下而上流动的浸出剂对悬浮于其中并下沉的废物颗粒进行流态化浸出，被浸料浆由上部经料管进入塔内，浸出剂和洗涤水分别由塔的中下部进入塔内，废物颗粒、浸出剂及洗涤水在塔内呈逆流运动。

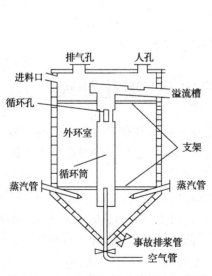

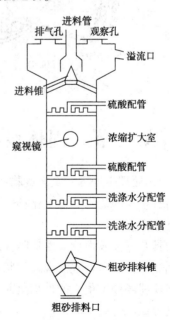

图 4-2-4　空气搅拌浸出槽结构示意图　　图 4-2-5　流态化逆流浸出塔的结构示意图

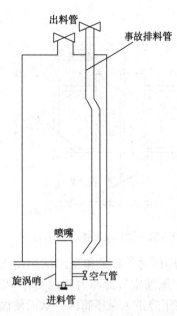

图 4-2-6 立式高压釜结构示意图

5. 高压釜

高压釜也称为压煮器,用于热压浸出,其搅拌方法可分为机械搅拌、气流(蒸汽或空气)搅拌和气流-机械混合搅拌三种,依外形可分为立式和卧式两种,图4-2-6为立式高压釜结构示意图。

被浸料浆由釜的下段进入,与压缩空气混合后经旋涡哨从喷嘴进入釜内,呈紊流状态在塔内上升,然后经出料管排出。釜内采用与料浆呈逆流的蒸汽夹套加热或水冷却的方式使料浆加热或冷却。经高压釜浸出后的料浆必须将压力降至常压后才能送后续工序处理。为了维持釜内压力,常采用自蒸发器减压,同时装有事故排料管。

图4-2-7为卧式高压釜结构示意图。釜内分四个室,室间有隔板,隔墙上部中心有溢流板,以保持各室液面有一定位差。料浆依次通过各室,最后通过自动控制气动薄膜调节阀减压后排出釜外,送后续工序处理。各室均有机械搅拌器,空气由位于搅拌器下部的鼓风分配支管送入。

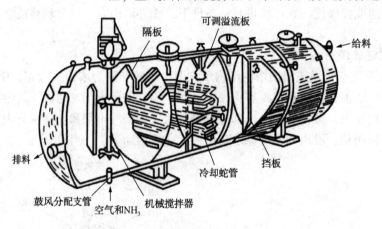

图 4-2-7 卧式高压釜结构示意图

第三节 固体废物的稳定化/固化处理

稳定化/固化处理是处理重金属废物和其他非金属危险废物的重要手段,在区域性集中管理系统中占有重要的地位。稳定化/固化处理作为废物最终处置的预处理技术在国内外广泛应用于以下几个方面:

(1)对于具有毒性或强反应性危险性质的废物进行处理,使得其满足后续处理或填埋处置的要求。例如,在填埋处置液态或泥状危险废物时,由于液态物质的迁移特性,如使用液体吸收剂,当填埋场处于很大的外加负荷时,被吸收的液体很容易被重新释放出来,所以应对这类废物进行稳定化固化处理。

(2)对其他处理过程所产生的残渣进行无害化处理。例如,焚烧过程虽然可以有效地破坏有机毒性物质,并具有很大的减容效果。但是同时也必然会在此过程产生的灰渣中浓集某些化学成分，甚至浓集放射性物质，所以要对焚烧过程产生的灰渣进行无害化处理。另外，在锌铅的冶炼过程中产生含有较高浓度砷的废渣，这些废渣大量堆积，会严重威胁地下水的质量，因此也必须对此废渣进行稳定化/固化处理。

（3）对被有害污染物污染的土壤进行去污。

一、稳定化/固化处理技术所涉及的概念和方法

危险废物稳定化/固化处理的目的是使危险废物中的所有污染组分呈现化学惰性或被包容起来，减少其在贮存或填埋处置过程中污染环境的潜在危险，并便于运输、利用和处置。通常危险废物稳定化/固化处理的途径包括将污染物通过化学转变，引入到某种稳定固体物质的晶格中去，以及通过物理过程把污染物直接掺入到惰性基材中去。稳定化是指将有毒有害污染物转变为低溶解性、低迁移性及低毒性物质的过程。稳定化一般可分为化学稳定化和物理稳定化。化学稳定化是通过化学反应使有毒物质变成不溶性化合物，使之在稳定的晶格内固定不动；物理稳定化是将污泥或半固体物质与一种疏松物料（如粉煤灰）混合生成一种粗颗粒、有土壤坚实度的固体，这种固体可以用运输机送至处置场。实际操作中，这两种过程是同时发生的。

固化过程是一种利用添加剂改变废物的工程特性（如渗透性、可压缩性和强度等）的过程。固化可以看作是一种特定的稳定化过程，可以理解为稳定化的一个部分。固化是指在危险废物中添加固化剂，使其转变为不可流动固体或形成紧密固体的过程，固化的产物是结构完整的整块密实固体，这种固体可以方便地按尺寸大小进行运输，而无需任何辅助容器。限定化是指将有毒化合物固定在固体粒子表面的过程。包容化是指用稳定剂/固化剂凝聚，将有毒物质或危险废物颗粒包容或覆盖的过程。

在工业生产和废物管理的过程中，往往会产生不同数量和状态的危险废物，包括半固态状的残渣、污泥和浓缩液等，因此这些废物在处置前必须经过无害化处理，将危险废物中的所有污染组分用固化剂包容起来，减少在贮存或填埋处置过程中污染环境的潜在危险性，并便于运输、利用和处置。

稳定化固化技术的根源可以追溯到 20 世纪 50 年代放射性废物的固化处置，也已经研究出了许多稳定化/固化方法处理不同种类的危险废物，但是迄今为止，尚未研究出一种适合于任何类型的危险废物最佳稳定化/固化途径和方法，尤其是进入 20 世纪 70 年代后随着工业的发展，危险废物污染环境的问题日益严重，即使技术水平发展到很高程度，生产中采用清洁生产工艺，废物管理的过程中积极开展资源化，这些措施能够最大限度地减少废物产生，但是仍然无可避免地会产生各种有毒危害物质，特别是废水废气治理过程中浓集了许多种类繁多半固体状的残渣、污泥和浓缩液，没有利用价值，但是有较高的危险性，必须加以无害化处理。

固化/稳定化的基本要求：

（1）所得到的产品应该是一种密实的、具有良好的抗渗透性、抗浸出性、抗干湿性、抗冻融性及足够的机械强度、具有一定几何形状和较好物理性质、化学性质稳定的固体；

（2）处理过程必须简单，能有效减少有毒有害物质的逸出，避免工作场所和环境的污染；

（3）最终产品的体积尽可能小于掺入的固体废物的体积；

（4）产品中有毒有害物质的水分或其他浸析剂所浸析出的量不能超过容许水平（或浸出毒性标准）；

（5）处理费用低廉；

(6) 固化剂来源丰富, 价廉易得。

二、稳定化/固化处理效果的评价指标

危险废物稳定化/固化处理产物是否真正达到了标准, 需要对其进行物理、化学和工程方面有效的测试, 以检验经过稳定化的废物是否会再次污染环境, 或者固化以后的材料是否能够用作建筑材料等。

为评价废物稳定化的效果, 各国的环保部门都制定了一系列的测试方法。每种测试得到的结果只能说明某种技术对于特定废物的某些污染特性的稳定效果。所选择的测试技术以及对测试结果的解释, 取决于对危险废物进行稳定化处理的具体目的。预测稳定化/固化处理产物的长期性能, 是更加困难的任务。我国目前尚未制定针对稳定化废物质量进行全面控制的测试标准和测试方法。衡量稳定化/固化处理效果主要采用的是固化体的浸出速率、增容比和抗压强度等物理及化学指标。

1. 浸出速率

浸出速率是指固化体浸于水或其他溶液中时, 其中危险物质的浸出速率。国际原子能机构(IAEA)将其表示为标准比表面积的样品每日浸出放射性(即污染物质量), 即:

$$v_n = \frac{\dfrac{m_n}{m_o}}{\left(\dfrac{A_e}{V}\right)t_n} \tag{4-3-1}$$

式中　v_n——浸出速率, cm/d;

m_n——第 n 个浸提剂更换期内浸出的污染物质量, g;

m_o——样品中原有的污染物质量, g;

A_e——样品暴露的表面积, cm^2;

V——样品的体积, cm^3;

t_n——第 n 个浸提剂更换期的时间, d。

固化体在浸泡时的溶解性能, 是鉴别固化体产品性能的最重要的一项指标。

v_n 实际上是"递减浸出速率", 所反映出固化体中污染物质的浸出速率通常不是恒定的, 而是固化体开始与水接触时浸出速率最大, 然后逐渐降低, 最后几乎趋于恒定。

评价固化体浸出速率主要有两个目的: 一是通过对实验室或不同研究单位之间的固化体难溶性程度比较, 可以对固化方法及工艺条件进行比较、改进或选择; 二是有助于预测各类型固化体暴露在不同环境时的性能, 在危险废物固化体贮存或运输条件下, 用以估计其与水(或其他溶液)接触所引起的危险或风险。

2. 增容比

又称为体积变化因素, 指危险废物在稳定化/固化处理前后的体积比, 即:

$$C_R = \frac{V_1}{V_2} \tag{4-3-2}$$

式中　C_R——增容比;

V_1——固化前危险废物的体积, m^3;

V_2——固化体体积, m^3。

增容比是评价固化处理方法和衡量最终成本的一项重要指标。其大小实际上取决于掺入固化体中的盐量和可接受的有毒有害物质的水平。因此，也常用掺入固化体中的盐量的质量分数来鉴别固化效果。对于放射性废物，C_R 还受辐照稳定性和热稳定性的限制。

3. 抗压强度

危险废物固化体必须具有一定的抗压强度，才能安全贮存，避免固化体破碎或散裂，否则就会增加暴露的表面积，从而污染环境的可能性。

当危险废物固化体采用不同处置或利用方式时，对其抗压强度的要求也不同。如装桶贮存或进行处置，其抗压强度控制在 0.1~0.5MPa 即可；用作建筑材料，其抗压强度应大于 10MPa；对于放射性废物固化体的抗压强度，俄罗斯要求大于 5MPa，英国要求达到 20MPa。

三、固体废物的药剂稳定化处理

药剂稳定化是利用化学药剂通过化学反应使有毒有害物质转变为低溶解性、低迁移性及低毒性物质的过程。稳定化技术与其他方法(例如封闭与隔离)相比，具有处理后潜在威胁小的特点。利用稳定化技术可以有效地防止污染物的扩散。

固体废物中的主要有毒有害物质是 Cr、Cd、Hg、Pb、Cu、Zn 等重金属，As、S、F 等非金属，放射性元素和有机物(含氯的挥发性有机物、硫醇、酚类、氰化物等)。目前采用的稳定化技术主要是重金属的化学稳定化技术和有机污染物的氧化解毒技术。

1. 重金属离子的稳定化

重金属离子的稳定化技术主要有化学方法(中和法、氧化还原法、溶出法、化学沉淀法等)和物理化学方法(吸附和离子交换法等)。

(1) 中和法

在化工、冶金、电镀、表面处理等工业生产中经常产生含重金属的酸、碱性泥渣，会对土壤、水体造成危害，必须进行中和处理，使其达到化学中性，以便于处理处置。固体废物的中和处理是根据废物的酸碱性质、含量及废物的量与性状等特性，选择适宜的中和剂，确定其投加量和投加方式，并设计处理工艺与设备。对于酸性泥渣，常用石灰石、石灰、氢氧化钠或碳酸钠等碱性物质作中和剂。对于碱性泥渣，常用盐酸或硫酸作中和剂。中和剂的选择除应考虑废物的酸、碱性外，还要特别考虑到药剂的来源与处理费用等因素。在多数情况下，在同一地区往往既有产生酸性泥渣的企业，又有产生碱性泥渣的企业，在设计处理工艺时应尽量使酸、碱性泥渣互为中和剂，以达到经济有效的中和处理效果。中和法的设备有罐式机械搅拌和池式人工搅拌两种，前者用于大规模的中和处理，后者用于少量泥渣的处理。

(2) 氧化还原法

与废水处理中氧化还原法相似，通过氧化还原处理，将固体废物中可以发生价态变化的某些有毒有害组分转化为无毒或低毒的化学性质稳定的组分，以便资源化利用或无害化处置。一些变价元素的高价态离子，如 Cr^{6+}、Hg^{2+}、As^{5+} 等具有毒性，而其低价态 Cr^{3+}、Hg^0、As^{3+} 等则无毒或低毒。当废物中含有这些高价态离子时，在处置前必须用还原剂将其还原为最有利于沉淀的低价态，以转变为无毒或低毒性，实现其稳定化。常用的还原剂有硫酸亚铁、硫代硫酸钠、亚硫酸氢钠、二氧化硫、煤炭、纸浆废液、锯木屑、谷壳等。

(3) 化学沉淀法

在含有重金属污染物的废物中投加某些化学药剂，与污染物发生化学反应，形成难溶沉淀物的方法称为化学沉淀法。根据所用沉淀剂的种类不同，化学沉淀法主要有氢氧化物沉淀法、硫化物沉淀法、硅酸盐沉淀法、碳酸盐沉淀法、共沉淀法、无机及有机螯合物沉淀法等。

① 氢氧化物沉淀法

氢氧化物沉淀法是在废物中投加碱性物质，如石灰、氢氧化钠、碳酸钠等强碱性物质，与废物中的重金属离子发生化学反应，使其生成氢氧化物沉淀，从而实现稳定化。金属氢氧化物的生成和存在状态与 pH 值直接相关。因此，采用氢氧化物沉淀法稳定化处理废物中的重金属离子时，调节好 pH 值是操作的重要条件，pH 值过低过高都会使稳定化过程失败。只有将废物的 pH 值调至重金属离子具有最小溶解度的范围时才能实现其稳定化。此外，大部分固化基材，如硅酸盐水泥、石灰窑灰渣、硅酸钠等碱性物质在固化过程中也有调节 pH 值的作用，在固化废物的过程中可用石灰和一些黏土作为 pH 值缓冲剂。

② 硫化物沉淀法

大多数金属硫化物的溶解度一般比其氢氧化物的溶解度要小得多，因此，采用硫化物沉淀法可使重金属的稳定化效果更好。在固体废物重金属稳定化技术中常用的硫化物沉淀剂有可溶性无机硫沉淀剂、不可溶性无机硫沉淀剂和有机硫沉淀剂等三类。

a. 无机硫化物沉淀　除了氢氧化物沉淀法，无机硫化物沉淀可能是目前应用最广泛的一种重金属药剂稳定化方法。与前者相比，其优势在于大多数重金属硫化物在所有 pH 值下的溶解度都大大低于其氢氧化物。但是，为了防止 H_2S 的逸出和沉淀物再溶解，仍需要将 pH 值保持在 8 以上。另外，由于易与硫离子反应的金属种类很多，硫化剂的添加量应根据所需达到的要求由实验确定，而且硫化剂应在固化基材的添加之前加入，这是因为基材中的钙、铁、镁等会与重金属争夺硫离子。

b. 有机硫化物沉淀　由于有机含硫化合物普遍具有较高的相对分子质量，因而与重金属形成的不可溶性沉淀具有相当好的工艺性能，易于沉降、脱水和过滤等操作，而且可以将废水或固体废物中的重金属浓度降至很低，并且适应的 pH 值范围也较大。这种稳定剂主要用于处理含汞废物和含重金属的粉尘(焚烧灰及飞灰等)。

c. 硅酸盐沉淀　溶液中的重金属离子与硅酸根之间的反应并不是按单一的比例形成晶态的硅酸盐，而是生成一种可以看作由水合金属离子与二氧化硅或硅胶不同比例结合而成的混合物。这种硅酸盐沉淀在较宽的 pH 值范围内(2~11)，有较低的溶解度。这种方法在实际处理中尚未得到广泛应用。

d. 碳酸盐沉淀　一些重金属，如钡、镉、铅的碳酸盐的溶解度低于其氢氧化物，但碳酸盐沉淀法并没有得到广泛应用。因为当 pH 值低时，二氧化碳会逸出，即使最终的 pH 值很高，最终产物也只能是氢氧化物而不是碳酸盐沉淀。

e. 共沉淀

在非铁二价重金属离子与 Fe^{2+} 共存的溶液中，投加适量的碱调节 pH 值时，则发生如下反应：

$$xM^{2+}+(3-x)Fe^{2+}+6(OH)^- \longrightarrow M_xFe_{3-x}(OH)_6\downarrow$$

反应生成暗绿色的混合氢氧化物，用空气氧化使之再溶解，反应为：

$$2M_xFe_{3-x}(OH)_6+O_2 \longrightarrow 2M_xFe_{3-x}O_4+6H_2O$$

反应生成黑色的尖晶石型化合物(铁氧体) $M_xFe_{3-x}O_4$。其中的三价铁离子和二价金属离子(包括二价铁离子)之比为 2:1，故可以铁氧体的形式投加到含有 Mn^{2+}、Zn^{2+}、Ni^{2+}、

Mg^{2+}、Cu^{2+}的废物中。例如，对于含 Cd^{2+} 的废物，可投加硫酸亚铁和氢氧化钠，并用空气氧化，这时 Cd^{2+} 就和 Fe^{2+}、Fe^{3+} 发生共沉淀而包含于铁氧体中，因而可被永久磁铁吸住，这就克服了氢氧化物胶体粒子难以过滤的问题。把 Cd^{2+} 聚集于铁氧体中，使之有可能被永久磁铁吸住，这就是共沉淀法捕集废物中 Cd^{2+} 的原理。

实际上，要去除可参与形成铁氧体的重金属离子，Fe^{2+} 的浓度不必那么高。但要去除 Sn^{2+}、Pb^{2+} 等较难去除的金属离子，Fe^{2+} 的浓度必须足够高。Fe^{3+} 会生成 $Fe(OH)_3$，同时 Fe^{2+} 也易被氧化为 $Fe(OH)_3$。在此过程中，重金属离子可被捕捉于 $Fe(OH)_3$ 沉淀的晶体内或被吸附于表面，因此，可得到比单纯的氢氧化物沉淀法更好的效果。研究结果表明，Fe^{2+} 与 Fe^{3+} 的比例在$(1:1)\sim(1:2)$时共沉淀的效果最好。另外，除了氢氧化铁外，其他沉淀物如碳酸钙也可以产生共沉淀。

f. 无机及有机螯合物沉淀

螯合物是指多齿配体以两个或两个以上配位原子同时和一个中心原子配位所形成的具有环状结构的配合物。如乙二胺与 Cu^{2+} 反应得到的产物即为螯合物。若废物中含有配合剂，如磷酸酯、柠檬酸盐、葡萄糖酸、氨基乙酸 EDTA 及许多天然有机酸，将与重金属离子配位形成非常稳定的可溶性螯合物。由于这些螯合物不易发生化学反应，很难通过一般的方法去除。这个问题的解决办法有三种：加入强氧化剂，在较高温度下破坏螯合物，使金属离子释放出来；由于一些螯合物在高 pH 条件下易被破坏，还可以用碱性的 Na_2S 去除重金属；使用含有高分子有机硫稳定剂，由于其与重金属形成更稳定的螯合物，因而可以从配合物中夺取重金属并进行沉淀。

螯环的形成使螯合物比相应的非螯合配合物具有更高的稳定性，这种效应称为螯合效应，对 Pb^{2+}、Cd^{2+}、Ag^+、Ni^{2+} 和 Cu^{2+} 这 5 种重金属离子都有非常好的捕集效果，去除率均达到98%以上。对 Co^{2+} 和 Cr^{3+} 的捕集效果较差，但去除率也在85%以上。稳定化处理效果优于无机硫沉淀剂 Na_2S 的处理效果，得到的产物比用 Na_2S 所得到的能在更宽的 pH 值范围内保持稳定，且从有效溶出量实验的结果来看，具有更高的长期稳定性。

(4) 吸附技术

处理重金属废物的常用吸附剂有：天然材料(黏土、沙、氧化铁、氧化镁、氧化铝、沸石、软锰矿、磁铁矿、硫铁矿、磁黄铁矿等)和人工材料(活性炭、锯末、飞灰、泥炭、粉煤灰、高炉渣、活性氧化铝、有机聚合物等)。研究发现，一种吸附剂往往只对某一种或某几种污染物具有优良的吸附性能，而对其他污染成分则效果不佳。例如，活性炭吸附有机物最有效，活性氧化铝对镍离子的吸附能力较强，而其他吸附剂对这种金属离子却没有吸附作用。

(5) 离子交换技术

最常见的离子交换剂是有机离子交换树脂、天然或人工合成的沸石、硅胶等。用有机树脂和其他的人工合成材料去除水中的重金属离子通常是非常昂贵的，而且和吸附一样，这种方法一般只适用于给水和废水处理。另外，还需注意的是，离子交换与吸附都是可逆的过程，如果逆反应发生的条件得到满足，污染物将会重新析出。可以大规模应用的重金属稳定化的方法是比较有限的，但由于重金属在危险废物中存在形态的千差万别，具体到某一种废物，需根据所要达到的处理效果对处理方法和实施工艺进行选择并加强研究。

2. 有机污染物的氧化解毒处理

向废物中投加某种强氧化剂，可以将有机污染物转化为 CO_2 和 H_2O，或转化为毒性很小的中间有机物，以达到稳定化目的。所产生的中间有机物可以用生物方法做进一步处理。用化学氧化法处理危险废物，可以破坏多种有机分子，包括含氯的挥发性有机物、硫醇、酚类以及某些无机化合物，如氰化物等。常用的氧化剂有臭氧、过氧化氢、氯气、漂白粉等。使用臭氧和过氧化氢处理含氯挥发性有机物时，经常用紫外线来加速氧化过程。氧化反应仅取决于氧化—还原电位，与参与反应的物质的性质无关，因而当废物中同时存在多种有机污染物且各自的浓度较低时，采用氧化解毒稳定法比较经济。

对于液态废物，如高浓度废水或危险废物填埋场浸出液的氧化过程，可利用槽式反应器或柱塞流反应器进行，氧化剂可以在含污染物的废水流入反应器之前加入废水中，也可以按剂量直接加入槽中。在这两种情况下，废水与氧化剂都必须充分混合以保证两者有足够充分的接触，使废水充分利用药剂。

① 臭氧氧化解毒

利用电能将大气中的氧分子分裂为两个自由基，而每个自由基再和一个氧分子结合成一个臭氧分子。臭氧具有很高的自由能，是一种强氧化剂，与有机物的反应可以进行得相当完全，甚至可以嵌入到苯环中破坏其双键并氧化醇类，产生醛或酮。臭氧可以和很多种有机物发生反应。如臭氧与醇反应时生成有机酸：

$$3RCH_2OH+2O_3 \longrightarrow 3RCOOH+3H_2O$$

用臭氧处理氰化物时发生下列反应(以氰化钠为例)：

$$NaCN+O_3 \longrightarrow NaCNO+O_2$$

当反应的同时用紫外线照射时，可以大大缩短反应时间。臭氧与紫外线结合处理有机物时发生下列反应：

$$CH_3CHO+O_3 \xrightarrow{紫外线} CH_3COOH+O_2$$

用臭氧处理有机污染物的主要缺点是费用高，因为理论上每千瓦时电力可生产 1058 g 臭氧，实际上仅能生产 150 g 左右。另外，臭氧在大气中极易自行解离为氧气，由于这种解离作用可以与废物处理过程中发生的任何氧化反应相竞争，所以臭氧必须在处理现场生产并立即使用。

② 过氧化氢氧化解毒

过氧化氢处理固体废物中的有机污染物时，其作用机理与臭氧相似，当存在铁作为催化剂时，反应也产生自由基 OH·，此自由基与有机物反应后产生一个活性有机基团 R·：

$$OH·+RH \longrightarrow R·+H_2O$$

此有机基团可以再次与过氧化氢反应生成另一个羟基自由基：

$$R·+H_2O_2 \longrightarrow OH·+ROH$$

用过氧化氢处理氰化物时发生下列反应：

$$NaCN+H_2O_2 \longrightarrow NaCNO+H_2O$$

用过氧化氢处理硫化物时发生下列反应：

$$H_2S+H_2O_2 \longrightarrow S\downarrow +2H_2O$$

$$S^{2-}+4H_2O_2 \longrightarrow SO_4^{2-}+4H_2O$$

当过氧化氢结合紫外线处理有机物时发生下列反应：

$$CH_4Cl_2+2H_2O_2 \xrightarrow{紫外线} CO_2\uparrow +2H_2O+2HCl$$

过氧化氢通常以 35%~50%浓度的水溶液形式保存，当和紫外线结合使用时，可以极大地减小反应设备的容量，所需紫外线的功率约为每升 500 W。用过氧化氢在现场处理被五氯酚污染的土壤是很有效的，可以使 99.9% 的五氯酚得到降解，并可有效地去除总有机碳。

③ 氯氧化解毒

在废物处理中经常使用氯和氯的化合物，如漂白粉[有效成分 $Ca(ClO)_2$]作为氧化剂。如果废物是液态的，则可以将氯气直接通入其中发生水解反应生成次氯酸：

$$Cl_2+H_2O \longrightarrow HClO+H^++Cl^-$$

次氯酸 HClO 是一种弱酸，又进而在瞬间离解：

$$HClO \longrightarrow H^++ClO^-$$

很明显，这个离解过程的进行与 pH 值密切相关，当 pH 值增高时，氧化能力也提高。在 pH 值高于 7.5 时，ClO^- 则为主要存在形式。

用氯的氧化作用来破坏剧毒的氰化物是一种经典方法，在处理过程中发生一系列化学反应。首先，在碱性条件下，氯与氰化物反应生成毒性较小的氰酸盐：

$$CN^-+ClO^- \longrightarrow CNO^-+Cl^-$$

此反应必须在 pH 值大于 10 的条件下进行，以防止生成有毒气体氯化氰：

$$NaCN+Cl_2 \longrightarrow CNCl+NaCl$$

在碱性条件下，氯化氰会进一步反应转化成氰酸钠：

$$CNCl+2NaOH \longrightarrow NaCNO+H_2O+NaCl$$

然后氰酸钠进一步和氯、碱发生反应而最终被破坏：

$$2NaCNO+3Cl_2+4NaOH \longrightarrow N_2+2CO_2+6NaCl+2H_2O$$

在实际应用过程中必须加入过量的氯，以防止产生有毒的氯化氰。

四、固体废物的固化处理

根据固化基材及固化过程，目前常用的固化处理方法主要包括：水泥固化、石灰固化、沥青固化、塑性材料固化、有机聚合物固化、自胶结固化、熔融固化(玻璃固化)和陶瓷固化等。

1. 水泥固化

(1) 基本理论

水泥固化是以水泥为固化剂将危险废物进行固化的一种处理方法。在用水泥稳定化时，废物被掺入水泥的基质中，水泥与废物中的水分或另外添加的水分，发生水化反应后生成坚硬的水泥固化体。

(2) 水泥固化基材及添加剂

水泥是一种无机胶结材料，其主要成分为 SiO_2、CaO、Al_2O_3 和 Fe_2O_3，水化反应后可形成坚硬的水泥石块，从而把分散的固体添加料(如砂石)牢固的黏结成一个整体。水泥的品种很多，如普通硅酸盐水泥、矿渣硅酸盐水泥、火山灰硅酸盐水泥、矾土水泥、沸石水泥等都可以作为废物固化处理的基材。

为了改善固化产品的性能，根据废物的性质和对产品质量的要求，需添加适量的添加剂。添加剂分为无机添加剂和有机添加剂两大类，前者有蛭石、沸石、多种黏土矿物、水玻璃、无机缓凝剂、无机速凝剂和骨料等；后者有硬脂酸定植、δ-葡萄糖酸内酯、柠檬酸等。

(3) 水泥固化的化学反应

水泥固化过程所发生的水合反应主要有：

① 硅酸三钙的水合反应：

$$3CaO \cdot SiO_2+xH_2O \rightarrow 2CaO \cdot SiO_2 \cdot yH_2O+Ca(OH)_3 \rightarrow CaO \cdot SiO_2 \cdot mH_2O+2Ca(OH)_2$$

$$2(3CaO \cdot SiO_2)+xH_2O \rightarrow 2CaO \cdot 2SiO_2 \cdot yH_2O+3Ca(OH)_2 \rightarrow 2(CaO \cdot SiO_2 \cdot mH_2O)+4Ca(OH)_2$$

② 硅酸二钙的水合反应：

$$2CaO \cdot SiO_2+xH_2O \rightarrow 2CaO \cdot SiO_2 \cdot xH_2O \rightarrow CaO \cdot SiO_2 \cdot mH_2O+Ca(OH)_2$$

$$2(2CaO \cdot SiO_2)+xH_2O \rightarrow 3CaO \cdot 2SiO_2 \cdot yH_2O+Ca(OH)_2 \rightarrow 2(CaO \cdot SiO_2 \cdot mH_2O)+2Ca(OH)_2$$

③ 铝酸三钙的水合反应：

$$3CaO \cdot Al_2O_3+xH_2O \rightarrow 3CaO \cdot Al_2O_3 \cdot xH_2O \rightarrow CaO \cdot Al_2O_3 \cdot mH_2O+Ca(OH)_2$$

如有氢氧化钙[$Ca(OH)_2$]存在，则变为：

$$3CaO \cdot Al_2O_3+xH_2O+Ca(OH)_2 \rightarrow 4CaO \cdot Al_2O_3 \cdot mH_2O$$

④ 铝酸四钙的水合反应：

$$4CaO \cdot Al_2O_3+Fe_2O_3+xH_2O \rightarrow 3CaO \cdot Al_2O_3 \cdot mH_2O+CaO \cdot Fe_2O_3 \cdot nH_2O$$

（4）水泥固化工艺及其影响因素

水泥固化工艺通常是把危险废物、水泥和其他添加剂一起与水混合，经过一定的养护时间而形成坚硬的固化体。固化工艺的配方是根据水泥的种类处理要求以及废物的处理要求制定的。影响水泥固化的因素主要有：

① pH 值

pH 值对于金属离子的固定有显著的影响。当 pH 值较高时，许多金属离子会形成氢氧化物沉淀，并且水中的碳酸盐浓度也会较高，有利于生成碳酸盐沉淀。另外，pH 值过高时，会形成带负电荷的羟基络合物，溶解度反而升高。如对于 Cu，当 pH 值大于 9 时，对于 Zn，当 pH 值大于 9.3 时，对于 Cd，当 pH 值大于 11.1 时，都会形成金属络合物，使溶解度增加。

② 水、水泥和废物量的比例

水分过少，不能保证水泥的充分水合作用；水分过大，则会出现泌水现象，影响固化块的强度。

③ 凝固时间

必须适当控制初凝时间和终凝时间，以确保水泥废物料浆能够在混合以后有足够的时间进行输送、装桶或者浇注。一般，初凝时间大于 2 h，终凝时间在 48 h 以内。通过投加促凝剂、缓凝剂来控制凝结时间。

④ 添加剂

常常根据废物的性质掺入适量的添加剂，就是为了改善固化条件，提高固化体质量。常用的添加剂有吸附剂，如投加适量的沸石或蛭石于含有大量硫酸盐的废物中，可以防止硫酸盐与水泥成分发生化学反应，生成水化硫酸铝钙而导致固化体膨胀和破裂。采用蛭石作添加剂，还可以起到骨料和吸收的作用。

（5）应用及特点

水泥固化处理技术适用于无机类型的废物，如多氯联苯、油和油泥、含有氯乙烯和二氯乙烷的废物、硫化物等，尤其是含有重金属污染物的废物，也被应用于低、中放射性废物以及垃圾焚烧厂产生的焚烧飞灰等危险废物的固化处理。

① 电镀污泥水泥固化处理

电镀污泥水泥固化处理时，采用 400～500 号硅酸盐水泥作为固化剂。电镀干污泥、水泥和水的配比为(1～2)：20：(6～10)。其水泥固化体的抗压强度可达 10～20MPa。浸出实验表明，重金属的浸出浓度：汞小于 0.0002mg/L(原污泥含汞 0.13～1.25mg/L)；镉小于 0.002mg/L(原污泥含镉 1.0～80.6mg/L)；铅小于 0.002mg/L(原污泥含铅 165～243mg/L)；

六价铬小于 0.02mg/L（原污泥含六价铬 0.3~0.4mg/L）；砷小于 0.01mg/L（原污泥含砷 8.14~11.0mg/L）。电镀污泥水泥固化处理工艺流程如图 4-3-1 所示。

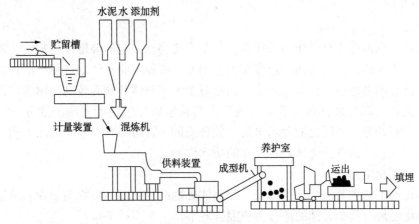

图 4-3-1　电镀污泥水泥固化处理工艺流程图

② 含汞泥渣的水泥固化处理

汞渣水泥固化处理时，汞渣与水泥的配比为 1∶(3~8)，加水混合均匀后送入模具振捣成型，然后再送入蒸汽养护室，在 60~70℃ 下养护 24 h，凝结硬化即形成固化体，可作深埋处置。

水泥固化具有以下优点：a. 设备和工艺过程简单，无须特殊的设备，设备投资、动力消耗和运行费用都比较低；b. 水泥和添加剂价廉易得；c. 对含水率较低的废物可直接固化，无须前处理；d. 在常温下就可操作；e. 处理技术已相当成熟，对放射性固体废物的固化，容易实现安全运输和自动控制等。

水泥固化也存在一些缺点：a. 水泥固化体的浸出速率较高，通常为 $10^{-4} \sim 10^{-5}$ g/(cm^2·d)，主要是由于孔隙率较高所致，因此需作涂覆处理；b. 水泥固化体的增容比较高，达 1.5~2；c. 有的废物需进行预处理和投加添加剂，使处理费用增高；d. 水泥的碱性易使铵离子转变为氨气逸出；e. 处理化学泥渣时，由于生成胶状物，使混合器的排料较困难，需加入适量的锯末予以克服。

2. 石灰固化

（1）原理

石灰固化是指以石灰和具有火山灰活性的物质（如粉煤灰、垃圾焚烧灰渣、水泥窑灰等）为固化基材对危险废物进行稳定化与固化处理的方法。在有水存在的条件下，这些基材物质发生反应，将污泥中的重金属成分吸附于所产生的胶状微晶中。石灰与凝硬性物料结合会产生能在化学及物理上将废物包裹起来的黏结性物质。石灰固化利用一些很少有或者没有商业价值的废物，对废物处理者来说是非常有利的，因为两种废物可以同时得到处理。

石灰固化技术常以加入氢氧化钙（熟石灰）的方法稳定污泥。石灰中的钙与废物中的硅铝酸根会产生硅酸钙、铝酸钙的水化物或者硅铝酸钙。为了使固化体更稳定，可以同时投加少量的添加剂。

（2）应用及特点

石灰固化技术适用于稳定石油冶炼污泥、重金属污泥、氧化物、废酸等无机污染物。总的来说，石灰固化方法简单，物料来源方便，操作不需特殊设备及技术，比水泥固化法便宜，并在适当的处置环境，可维持波索兰反应（Pozzolanic Reaction，也称"波索来反应"）的持续进行。但石灰固化处理得到固化体的强度较低，所需养护时间较长，并且体积膨胀较大，增加清运和处置的困难，因而较少单独使用。

3. 沥青固化

（1）原理

沥青固化是以沥青类材料作为固化剂，与危险废物在一定的温度、配料比、酸度和搅拌作用下发生皂化反应，使有害物质包容在沥青中并形成稳定固化体的过程。沥青属于憎水性物质，具有良好的黏结性和化学稳定性，而且对于大多数酸和碱有较高的耐腐蚀性。目前我国所使用的沥青大部分来自石油蒸馏的残渣，其化学成分包括沥青质、油分、游离碳、胶质、沥青酸和石蜡等。从固化的要求出发，较理想的沥青组分含有较高的沥青质和胶质以及较低的石蜡。完整的沥青固化体具有优良的防水性能。

（2）沥青固化工艺

沥青固化的工艺主要包括三个部分，即固体废物的预处理、废物与沥青的热混合以及二次蒸汽的净化处理，其中关键的部分为热混合环节。

放射性废物沥青固化的基本方法有高温熔化混合蒸发法、暂时乳化法和化学乳化法。

① 高温熔化混合蒸发法

高温熔化混合蒸发法（图 4-3-2）是将废物加入预先熔化的沥青中，在 150~230℃ 下搅拌混合蒸发，待水分和其他挥发组分排出后，将混合物排至贮存器或处置容器中。

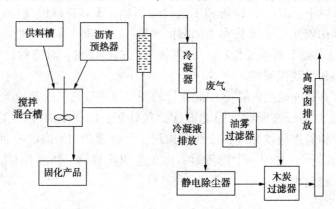

图 4-3-2　高温熔化混合蒸发沥青固化流程

② 暂时乳化法

放射性泥浆的暂时乳化法沥青固化主要分三个步骤，首先是将污泥浆、沥青与表面活性剂搅拌混合，然后分离除去大部分水分，再进一步升温干燥，使混合物脱水，其主要设备是双螺杆挤压机。

③ 化学乳化法

化学乳化法的操作分三个步骤，首先将放射性废物在常温下与乳化沥青混合，然后将混合物加热，脱去水分，接着将脱水干燥后的混合物排入废物容器，待冷却硬化后形成沥青固化体。

（3）应用及特点

沥青固化一般被用来处理中低放射性蒸发残液、废水化学处理产生的污泥、焚烧炉产生的灰分，以及毒性较大的电镀污泥和砷渣等危险废物。

沥青固化与水泥固化技术相比较，两者所处理的废物对象基本上相同，除可处理低、中放射性废物外，还可以处理浓缩废液或污泥、焚烧炉的残渣、废离子交换树脂等。但在固化技术方面，沥青固化具有如下特点：

① 固化体的孔隙率和固化体中污染物的浸出速率均大大降低。另外，由于固化过程中干废物与固化剂之间的质量比通常为(1∶1)~(2∶1)，因而固化体的增容比较小。

② 固化剂具有一定的危险性，固化过程中容易造成二次污染，需采取措施加以避免。另外，对于含有大量水分的废物，由于沥青不具备水泥的水化作用和吸水性，所以需预先对废物进行浓缩脱水处理。因此，沥青固化工艺流程和装置往往较为复杂，一次性投资与运行费用均高于水泥固化法。

③ 固化操作需在高温下完成，不宜处理在高温下易分解的废物、有机溶剂以及强氧化性废物。

4. 塑性材料固化法

（1）原理

塑性材料固化是以塑料为固化剂，与危险废物按一定的比例配料，并加入适量催化剂和填料进行搅拌混合，使其共聚合固化，将危险废物包容形成具有一定强度和稳定性固化体的过程。根据所用材料的性能不同可以分为热固性塑料固化和热塑性固化两种方法。

① 热固性塑料固化

热固性塑料固化法是用热固性有机单体(如脲醛)和已经过粉碎处理的废物充分地混合，在助凝剂和催化剂的作用下产生聚合形成海绵状的聚合物质，从而在每个废物颗粒的周围形成一层不透水的保护膜。但是经常有一部分液体废物遗留下来，所以一般在最终处置以前还需干化。目前使用较多的材料是脲醛树脂、聚酯和聚丁二烯等，有时也可使用酚醛树脂或环氧树脂。由于在绝大多数这种过程中，废物与包封材料之间不进行化学反应，所以包封的效果仅分别取决于废物自身的性质(颗粒度、含水量等)以及进行聚合的条件。

② 热塑性固化

热塑性固化是用熔融的热塑性物质在高温下与危险废物混合，以达到废物稳定化的目的。可使用的热塑性物质如沥青、石蜡、聚乙烯、聚丙烯等。在操作时，通常是先将废物干燥脱水，然后将聚合物与废物在适当的高温下混合，并在升温的条件下将水分蒸发掉。

（2）应用及特点

热固性塑料固化法在过去曾是固化低水平有机放射性废物(如放射性离子交换树脂)的重要方法之一，同时也可用于稳定非蒸发性的、液体状态的有机危险废物。由于需要对所有废物颗粒进行包封，在适当选择包容物质的条件下，可以达到十分理想的包容效果。该法的主要优点是引入的物质密度较低，所需要的添加剂数量也较少，固化体密度小；主要缺点是操作过程复杂，热固性材料自身价格高昂。由于操作中有机物的挥发，容易引起燃烧起火，所以通常不能在现场大规模应用。

热塑性材料固化与水泥等无机材料的固化工艺相比，除去污染物的浸出速率低得多外，由于需要的包容材料少，又在高温下蒸发了大量的水分，增容比也就较低。该法的主要缺点是在高温下进行操作，耗能较多；操作时会产生大量的挥发性物质，其中有些是有害的物质；有时在废物中含有热塑性物质或者某些溶剂，影响稳定剂和最终的稳定效果。

5. 玻璃固化技术

玻璃固化是以玻璃原料为固化剂，将其与危险废物以一定的配料比混合后，在1000~1500℃的高温下熔融，经退火后形成稳定的玻璃固化体。

玻璃固化主要用于高放射性废物的固化处理，尽管可用于玻璃固化的玻璃种类繁多，但是普通钠钾玻璃在水中的溶解度较高，不能用于高放射性废液的固化；硅酸盐玻璃熔点高，制造困难，也难以使用。通常，采用较多的是磷酸盐和硼酸盐玻璃。磷酸盐玻璃固化法最适于处理含盐量低、放射性极高的危险废物，如普雷克斯废液，其工艺流程如图4-3-3所示。

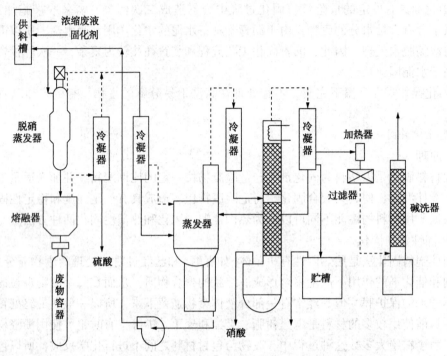

图4-3-3 磷酸盐玻璃固化工艺流程

硼酸盐玻璃固化是半连续操作，将高放射性废物液与固化剂（硼硅玻璃原料）以一定的配料比混合后，加入装有感应炉装置的金属固化罐中加热煅烧至干，然后升温至1100~1150℃，保温数小时。熔融玻璃从玻璃固化罐流入接收容器，经退火后便得到含有高放射性废物的玻璃固化体，工艺流程如图4-3-4所示。

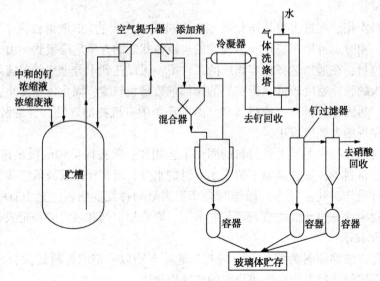

图4-3-4 硼酸盐玻璃固化工艺流程

近年来，重金属污泥的玻璃固化处理也逐步引起重视和研究。许多实验表明，在含有各种重金属的电镀污泥中添加锌和二氧化硅进行玻璃固化处理时，不但可以抑制铬的析出，其他金属也不会溶出。

玻璃固化在所有固化方法中效果最好，固化体中有害组分的浸出速率最低，固化体的增容比最小。但由于烧结过程需要在1200℃左右的高温下进行，会有大量有害气体产生，其中还有挥发金属元素，因此要求配备尾气处理系统。同时，由于在高温下操作，会给工艺带来一系列困难，增加处理成本。另外，由于玻璃是非晶态物质，稳定性和耐久性较差，经一定时间会发霉长花、晶化，特别是含硼玻璃易被微生物降解。

6. 自胶结固化技术

（1）原理

自胶结固化是利用废物自身的胶结特性来达到固化目的的方法。该技术主要用来处理含有大量硫酸钙和亚硫酸钙的废物，如磷石膏、烟道气脱硫废渣等，将含有大量硫酸钙和亚硫酸钙的废物在控制的温度下煅烧，然后与特制的添加剂和填料混合成为稀浆，经过凝结硬化过程即可形成自胶结固化体。其原理是因废物中的硫酸钙与亚硫酸钙均以二水化物（$CaSO_4 \cdot 2H_2O$ 与 $CaSO_3 \cdot 2H_2O$）的形式存在。当将它们加热到脱水温度 $107 \sim 170℃$ 时，二水化物会脱水而逐渐生成具有自胶结作用的硫酸钙和亚硫酸钙的半水化物（$CaSO_4 \cdot \frac{1}{2}H_2O$ 和 $CaSO_3 \cdot \frac{1}{2}H_2O$），在遇到水以后，会重新恢复为二水化物，并迅速凝固和硬化。

（2）应用及特点

自胶结固化法的主要优点是工艺简单，不需要加入大量添加剂，废物也不需要完全脱水；固化体化学性质稳定，具有抗渗透性高、抗微生物降解和污染物浸出速率低的特点，并且结构强度高。缺点是这种方法只限于含有大量硫酸钙和亚硫酸钙的废物，应用面较为狭窄；此外还要求熟练的操作和比较复杂的设备，煅烧泥渣也需要消耗一定的热量。

自胶结固化法已在美国大规模应用。美国泥渣固化技术公司（SFT）开发了一种名为 Terra-Crete 的技术（见图4-3-5），用以处理烟道气脱硫泥渣。

迄今为止，尚未研究出一种适于处理任何固体废物的最佳固化方法。固化技术是从放射性废物处理中发展起来的，国外已经应用多年，处理的废物也已经从原先的放射性废物发展到了其他有毒有害废物，如电镀污泥、汞渣、铬渣等。

目前，比较成熟的固化方法往往只适用于处理一种或几种类型固体废物，而且

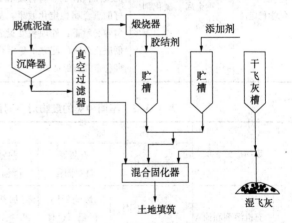

图4-3-5 烟道气脱硫泥渣自胶结固化的工艺流程图

主要用来处理无机废物，虽然也可用于有机废物的处理，但效果不如处理无机废物那样好。表4-3-1列出了各种固化/稳定化技术的适用对象和优缺点，表4-3-2列出了不同种类的废物对不同固化/稳定化技术的适应性。

表 4-3-1　各种固化/稳定化技术的适用对象和优缺点

技术	适用对象	优点	缺点
水泥固化法	重金属、废酸、氧化物	水泥搅拌，处理技术已相当成熟；对废物中化学性质的变动具有相当的承受力；可由水泥与废物的比例来控制固化的结构强度与不透水性；无须特殊设备，处理成本低，废物可直接处理，无须前处理	废物中含有特殊的盐类，会造成固化体破裂；有机物的分解造成裂隙，增加渗透性，降低结构强度；大量水泥的使用增加固化体的体积和重量
石灰固化法	重金属、废酸、氧化物	所用物料价格便宜，容易购得；操作不需特殊的设备和技术；在适当的处置环境，可维持波索来反应的持续进行	固化体的强度较低，且需较长的养护时间；有较大的体积膨胀，增加清运和处置的困难
塑性固化法	部分非极性有机物、废酸、重金属	固化体的渗透性较其他固化法低；对水溶液有良好的阻隔性	需要特殊的设备和专业的操作人员；废污水中若含氧化剂或挥发性物质，加热时可能会着火或逸散；废物需干燥，破碎后才能进行操作
玻璃固化法	不挥发的高危险性废物、核能废料	玻璃体的高稳定性，可确保固化体的长期稳定；可利用废玻璃屑作为固化材料，对核能废料的处理已有相当成功的技术	对可燃或挥发性的废物并不适用；高温熔融需消耗大量能源；需要特殊的设备及专业人员，设施投入和成本高昂
自胶结法	含大量硫酸钙和亚硫酸钙的废物	烧结体的性质稳定，结构强度高，烧结体不具生物反应性及着火性	应用面较为狭窄；需要特殊的设备及专业人员
化学稳定法	重金属、氧化剂、还原剂	技术已经很成熟，根据使用化学试剂的不同，已有多种化学稳定化技术的应用；对于不同的技术都能取得很好的重金属稳定化效果；基本不会有增容和增重；处理和处置成本都非常低廉；合适的配方下稳定化产物的长期稳定性有保证	需要根据不同的废物研究合适的配方；当废物成分发生变化，特别是 pH 值发生变化时会影响稳定化效果

表 4-3-2　不同种类的废物对不同固化/稳定化技术的适应性

废物成分		处理技术					
		水泥固化	石灰等材料固化	热塑性微包容法	大型包容法	熔融固化法	化学稳定法
有机物	有机溶剂和油	影响凝固，有机气体挥发	影响凝固，有机气体挥发	加热时有机气体会溢出	先用固体基料吸附	可适应	不适应
	固态有机物（如塑料、树脂、沥青）	可适应，能提高固化体的耐久性	可适应，能提高固化体的耐久性	有可能作为凝结剂来使用	可适应，可作为包容材料使用	可适应	不适应

废物成分		处理技术					
		水泥固化	石灰等材料固化	热塑性微包容法	大型包容法	熔融固化法	化学稳定法
无机物	酸性废物	水泥可中和酸	可适应，能中和酸	应先进行中和处理	应先进行中和处理	不适应	可适应
	氧化剂	可适应	可适应	会引起基料的破坏甚至燃烧	会破坏包容材料	不适应	可适应
	硫酸盐	影响凝固，除非使用特殊材料，否则引起表面剥落	可适应	会发生脱水反应和再水合反应而引起泄漏	可适应	可适应	可适应
	卤化物	很容易从水泥中浸出，妨碍凝固	妨碍凝固，从水泥中浸出	会发生脱水反应、再水合反应	可适应	可适应	可适应，通过氧化还原反应解毒
	重金属盐	可适应	可适应	可适应	可适应	可适应	可适应
	放射性废物	可适应	可适应	可适应	可适应	可适应	不适应

从表4-3-2中可以看出，在经济有效地处理大量危险废物的目标下，以水泥和石灰固化稳定化技术较为适用，其在处理程序的操作上无须特殊的设备和专业技术，一般的技术人员和施工设备即可进行，其固化/稳定化的效果，不仅结构强度方面可满足不同处置方式的要求，同时也可满足固化体浸出试验的要求。然而固化/稳定化技术优劣之评定尚需考虑处理程序、添加剂的种类、废物性质、所在位置的条件等。

习题与思考题

1. 浮选过程中使用的药剂主要有哪些？各种药剂在浮选中起什么作用？
2. 在什么情况下应用化学浸出，浸出的效果如何评定？
3. 目前常用的危险废物稳定化/固化处理技术方法有哪些？适用对象和特点分别是什么？
4. 稳定化/固化的基本要求是什么？
5. 简述各种稳定化/固化处理方法的原理。
6. 简要评价稳定化/固化处理效果指标。

第五章 固体废物的生物处理

利用微生物分解固体废物中的有机物从而实现无害化与资源化是处理固体废物的有效而经济的方法，常见的可生化处理的废物主要有城市固体废物、工业废物、畜牧业废物、农林业废物、水产废物、泥炭类，在净化污染的同时又能生产有用物质。根据处理过程中起作用的微生物对氧气的要求的不同，生物处理可分为好氧生物处理和厌氧生物处理两类。好氧生物处理是一种在提供游离氧的条件下，以好氧生物为主使有机物降解并稳定化的生物处理方法。厌氧生物处理是在没有游离氧的条件下，以厌氧微生物为主对有机物进行降解并稳定化的一种生物处理方法。按目前的应用可分为堆肥化、沼气化和其他生物转化技术。主要应用有好氧堆肥、厌氧发酵制沼气、固体废物糖化与生产酒精等。

第一节 好氧堆肥处理

利用有机固体废物进行堆肥，已有几千年历史。随着生产力发展和科技进步，堆肥化技术已得到不断改进。人工堆肥是有机肥，对改善土壤性能与提高肥力维持农作物长期的优质高产都是有益的；另一方面，各国有机固体废物数量逐年增加，需要对其处理的卫生要求也日益严格，从节省资源与能源角度出发，有必要把实现有机固体废物资源化作为固体废物无害化处理、处置的重要手段。有机固体废物的堆肥化能同时满足上述两方面要求，所以得到各国应有的重视。

一、好氧堆肥基本原理

好氧堆肥是在通气条件好，氧气充足的条件下，好氧菌对废物进行吸收、氧化以及分解的过程。好氧微生物通过自身的生命活动，把一部分被吸收的有机物氧化成简单的无机物，同时释放出可供微生物生长活动所需的能量，而另一部分有机物则被合成新的细胞质，使微生物不断生长繁殖，产生出更多生物体。

好氧堆肥过程实际上是有机废物的微生物发酵过程，其基本的生物化学反应过程与污水生物处理相似，但堆肥处理只进行到腐熟阶段，并不需有机物的彻底氧化，一般认为物料中易降解有机物基本上被降解即达到腐熟。堆肥的原理如图 5-1-1 所示。

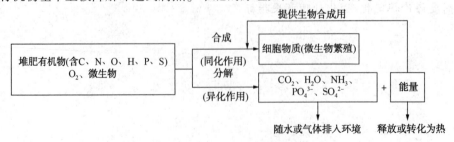

图 5-1-1　有机好氧堆肥过程

堆肥过程中有机物氧化分解总的关系可用下式表示：

$$C_sH_tN_uO_v \cdot aH_2O+bO_2 \longrightarrow C_wH_xN_yO_z \cdot cH_2O+dH_2O_{(气)}+eH_2O_{(液)}+fCO_2+gNH_3+能量$$

通常情况下，堆肥产品 $C_wH_xN_yO_z \cdot cH_2O$ 与堆肥原料 $C_sH_tN_uO_v \cdot aH_2O$ 的质量之比为 $0.3 \sim 0.5$。这是由于氧化分解后减量化的结果。一般情况下，w、x、y、z 可能的取值范围为 $w = 5 \sim 10$，$x = 7 \sim 17$，$y = 1$，$z = 2 \sim 8$。

下列方程式反映了堆肥过程中有机物的氧化和合成：

（1）有机物的氧化

① 不含氮有机物（$C_xH_yO_z$）的氧化

$$C_xH_yO_z+(x+\frac{1}{4}y-\frac{1}{2}z)O_2 \longrightarrow xCO_2+\frac{1}{2}yH_2O+能量$$

② 含氮有机物（$C_sH_tN_uO_v \cdot aH_2O$）的氧化

$$C_sH_tN_uO_v \cdot aH_2O+bO_2 \longrightarrow C_wH_xN_yO_z \cdot cH_2O+dH_2O_{(气)}+eH_2O_{(液)}+fCO_2+gNH_3+能量$$

（2）细胞物质的合成（包括有机物的氧化，并以 NH_3 为氮源）

$$n(C_xH_yO_z)+NH_3+(nx+\frac{1}{4}ny-\frac{1}{2}nz-5)O_2 \longrightarrow C_5H_7O_2(细胞物质)+$$

$$(nx-5)CO_2+\frac{1}{2}(ny-4)H_2O+能量$$

（3）细胞物质的氧化

$$C_5H_7O_2(细胞质)+5O_2 \longrightarrow 5CO_2+2H_2O+NH_3+能量$$

以纤维素为例，好氧堆肥中纤维素的分解反应如下：

纤维素酶

$$(C_6H_{12}O_6)_n \longrightarrow n(C_6H_{12}O_6)(葡萄糖)$$

微生物

$$n(C_6H_{12}O_6)+6nO_2 \longrightarrow 6nH_2O+6nCO_2+能量$$

通常，好氧堆肥的堆温较高，一般宜在 $55 \sim 60℃$ 时较好，所以好氧堆肥也称高温堆肥。高温堆肥可以最大限度地杀灭病原菌，同时对有机质的降解速度快，堆肥所需天数短，臭气发生量少，是堆肥化的首选。

堆肥中含有的微生物种类主要有细菌、真菌和放线菌，堆肥过程中，随有机物的降解，堆肥微生物在数量和种群上会发生变化。高温阶段会出现较多的真菌。

二、好氧堆肥过程

细菌、放线菌和真菌等好氧微生物通过自身的生命活动，即氧化、还原与合成等过程把一部分被吸收的有机质氧化成简单的无机质，提供微生物生长所需要的能量。一部分有机质转化成微生物合成新细胞所需要的营养质。好氧堆肥从废物堆积到腐熟的生化过程比较复杂，按发酵温度的不同，好氧发酵过程分为潜伏、中温、高温和腐熟四个阶段，如图 5-1-2 所示。

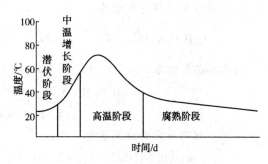

图 5-1-2　堆肥过程中温度的变化

1. 潜伏阶段

即堆肥化开始时微生物适应新环境的过程，即驯化过程。

2. 中温阶段

嗜温性微生物比较活跃，主要利用堆肥中可溶性有机物进行繁殖，并释放出能量，温度不断上升，这个阶段的微生物主要是细菌和真菌。

3. 高温阶段

当堆温升高到45℃以上即进入高温阶段，嗜热性微生物逐渐代替了嗜温性微生物，复杂的有机物如半纤维素、纤维素和蛋白质等也开始被强烈分解。在高温阶段，在50℃进行活动的主要是嗜热性真菌和放线菌，温度上升到60℃时，真菌停止活动，仅为嗜热性放线菌与细菌活动，温度升至70℃以上时，微生物大量死亡或进入休眠状态。在该阶段后期，由于可降解有机物已大部分耗尽，微生物的内源呼吸占主导作用。

4. 腐熟阶段

在此阶段，只剩下部分较难降解的有机物和新形成的腐殖质，此时微生物活性下降，发热量减少，温度下降至中温，并最终过渡到环境温度。在此阶段嗜温性微生物又占优势，对残余较难降解的有机物进一步分解，腐殖质不断增多且稳定化。

三、影响因素

1. 供氧量

堆层中氧的浓度和耗氧速率能表征微生物活动的强弱和有机物分解的程度。保证较好的通风条件，提供充足的氧气是好氧堆肥过程正常运行的基本保证。通风使堆层内的水分以水蒸气的形式散失，达到调节堆温和堆内水分含量的双重目的，可避免后期堆肥温度过高。但在堆肥的后期，主发酵排出的废气温度较高，会从堆肥中带走大量水分，使物料干化，需要综合考虑通风与干化的关系。

【例 5-1】 利用一种成分为 $C_{31}H_{50}NO_{26}$ 的物料进行实验室规模的好氧堆肥实验，实验结果为每 1000kg 堆料在完成堆肥化后剩下 200kg，测定产品成分为 $C_{11}H_{14}NO_4$，试求 1000kg 物料的化学计算理论需氧量。

解：（1）计算出 $C_{31}H_{50}NO_{26}$ 的千摩尔质量为 852kg，可计算出参加堆肥过程的有机物物质的量 =（1000/852）kmol = 1.173kmol；

（2）堆肥产品中 $C_{11}H_{14}NO_4$ 的千摩尔质量为 224kg，可计算出每摩尔物料参加堆肥过程的残余有机物物质的量 = 200/（1.173×224）kmol = 0.76kmol；

（3）若堆肥过程可表示为：

$$C_aH_bO_cN_d + \frac{ny+2s+r-c}{2} O_2 \longrightarrow nC_wH_xO_yN_z + sCO_2 + rH_2O + (d-nz)NH_3$$

由已知条件可知：$a=31$，$b=50$，$c=26$，$d=1$，$w=11$，$x=14$，$y=4$，$z=1$，可以算出：

$$r = 0.5[50 - 0.76×14 - 3×(1-0.76×1)] = 19.32$$

$$s = 31 - 0.76×11 = 22.64$$

堆肥过程中所需要的氧量为：

$$m = [0.5×(0.76×4 + 2×22.64 + 19.32 - 26)×1.173×32]kg = 781.50kg$$

2. 含水量

水分是维持微生物生长代谢活动的基本条件之一，水分适当与否直接影响堆肥发酵速率和腐熟程度，是影响好氧堆肥的关键因素之一。微生物的生长和对氧的要求均在含水率为50%~60%达到峰值。当含水量在40%~50%之间时，微生物的活性开始下降，堆肥温度降低。当含水率小于20%时，微生物的活动基本停止。当水分超过70%时，温度很难上升，有机物分解速度降低，过多的水分容易造成厌氧状态，不利于微生物的生长。

3. 温度和有机物含量

温度是堆肥得以顺利进行的重要因素，在堆肥的初期，经过中温菌的作用，堆体温度逐渐上升。随着堆温的升高，一方面加速分解消化过程；另一方面也可杀虫卵、致病菌以及草籽，堆肥过程中的最佳温度在55~60℃。有机质含量过低，分解产生的热量不足以维持堆肥所需要的温度，会影响无害化处理，产生的成品由于肥效低而影响其利用价值。如果有机质的含量过高，又会给通风供氧带来一定的困难造成厌氧条件。有机物含量也会对堆肥的温度有一定的影响。

4. 颗粒度

堆肥过程中供给的氧气是通过颗粒间的空隙分布到物料内部的，颗粒度的大小对通风供氧有重要影响。堆肥物颗粒应尽可能小，才能使空气有较大的接触面积，并使得好氧微生物更易更快将其分解。但是如果颗粒度太小，易造成厌氧条件，不利于好氧微生物的生长繁殖。堆肥前需要通过破碎、分选等方法去除不可堆肥化物质，使物料粒度达到一定程度的均匀化。

5. C/N 比和 C/P 比

堆肥原料中的 C/N 比是影响微生物对有机物分解的重要影响因素之一。碳是堆肥化反应能量的来源，是生物发酵过程中动力和热源。氮是微生物的营养来源，主要用于合成微生物体，是控制生物合成的重要因素，也是反应速率的控制因素。如果 C/N 比值过小，容易引起菌体衰老和自溶，造成氮源的浪费和酶产量下降；如果 C/N 比值过高，容易引起杂菌感染，同时由于没有足够量的微生物来产酶，造成碳源的浪费和酶产量下降，也会导致成品的碳氮比过高，这样堆肥施入土壤后，将夺取土壤中的氮素，使土壤出现"氮饥饿"状态，影响作物生长。因此，应根据各种微生物的特性，恰当地选择适宜的 C/N 比值。调整的方法是加入人粪尿、牲畜粪尿以及城市污泥等。堆肥初始的碳氮比在(26:1)~(32:1)时为最佳，成品堆肥适宜的碳氮比为(10:1)~(20:1)。

除碳和氮之外，磷也是微生物必备的营养物质之一，是磷酸和细胞核的重要组成元素，也是生物能的重要组成部分，对微生物的生长有重要的影响。通常，在垃圾中会添加一些污泥进行混合堆肥，就是利用污泥中丰富的磷来调整原料的 C/P 比，通常堆肥原料的 C/P 比为(75:1)~(100:1)。

污泥与庭院垃圾混合来增加氮源的堆肥方法是合理的，但是由于污泥中的病原菌和重金属的问题，对堆肥的质量必须严格监控。

【例 5-2】 为了使好氧堆肥化的物料的 C/N 比达到合适值 25，将 C/N 比为 50 的树叶和 C/N 比为 6.3 的污泥进行混合，试确定树叶和污泥的混合比例。已知：污泥含水率 75%，树叶含水率 50%，污泥含氮量 5.6%，树叶含氮量 0.7%。

解：(1) 确定树叶和污泥的 C、N 量

$$1kg\ 树叶：干物质 = 1\times(1-50\%) = 0.5kg$$

$$N = 0.5\times0.7\% = 0.0035kg$$

$$C = 0.0035 \times 50 = 0.175 kg$$
$$1kg\ 污泥：干物质 = 1 \times (1-75\%) = 0.25kg$$
$$N = 0.25 \times 5.6\% = 0.014kg$$
$$C = 0.014 \times 6.3 = 0.0882kg$$

（2）求 1kg 树叶中污泥的添加量 $x$kg：

C/N 比 =（1kg 树叶中的 C+$x$kg 污泥中的 C）/（1kg 树叶中的 N+$x$kg 污泥中的 N）

$$=（0.175+0.0882x）/（0.0035+0.014x）= 25$$

计算得到 $x = 0.33kg$

（3）验算混合废物的含水率

$$含水率 =（1 \times 50\%+0.33 \times 75\%）/（1+0.33）$$
$$=（0.5+0.25）/（1+0.33）= 56\%$$

含水率满足要求。

6．pH 值

pH 值是微生物生长的一个重要环境条件。在堆肥过程中，pH 值有足够的缓冲作用，要使 pH 值稳定在可以保证好氧分解的酸碱度水平。好氧堆肥的初期，pH 值一般可下降为 5~6，然后又开始上升，发酵完成前可达到 8.5~9.0，最终成品达到 7.0~8.0。

四、堆肥工艺

目前常用的堆肥工艺主要有如下几类：

（1）好氧静态堆肥工艺

我国在好氧静态堆肥技术方面有较丰富的实战经验，通常采用的静态堆肥为露天强制通风垛，或是在密闭的发酵池、发酵箱、静态发酵仓内进行。当一批物料堆积成垛或置入发酵装置后，即处于不再添加新料和翻倒状态，直至物料腐熟后运出。

（2）间歇式好氧动态堆肥工艺

间歇式堆肥采用静态一次发酵的技术路线，其特点是发酵周期短，可使堆肥体积有所减少。具体操作是采用间歇翻堆的强制通风垛或间歇进出料的发酵仓，将物料批量地进行发酵处理。

（3）连续好氧动态堆肥工艺

其工艺采取连续进料和连续出料的方式进行，在一个专用的发酵装置内使物料处于一种连续翻动的动态下，易于形成空隙，其组分混合均匀，水分蒸发迅速，故而发酵周期得以缩短，与此同时还有效地灭活病原微生物，并可防止异味的产生。

现代化的堆肥厂一般采用好氧堆肥工艺，通常是由前处理、主发酵、后发酵、后处理、脱臭及贮存等工序组成。

1．前处理

一般分为分选、破碎、筛分、混合、养分及水分调节、营养元素调节等步骤。主要是除大块和杂质如石块和金属物等。这些物质会影响堆肥处理机械的正常运行，并降低发酵仓的有效容积，使堆肥温度不易达到无害化的要求，从而影响堆肥产品的质量。

在前处理时需要注意如下问题：（1）调节堆肥物料颗粒度时，颗粒度不宜太小，否则会影响通气性。一般适宜的粒径范围是 2~60mm，最佳粒径范围随垃圾物理特性的变化而变化，如果物质坚固，不易挤压，则粒小一些，否则粒径大一些。（2）使用含水率较高的固废时（如污水污泥、人畜粪便）为主要原料时，前处理的主要任务是调整水分的 C/N 比，有时还需要添加菌种与酶制剂，以使发酵过程正常进行。

2. 主发酵

在发酵仓内或露天堆积进行，需要强制通风或翻堆搅拌来供给氧气。在堆肥时，由于原料和土壤存在微生物的作用开始发酵，首先是易分解的物质分解，产生二氧化碳和水，同时产生热量使温度上升，微生物吸收有机物的碳氮营养成分，在细菌自身繁殖的同时，将细胞中吸收的物质分解而产生热量。

发酵初期的分解物质是靠中温菌进行的。随着温度的上升，最适宜温度为 45~60℃ 的高温菌代替了中温菌，在 60~70℃ 能进行高效率的分解。然后再进行降温阶段，温度升高到开始降低的阶段，称为主发酵期，主发酵期约 4~12d。

3. 后发酵

将主发酵工艺尚未分解的易分解有机物进一步分解和难分解有机物进一步分解，转变为腐殖酸、氨基酸等比较稳定的有机物，得到完全腐熟的堆肥制品，后发酵可在封闭的反应器内进行，但在敞开的场地、料仓内进行较多，这些情况下多采用条堆或静态堆肥的方式进行，物料堆积高度 1~2m，后发酵期通常在 20~30d。

4. 后处理

经过后发酵的物料，部分有机物都被稳定化和减量化。但在前处理工序中还没有完全去除的塑料、玻璃金属、小石块等还需要经过一道分选工序去除，可以用回转振动筛、磁选机、风选机等处理设备去除杂质，再根据需要进行破碎，也可以根据需求加入 N、P、K 等添加剂制复合肥。

5. 脱臭

在堆肥过程中，因微生物的作用会产生氨、硫化氢、甲基硫醇、胺类等臭味，需要进行脱臭。脱臭的方法主要有化学除臭剂；碱、水溶液过滤；熟堆肥、沸石等吸附剂吸附法等。其中，经济而实用的方法是熟堆肥吸附的生物除臭法。

6. 贮存

堆肥在夏冬两季的产品需要贮存，一般的堆肥厂要有容纳 6 个月产量的贮存设备。贮存的方式可直接堆放在发酵池中或袋装，要求干燥透气，封闭和受潮会影响堆肥产品的质量。

五、好氧堆肥设备

堆肥的设备包括分选、破碎、发酵、烘干、运输等设备，专用发酵设备，主要设备一般分为立式发酵器与卧式发酵器。

1. 立式堆肥发酵塔

立式堆肥发酵塔通常由 5~8 层组成，结构如图 5-1-3 所示。堆肥物料由塔顶进入塔内，在塔内的堆肥物料通过各种形式的机械运动及物料的重力从塔顶一层层地向塔底移动。在移动的同时完成供氧及一次发酵过程，一般需经 5~8d。立式堆肥发酵塔通常为密闭结构，塔内温度由上层至下层逐渐升高。

原料从仓顶加入，在最上段靠内拨旋转搅拌耙子的作用。边搅拌翻料边向中心移动，从中央落下口落至第二段，在第二段的物料则靠外拨旋转搅拌耙子的作用从中心向外移动，从周边的落下口，落到第三段，依此逐层进行，供气可从各段之间的空间强制鼓风送气。也可靠排气的抽力自然通风。到第 4~5 段发酵温度可达到 70~80℃，全塔共分 8 段，该发酵仓的优点是搅拌充分，缺点是旋转轴扭矩大，设备费用和动力费用较高。

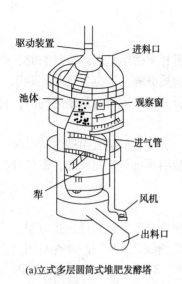
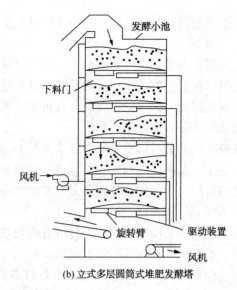

(a)立式多层圆筒式堆肥发酵塔　　　　　(b)立式多层圆筒式堆肥发酵塔

图 5-1-3　立式多段发酵塔

2. 卧式回转圆筒形发酵仓

如图 5-1-4 所示，加入料斗的物料经过料斗底部的板式给料机和一号皮带输送机送到磁选机除去铁类物质，由给料机供给低速旋转的发酵仓，在发酵仓内物料靠与筒体表面的摩擦，沿旋转方向提升，同时借助重力落下。如此反复，废物被均匀地翻倒而与供给的空气接触，并借助微生物作用进行发酵，连续数日后成为堆肥排出仓外，随后经振动筛筛分，筛上物经溜槽排出、进行焚烧或填埋。筛下物经去除玻璃后即成为堆肥。主要的设备有：加料斗、给料机、磁选机、发酵仓、振动筛、分选设备。

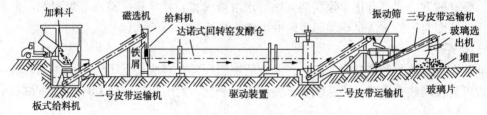

图 5-1-4　卧式回转圆筒形发酵仓

六、评价指标

腐熟度是衡量堆肥进行程度的指标，是指堆肥中的有机物经过矿化、腐殖化过程最后达到稳定的程度。由于腐熟度的评价是一个相对复杂的问题，目前还未能形成一个完整的评价指标体系。评价指标一般可分为物理学指标、化学指标以及工艺指标。

物理学指标随堆肥过程的变化比较直观，便于监测，常用于定性描述堆肥过程所处的状态，但不易定量说明堆肥的腐熟程度。常用的物理学指标主要有以下几种：

（1）气味　在堆肥进程中气味逐渐减弱并在堆肥结束时消失，此时就不再吸引蚊虫。

（2）粒度　腐熟后的堆肥产品呈疏松的团粒结构。

（3）色度　堆肥的色度受原料成分的影响较大，一般很难建立统一的色度标准以判别各种堆肥的腐熟程度。在堆肥过程中堆料逐渐变黑，产品呈深褐色或黑色。

物理学的指标只能直观反映堆肥过程，腐熟度常通过分析堆肥过程中的化学成分或性质的变化来评价。常用的化学指标主要有如下几种：

（1）pH 值　pH 值随堆肥过程的进行而变化，可作为评价腐熟度的一个指标。

（2）有机质变化指标　反映有机质变化的参数有化学需氧量（COD）、生化需氧量（BOD）、挥发性固体（VS）。由于物料的不断降解，各组的含量会发生变化，因而可用 COD、BOD、VS 来反映堆肥过程中有机物降解和稳定化的程度。

（3）碳氮比　固相 C/N 比是最常用的堆肥腐熟度评价方法之一，当 C/N 比降至（10～20）∶1，可认为堆肥达到腐熟。

（4）氮化合物　由于堆肥中含有大量的有机氮化合物，而在堆肥过程中伴有明显的硝化反应过程。在堆肥后期，部分氨态氮可被氧化成硝态氮或亚硝态氮，氨态氮、硝态氮、亚硝态氮浓度的变化，也是腐熟度评价常用的指标。

（5）腐殖酸　随着堆肥熟化过程的进行，腐殖酸的含量上升。腐殖酸的含量是一个相对有效的反映堆肥质量的参数。

另外，不同腐熟度的堆肥耗氧速率、释放二氧化碳的速度、堆温、肥效等皆有区别，利用这些特征也可对腐熟度作出评价。

第二节　厌氧消化处理

厌氧发酵也称沼气发酵或甲烷发酵，是指有机物在厌氧细菌作用下转化为甲烷（或称沼气）的过程。自然界中，厌氧发酵广泛存在，但发酵速度缓慢。采用人工方法，创造厌氧细菌所需的营养条件，使其在一定设备内进行，厌氧发酵过程则可大大加快。

一、基本原理

厌氧消化指有机质在无氧条件下，由兼性菌和厌氧细菌将可生物降解的有机物分解为 CH_4、CO_2、H_2O 和 H_2S 的消化技术。厌氧消化被广泛应用于污水畜禽粪便和城市有机废物处理等方面沼气工程技术，可实现循环经济发展、环境保护、减少温室气体排放和生产可再生能源等目标。

厌氧消化技术是最重要的生物质能利用技术之一，使固体有机物变为溶解性有机物，再将蕴藏在废物中的能量转化为沼气用来燃烧或发电，以实现资源和能源的回收；厌氧消化后残渣量少，性质稳定；反应设备密闭，可控制恶臭的散发。厌氧消化极大地改善了有机废物处理过程的能量平衡，在经济上和环境上均有较大优势。

参与厌氧分解的微生物可以分为两类，一类是由一个十分复杂的混合发酵细菌群组成，将复杂的有机物水解，并进一步分解为以有机酸为主的简单产物，通常称为水解菌。在中温的沼气发酵中，有梭菌属、拟杆菌属、真细菌属、双歧杆菌等。在高温厌氧发酵中，有梭菌属、无芽孢的革兰氏阴性杆菌、链球菌和肠道菌等兼性厌氧细菌。

第二阶段的微生物为绝对厌氧细菌，其功能是将有机物转变为甲烷，称为产甲烷菌。产甲烷菌的繁殖相对缓慢，且对于温度、抑制物的存在等外界条件的变化相当敏感。产甲烷阶段在厌氧消化的过程中是十分重要的环节，产甲烷细菌除了产生甲烷外，还起到分解脂肪酸调节 pH 值的作用。同时，通过将氢气转化为甲烷，可以减小氢的分压，有利于产酸菌的活动。

有机物的厌氧消化的生物化学反应过程与堆肥过程同样都是非常复杂的，中间反应与中间产物有数百种，每种反应都是在酶或其他物质的催化作用下进行的，如图 5-2-1 所示。

总反应式如下：

$$有机物+H_2O+营养物 \xrightarrow{厌氧微生物} 细胞质+CH_4+CO_2+NH_3+H_2+H_2S+\cdots+抗性物质+热量$$

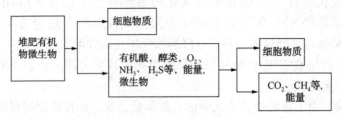

图 5-2-1　有机物的厌氧发酵分解

厌氧发酵是有机物在无氧的条件下被微生物分解、转化成甲烷和二氧化碳等，并合成自身细胞的生物学过程。由于厌氧发酵的原料来源复杂，参加反应的微生物种类繁多，使得厌氧发酵的过程变得非常复杂。大量的学者对此过程中的物质代谢、转化和各种菌群的作用进行了研究，但是仍有许多问题有待于进一步探讨。目前主要有二段理论、三段理论与四段理论。

1. 三段理论

厌氧发酵一般可分为三个阶段，即水解阶段、产酸阶段、产甲烷阶段，每一个阶段各有其独特的微生物种群起作用。水解阶段的起作用细菌称为发酵细菌，包括纤维素分解菌、蛋白质水解菌。产酸阶段起作用的细菌是醋酸分解菌。这两个阶段起作用的细菌统称为不产烷菌。产甲烷阶段起作用的细菌是产甲烷菌。有机物分解成三阶段过程如图 5-2-2 所示。

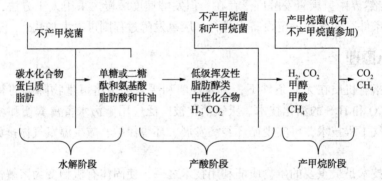

图 5-2-2　有机物的厌氧发酵过程（三段理论）

（1）水解阶段

水解阶段是指复杂的固体有机物在水解酶的作用下被转化为简单的溶解性单体或二聚体。微生物无法直接代谢碳水化合物（如淀粉、木质纤维素等）、蛋白和脂肪等生物大分子，必须先降解为可溶性聚合物或者单体化合物才能被酸化菌群利用。纤维素、淀粉水解成单糖类、蛋白质水解成氨基酸，再经脱氨基作用形成有机酸和氨，脂肪水解后形成甘油和脂肪酸。

（2）产酸阶段

水解成的单体会进一步被微生物降解成挥发性脂肪酸、乳酸、醇、氨等酸化产物和氢、二氧化碳。产酸菌是一类快速生长的细菌，倾向于生产乙酸，这样能获取最高的能量以维持自身生长。末端产物组成取决于底物种类和参与生化反应的微生物种类。

避免氢气在此阶段的积累尤其重要。在厌氧过程中，氢分压的降低必须依靠氢营养菌来完成。

（3）甲烷化阶段

产甲烷阶段是由严格专性厌氧的产甲烷细菌将乙酸、一碳化合物和 H_2、CO_2 等转化为

CH_4 和 CO_2 的过程。大部分的甲烷来自乙酸的分解，是由乙酸歧化菌通过代谢乙酸盐的甲基基团生成，剩下的 28% 由 CO_2 和 H_2 合成。产甲烷细菌的代谢速率一般较慢，对于溶解性有机物厌氧消化过程，产甲烷阶段是整个厌氧消化工艺的限速。

2. 两段理论

厌氧发酵的两段理论较为简单、清楚，被人们所普遍接受。将厌氧消化过程分成两个阶段，即酸性发酵阶段和碱性发酵阶段。在分解的初期，产酸菌的活动占主体地位，有机物被分解成有机酸、二氧化碳、氨、硫化氢等，由于有机酸大量积累，pH 值随之下降，所以把这一阶段称为酸性阶段。

在分解的后期甲烷主导菌占主导作用，在酸性阶段产生的有机酸和醇类等产甲烷菌进一步分解产生甲烷和二氧化碳等。由于有机酸分解和产生的氨的中和作用，使得 pH 值迅速上升，发酵进入碱性发酵阶段。到碱性发酵的后期，可降解有机物大都已经被分解，消化过程也就趋于完成。

二、影响因素

1. 厌氧条件

厌氧消化的显著特点是有机物在无氧条件下被微生物分解，最终转化为甲烷和二氧化碳。产酸阶段的微生物大多数是厌氧菌，需要在厌氧的条件下进行才能把复杂的有机物分解成简单的有机酸等。而产气阶段的细菌是专性厌氧菌，氧对产甲烷菌有毒害作用，因而需要严格的厌氧环境。判断厌氧程度可用氧化还原电位表示，正常进行厌氧消化时，应当维持在 -300mV 左右。

2. 原料配比

配料时应控制适宜的碳氮比，各种有机物中所含的碳和氮差别很大。为达到厌氧发酵时微生物对碳和氮的营养要求，需将贫氮有机物和富氮有机物进行合理配比，以获得较高的产气量，适宜的碳氮比为 20~30。碳氮比过小，细菌增殖量降低，氮不能被充分利用。碳氮比过高，产气量下降。磷的含量一般为有机物的 1/1000。

3. 温度

温度是影响产气量的重要因素，厌氧消化适宜的温度为 40~65℃，在一定温度范围内温度越高产气量越高，高温可加速细菌的代谢，使分解速度加快。

研究发现，厌氧微生物在 35~38℃ 和 50~65℃ 各有一个高峰，一般将温度控制在此范围内。

4. pH 值

对于甲烷细菌来说，维持弱碱性环境是绝对必要的，最佳 pH 值范围是 6.8~7.5，pH 值低，将使二氧化碳增加，大量水溶性有机物和硫化氢产生，硫化物含量增加抑制了甲烷菌的生长。为使发酵池内的 pH 值保持在最佳范围，可以加石灰调节。

5. 添加物和抑制物

在发酵液中适当添加少量的硫酸锌、磷矿粉、炉灰等，有助于促进厌氧发酵，提高产气率和原料利用率，其中以添加磷矿粉最佳。同时添加少量钾、钠、镁、锌、磷等元素也能提高产气速率。但是也有些化学物质能抑制发酵微生物的活力，当原料中的含氮化合物较多时，会抑制甲烷发酵。此外如铜、锌、铬等重金属元素过高时，会抑制反应速率。

6. 接种物

厌氧消化中的细菌的数量和种群会直接影响甲烷的生成。不同来源的厌氧发酵接种物对产气量有不同的影响。添加接种物可有效提高消化液中微生物的种类和数量，从而提高处理能力，加快有机物的分解速率，提高产气率，还可以使开始产气的时间提前。用添加接种物的方法，开始发酵时，一般要求菌种量达到料液量的5%。

7. 搅拌条件

搅拌可以使原料分布均匀，增加微生物与消化基质的接触，使用消化产物及时分离，也可防止局部出现酸积累和排除抑制厌氧菌活动的气体，从而提高产气量。

三、发酵工艺

厌氧发酵工艺类型较多，按发酵温度、发酵方式、发酵级差的不同进行分类，用较多的是按发酵温度划分厌氧发酵工艺类型。

1. 高温厌氧发酵工艺

高温厌氧发酵工艺的最佳温度范围是47~55℃，此时有机物分解旺盛，发酵快，物料在厌氧池内停留时间短。非常适于城市垃圾、粪便和有机污泥的处理。

2. 自然温度厌氧发酵工艺

自然温度厌氧发酵指在自然界温度影响下发酵温度发生变化的厌氧发酵。这种工艺的发酵池结构简单、成本低廉、施工容易、便于维护。

根据投料运转方式划分工艺类型：

(1) 连续消化工艺　投料启动后，经一段时间的消化产气，连续定量的添加消化原料和排出旧料；其消化时间能够长期连续进行。工艺易于控制，能保持稳定的有机物消化速率和产气率，但该工艺要求较低的原料固形物浓度。

(2) 半连续消化工艺　启动时一次性投入较多的消化原料，当产气量趋于下降时，开始定期添加新料和排出旧料，以维持比较稳定的产气率，农村较适用。

(3) 两步消化工艺　两个反应器，根据两段理论设计。

四、厌氧消化装置

厌氧消化池也称为厌氧消化器。消化罐是装置的核心部分，附属设备有气压表、导气管、出料机、预处理设备(粉碎、升温、预处理池等)、搅拌器等。附属设备可进行原料的处理、产气控制、监测等。按照消化间的结构形式、消化池有圆形池、长方形池；按贮气方式有气袋式、水压式、浮罩式。在我国农村地区，广泛使用各种类型的沼气发酵其中水压式沼气池是推广的主要池型，如图5-2-3所示。

图5-2-3　水压式沼气池

水压式沼气池具有结构简单、造价低、施工方便等特点；但由于温度不稳定，产气量不稳定，因此原料的利用率低。水压式沼气池的结构和工作原理如图5-2-4所示。这是一种埋设在地下的立式圆筒形发酵池，池盖和池底是具有一定曲率半径的壳体，由发酵间、贮气间、进料口、出料口、水压间、导气管等组成。其相关设计如下：

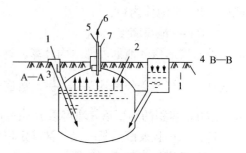

图 5-2-4　水压式发酵装置

1—加料管；2—发酵间；3—池内液面 A—A；
4—出料液面 B—B；5—导气管；
6—沼气输气管；7—控制阀

1. 设计参数

设计水压式沼气池时，需掌握的主要参数如下：① 气压：约为7480Pa（即80cm水柱）；② 池容产气率：池容产气率是指每立方米发酵池容积一昼夜的产气量，单位为 m^3沼气/（m^3池容·d），我国通用的池容产气率包括 $0.15m^3$、$0.2m^3$、$0.25m^3$ 和 $0.3m^3$ 几种。③ 贮气量：贮气量系指气箱内的最大沼气贮存量。农村家用水压式沼气池的最大贮气量以 12h 产气量为宜，其值与有效水压间的容积相等。④ 池容：池容系指发酵间的容积。农村家用水压式沼气池的池容积有 $4m^3$、$6m^3$、$8m^3$、$10m^3$ 几种。⑤ 投料率：投料率是指最大限度投入的料液所占发酵间容积的百分比，一般在85%~95%之间为宜。

2. 发酵间的设计

水压式沼气池发酵间的设计可按下列步骤进行：

（1）确定池容

$$池容 = \frac{用气水平 \times 家庭人口数}{预计池容产气率}$$

（2）确定贮气量

$$贮气量 = 池容产气率 \times 池容 \times \frac{1}{2}$$

（3）计算筒形发酵间容积：圆筒形发酵间由池盖（V_1）、池身（V_2）、池底（V_3）组成，三个部分的计算公式如下：

$$V_1 = \frac{\pi}{6}f_1(3R^2 + f_1^2) = \pi f_1^2\left(r_1 - \frac{f_1}{3}\right) \tag{5-2-1}$$

$$V_2 = \frac{\pi}{6}f_2(3R^2 + f_2^2) = \pi f_2^2\left(r_2 - \frac{f_2}{3}\right) \tag{5-2-2}$$

$$V_3 = \pi R^2 H \tag{5-2-3}$$

式中　V_1、V_2、V_3——池盖容积、池底容积、池身容积；

f_1、f_2——池盖矢高、池底矢高；

r_1——池盖曲率半径，与其他尺寸的关系式为：

$$r_1 = \frac{1}{2f_1}(R^2 + f_1^2) \tag{5-2-4}$$

r_2——池底曲率半径，与其他尺寸的关系式为：

$$r_1 = \frac{1}{2f_2}(R^2 + f_2^2) \tag{5-2-5}$$

式中 R——池体内径；

　　H——池身高度。

综合圆形沼气池的内部结构计算、材料用量计算和施工、管理、使用技术等各种因素，一般认为，当池盖矢跨比 $\dfrac{f_1}{D}=\dfrac{1}{5}$ ，池底矢跨比 $\dfrac{f_2}{D}=\dfrac{1}{8}$ 和池高 $H=\dfrac{D}{2.5}$ （对于 $4m^3$、$6m^3$、$8m^3$、$10m^3$ 容积的小型沼气池可取 $H=1m$）时，沼气池尺寸比较合理。

这样，一旦发酵间某一尺寸被确定以后即可算出其他部分的尺寸。

（4）确定进出料安装位置

水压式沼气池进出料管的水平位置，一般都确定在发酵间直径的两端。进出料管的垂直位置一般都确定在发酵间的最低设计液面高处。该位置的计算方法如下：

①计算死气箱拱的矢高 $f_{死}$：即池盖拱顶点到发酵间的最高液面。其中，死气箱拱的矢高 $f_{死}$ 可按下计算：

$$f_{死} = h_1 + h_2 + h_3 \tag{5-2-6}$$

式中 h_1——池盖拱到活动盖下缘平面的距离，对于 65cm 直径的活动盖，$h_1 = 10\sim15cm$；

　　h_2——导气管下露出长度，一般取 $3\sim5cm$；

　　h_3——导气管下口到液面的距离，一般取 $20\sim30cm$。

②计算死气箱容积 $V_{死}$

$$V_{死} = \pi f_{死}^2 \left(r_1 - \frac{f_{死}}{3} \right) \tag{5-2-7}$$

式中 $V_{死}$、$f_{死}$、r_1——死气箱容积、死气箱矢高、池高曲率半径。

③求投料率

根据死气箱容积，可计算出沼气池投料率，其式为：

$$投料率 = \frac{V - V_{死}}{V} \times 100\% \tag{5-2-8}$$

式中 V、$V_{死}$——沼气池容积和死气箱容积。

④计算最大贮气量 $V_{贮}$

$$V_{贮} = 池容 \times 产气率 \times \frac{1}{2} \tag{5-2-9}$$

⑤计算气箱总容积 $V_{气}$

$$V_{气} = V_{死} + V_{贮} \tag{5-2-10}$$

⑥计算池盖容积 V_1

$$V_1 = \frac{\pi f_1}{6}(3R^2 + f_1^2) \tag{5-2-11}$$

⑦计算发酵间最低液面位 $h_{筒}$

先算出气箱在圆筒形池身部分的容积 $V_{筒}$：

$$V_{筒} = V_{气} - V_1 \tag{5-2-12}$$

由于 $V_{筒} = \pi R^2 h_{筒}$，因此，

$$h_{筒} = \frac{V_{筒}}{\pi R^2} \tag{5-2-13}$$

式中 $h_{筒}$——圆筒形池身内气箱部分的高度；

　　R——圆筒形池身半径。

液位在池盖与池身交接平面以下的位置上，这个位置也就是进出料管的安装位置。

3. 水压间的设计

水压间的设计包括确定以下三个尺寸：

（1）水压间的底面标高　此标高应确定在发酵间初始工作状态时的液面位置水平。

（2）水压间的高度 ΔH　此高度应等于发酵间最大液位下降值 H_1 与水压间液面最大上升值 H_2 之和，即 $\Delta H = H_1 + H_2$。

（3）水压间容积　此容积等于池内最大贮气量。

4. 工作原理

未产气时，进料管、发酵间、水压间的料液在同一水平面上。产气时，经微生物发酵分解而产生的沼气上升到贮气间，由于贮气间密封不漏气，沼气不断积聚，便产生压力。当沼气压力超过大气压力时，便把沼气池内的料液压出，进料管和水压间内水位上升，发酵间水压下降，产生了水位差，由于水压气而使贮气间内的沼气保持一定的压力。用气时，沼气从导气管输出，水压间的水流回发酵间，即水压间水位下降，发酵间水位上升。依靠水压间水位的自动升降，使贮气间的沼气压力能自动调节，保持燃烧设备火力的稳定。产气太少时，如果发酵间产生的沼气跟不上用气需要，则发酵间水位将逐渐与水压间水位相平，最后压差消失，沼气停止输出。如图 5-2-5 所示。

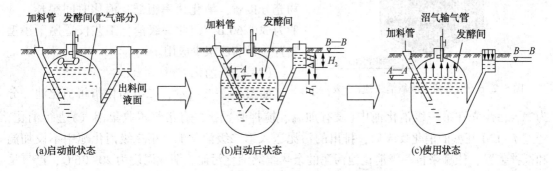

图 5-2-5　水压式沼气池工作原理

五、污泥稳定

1. 概述

污泥中的有机物在无氧条件下，被细菌降解为以甲烷为主的气体和稳定的污泥(称消化污泥)。但也有采用需氧生物处理以降解和稳定污泥中的有机物的，称好氧消化，常用于处理剩余活性污泥，曝气时间随温度而异，20°C 时约需 10 天，10°C 时约需 15 天，好氧消化的余泥不易浓缩。

污泥消化处理可分好氧消化和厌氧消化两类，其目的是为了稳定初沉池污泥、剩余活性污泥和腐殖污泥，以利于污泥后续处理。污泥好氧消化是在延时曝气活性污泥法的基础上发展起来的。具有稳定性强和灭菌投资少、运行管理方便、最终产物无臭及上清液 BOD 低等优点，但能耗大、运行费用较高。适用于中、小型污水处理厂(站)的污泥处理。污泥厌氧消化是对有机污泥进行稳定处理的最常用的方法，可以处理有机物含量较高的污泥。有机物被厌氧分解，随着污泥的稳定化，产生大量的高热值的沼气作为能源利用，使污泥资源化。适用于大型污水处理厂(站)的污泥处理方法。

厌氧消化池主要应用于处理城市污水处理厂的污泥，也可应用于处理固体含量很高的有机废水；主要作用是：（1）将污泥中的一部分有机物转化为沼气；（2）将污泥中的一部分有机物转化成为稳定性良好的腐殖质；（3）提高污泥的脱水性能；（4）使得污泥的体积减小二分之一以上；（5）使污泥中的致病微生物得到一定程度的灭活，有利于污泥的进一步处理和利用。

厌氧消化工艺种类很多。厌氧消化可分为人工消化法与自然消化法。在人工消化法中，根据池盖构造的不同，又分为定容式（固定盖）消化池和动容式（浮动盖）消化池。按容量大小可分为小型消化池（1500～2500m³）、中型消化池（2500～5000m³）、大型消化池（5000～10000m³）。按消化温度的不同又可分为低温消化（低于20℃）、中温消化（30～36℃）和高温消化（45～55℃）三种形式。按消化池的效率不同可分为常规消化和高效消化，按运行方式可分为一级消化、二级消化。

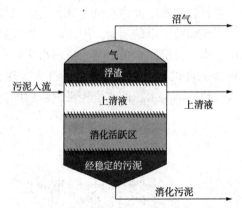

图 5-2-6 低负荷率厌氧消化池（一级）

（1）一级消化

一级消化指在一个消化装置内完成消化全过程，这种消化池内一般不设搅拌设备，因而池内污泥有分层现象，仅一部分池容积起到对有机物的分解作用，池底部容积主要用于储存和浓缩熟污泥，如图 5-2-6 所示。由于微生物不能与有机物充分接触，消化速率很低，消化时间很长，一般为 30～60 d。因此一级消化工艺仅适用于小型装置，目前已很少应用。

（2）二级消化

如图 5-2-7 所示，二级消化指将消化池一分为二，污泥先在第一级消化池中（设有加温、搅拌装置，并有集气罩收集沼气）进行消化，经过 7～12d 旺盛的消化反应后，排出的污泥送入第二级消化池。第二级消化池中不设加温和搅拌装置，依靠来自一级消化池污泥的余热继续消化污泥，消化温度为 20～26℃，产气量约占总产气量的 20%，可收集或不收集，由于不搅拌，第二级消化池兼有浓缩功能。

二级消化是对一级消化的改善，由于中温消化的前 8d 里产生的沼气量约占总产气量的 80%，在一级消化中，污泥中温消化有机物的分解程度为 45%～55%，消化污泥排入干化厂后将继续分解，产生的污泥气体逸入大气，既污染环境又损失热量，而二级消化则可以很好地解决此类问题。因此采用二级消化是比较合理的。

图 5-2-8 所示为两相厌氧消化，通过控制运行条件将产酸菌和产甲烷菌进行分离，使其在不同的体系内各自发挥最佳代谢性能，从而提高系统的运行性能。

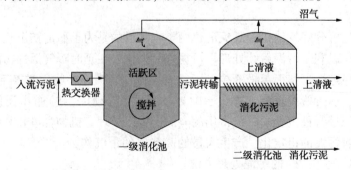

图 5-2-7 两级高负荷率厌氧消化系统

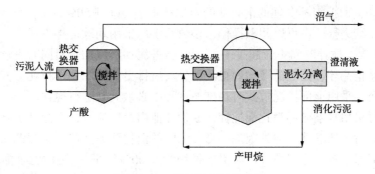

图 5-2-8　两相厌氧消化系统

2. 影响污泥消化的主要因素

（1）温度

水解菌与发酵菌对温度的适应性很强，在温度范围 10~60℃ 的低温、中温和高温环境中都可以生存，但是在水解发酵过程中，颗粒性有机质的溶解和中间产物（有机酸）的进一步生成在较高温度下有利于发生。相对于发酵产酸菌，产甲烷菌对温度波动较为敏感，根据对温度的适应性，可分为中温产甲烷菌（30~36℃）与高温产甲烷菌（50~53℃），不管是中温厌氧消化，还是高温厌氧消化，允许的温度波动范围仅在 ±（1.5~2）℃。当温度波动超过 ±3℃时，厌氧消化速度就会受到抑制；当温度波动范围超过 ±5℃ 时，产甲烷过程就会突然停止，而有机酸则会大量积累。

（2）pH 值

不同种群的微生物对 pH 值有一定的适应范围，水解与发酵细菌、产氢与产乙酸菌适应的 pH 值范围为 5.0~6.5，而产甲烷菌对 pH 值的适应范围较窄为 6.6~7.5。在整个厌氧消化过程中，如果前两个阶段的速率超过产甲烷速率，则会导致 pH 值降低，影响产甲烷菌的最佳生存条件。消化液体具有一定的缓冲作用，主要是有机物在分解过程中碳酸类物质和氨类物质。

（3）碳氮比

厌氧过程中要考虑合成菌体所需的碳、氮、磷及其他微量元素。C/N 比达到（10~20）：1 比较合适。如果 C/N 比过高，系统中氮含量不足，导致消化液的缓冲能力过低，pH 值容易降低。若氮的浓度超过 4000~6000mg/L，会导致系统内铵盐的过度积累，使得系统的 pH 值上升到 8.0 以上，使得厌氧消化过程被抑制。

（4）固体停留时间

污泥在反应器中的停留时间是厌氧消化中常用参数，直接影响厌氧消化效果的好坏。在厌氧消化过程中由于产甲烷菌对环境条件十分敏感且增殖缓慢。因此，要获得足够数量的产甲烷菌就需要保持较长的停留时间，可通过控制停留时间，使得厌氧消化过程处理在发酵产酸阶段或产甲烷阶段。较长的停留时间有利于污泥的水解酸化，过长的停留时间有利于产甲烷过程。

（5）污泥粒径

粒径是影响污泥水解酸化的因素之一，粒径越大，单位质量有机物的比表面积越小，水解速率也越小。

3. 污泥消化池的搅拌

混合搅拌是提高污泥厌氧消化效率的关键条件之一，没有搅拌的厌氧消化池，池内料液必然存在分层现象。透过搅拌可消除分层，增加污泥与微生物的接触，使进泥与池中原有料液迅速混匀，并促进沼气与消化液的分离，同时防止浮渣层结壳。搅拌良好的消化池容积利用率可达到 70%，而搅拌不合理的消化池的容积利用率会降到 50%以下。

搅拌可以连续进行，也可以间歇操作，多数污水厂采用间歇搅拌方式。一般情况下，每隔 2~4h 搅拌 1 次，搅拌时间不应超过 1h。通常在进泥和蒸汽加热时同时进行搅拌，而在排放消化液时应停止搅拌、使上清液经静止沉淀分离后排出。采用底部排泥方式时排泥过程中可停止搅拌，而在采用上部排泥方式时在排泥过程中必须同时进行搅拌。

池外搅拌可采用水泵循环消化液搅拌，通常在池内设射流器，由池外水泵压送的循环消化液经射流器喷射，从喉管真空处吸进一部分池中的消化液或熟污泥，污泥和消化液一起进入消化池的中部形成较强烈的搅拌，所需能耗约为 $0.005kW/m^3$，用污泥泵抽取消化污泥进行搅拌可以结合污泥的加热一起进行。

还可以直接采用沼气搅拌如图 5-2-9 所示，有气体升液式、气体扩散式，利用池底配管压入气体方法。

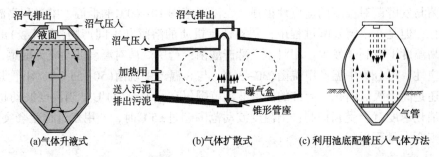

图 5-2-9 消化池的沼气搅拌

4. 消化池的构造

污泥消化池的形式有多种，按径高比可分为三类：高型、中型和低型。径高比 1 : (0.4~1)、顶盖和底板坡度比较平缓为 10°~20°，属于低型池。其中顶盖多是浮动盖，低型池最适合于沼气搅拌，最适径高比为 1 : 0.4。中型池的径高比是 1 : (1~1.4)，龟甲型等属于此类，消化池上、下圆锥角度比较陡为 45°~55°，上、下锥角度可以是一样的，也可以不一样。国内的消化池都属于此型，径高比大都在 1 : (1~1.1)之间。高型池的径高比为 1 : (1.4~2.0)，卵形、梨形、高矩形属于此类型。卵形消化池比较细高，有利于底部沉淀物的排除和浮渣的消除。该类型消化池的结构和施工都很复杂，造价昂贵，但其有许多优点：(1) 污泥循环搅拌效果好，容积利用率高。(2) 底部没有污泥和沉砂堆积。(3) 不易形成浮渣层，形成的浮渣容易打碎。(4) 单位体积的表面积小，热损失少。(5) 与其他池型相比，用于搅拌的能量消耗最少。实际中应用的消化池的直径为 6~38m，池高为 6~45m，单池容积为 300~14200m³。

通常污泥加热装置有：(1) 加热盘管，如污泥中的热水盘管和水浴中的污泥盘管。(2) 池外各种换热器，如套管式、板式和螺旋式换热器等。(3) 蒸汽直接加热。

消化池还需要有污泥投配、排泥及溢流装置、收集与贮气设备、搅拌设备、监测防护装置。

5. 消化池的设计计算

首先选择消化的池型，然后确定池的数目和单池容积，再根据池型选择各部分的尺寸，圆柱形消化池与卵形消化池的基本结构尺寸如图 5-2-10 所示，然后再进行工艺计算、加热保温系统设计和搅拌设备设计。

消化池有效容积按每天处理污泥量及污泥投配率进行计算：

$$V = \frac{V'}{p} \times 100 \qquad (5-2-14)$$

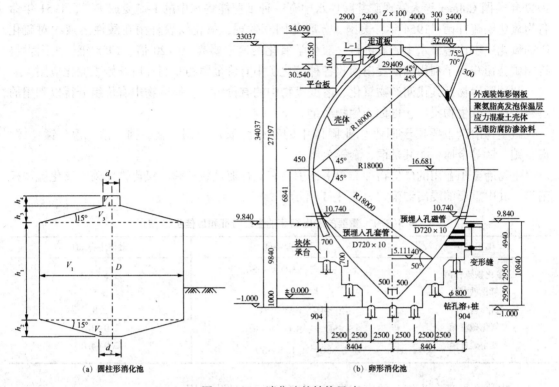

(a) 圆柱形消化池　　　　　(b) 卵形消化池

图 5-2-10　消化池的结构尺寸

消化池座数：
$$n = \frac{V}{V_0} \tag{5-2-15}$$

消化池有效容积按有机负荷(N_s)计算：$V = \dfrac{G_s}{N_s}$ (5-2-16)

式中　p——污泥投配率，城市污水厂高负荷率消化池，当消化温度为 30~35℃ 时，p 可取 6%~18%；

　　　G_s——每日要处理的污泥干固体量，kgVSS/d；

　　　N_s——单位容积消化池污泥(VSS)负荷率，kgVSS/(m^3/d)。

消化池必须附设各种管道：污泥管、上清液排放管、溢流管、沼气管和取样管。

6. 沼气(消化气)的收集和利用

污泥和高浓度有机废水的厌氧消化均会产生大量沼气。

在设计消化池时必须同时考虑相应的沼气收集、储存和安全等配套设施，以及利用沼气加热入流污泥和池液的设备。

第三节　固体废物的其他生物处理技术

一、微生物浸出

微生物浸出早期应用于贫矿、尾矿废渣 U、Zn、Mn、As、Ni、Co、Mo 等的处理中。1887 年有报道有些细菌能够把硫单质转化成硫酸。1922 年有人成功地利用细菌氧化浸出 ZnS。

1947 年美国 Colmer 等人发现矿井酸性水中有一种细菌能将水中的 Fe^{2+} 变成 Fe^{3+}，1951 年命名为氧化铁硫杆菌。1954 年，美国、苏联等国家发现，氧化铁硫杆菌在酸性溶液中对硫化矿的氧化速率比溶于水中的氧进行一般化学氧化的速率要高 10~20 倍。1958 年，美国肯科特铜矿公司获得了利用细菌浸出回收各种硫化矿中有价金属的专利，后开始工业化应用。

利用微生物及其代谢产物氧化、溶浸废物中的有价组分，使废物中有价组分得以利用的过程，称为微生物浸出，也称为生物冶金。

微生物冶金主要用于回收矿业固体中的有价金属，如铜、金、铀、钴、镍、锰、锌、银、铂、钛等金属，尤其是铜、金等金属。

生物冶金工业用的微生物种类很多，主要有氧化亚铁硫杆菌、氧化铁杆菌、氧化硫铁杆菌等，其中重要的浸出细菌如表 5-3-1 所示。

表 5-3-1　重要的浸出细菌的生理特征和最佳生存 pH

细菌名称	主要生理特征	最佳生存 pH
氧化铁硫杆菌	$Fe^{2+} \rightarrow Fe^{3+}$，$S_2O_3^{2-} \rightarrow SO_4^{2-}$	2.5~5.3
氧化铁杆菌	$Fe^{2+} \rightarrow Fe^{3+}$	3.5
氧化硫铁杆菌	$S \rightarrow SO_4^{2-}$，$Fe^{2+} \rightarrow Fe^{3+}$	2.8
氧化硫杆菌	$S \rightarrow SO_4^{2-}$，$S_2O_3^{2-} \rightarrow SO_4^{2-}$	2.0~3.5
聚生硫杆菌	$S \rightarrow SO_4^{2-}$，$H_2S \rightarrow SO_4^{2-}$	2.0~4.0

生物冶金机理分为细菌的直接作用和细菌的间接催化作用：

(1) 细菌的直接作用认为附着于矿物表面的细菌能直接催化矿物而使矿物氧化分解，并从中直接得到能源和其他矿物营养元素满足自身生长需要。如细菌浸铜：

$$2FeS_2 + 7O_2 + 2H_2O \longrightarrow 2FeSO_4 + 2H_2SO_4$$

$$2CuFeS_2 + H_2SO_4 + 4O_2 \longrightarrow 2CuSO_4 + Fe_2(SO_4)_3 + H_2O$$

$$Cu_2S + H_2SO_4 + \frac{5}{2}O_2 \longrightarrow 2CuSO_4 + H_2O$$

(2) 细菌的间接作用　认为是依靠细菌的代谢产物——硫酸铁的氧化作用，细菌间接地从矿物中获得生长所需的能源和基质。

$$2FeS_2 + 7O_2 + 2H_2O \longrightarrow 2FeSO_4 + 2H_2SO_4$$

$$4FeSO_4 + 2H_2SO_4 + O_2 \longrightarrow 2Fe_2(SO_4)_3 + 2H_2O$$

$$FeS_2 + Fe_2(SO_4)_3 \longrightarrow 3FeSO_4 + 2S$$

$$2S + 3O_2 + 2H_2O \longrightarrow 2H_2SO_4$$

$$4FeSO_4 + 2H_2SO_4 + O_2 \longrightarrow 2Fe_2(SO_4)_3 + 2H_2O$$

微生物浸出工艺包括漕浸、堆浸和原位浸出：

(1) 槽浸　一般适用于高品位、贵金属的浸出，将细菌酸性硫酸高铁浸出剂与废物在反应槽中混合，机械搅拌通气或气升搅拌，然后从浸出液中回收金属。

(2) 堆浸　在倾斜的地面上，用水泥、沥青等砌成不渗漏的基础盘床，把含量低的矿业固体废物堆积在其上，从上部不断喷洒细菌酸性硫酸高铁浸出剂，然后从流出的浸出液中回收金属。

(3) 原位浸出　利用自然或人工形成的矿区地面裂缝，将细菌酸性硫酸高铁浸出剂注入矿床中，然后从矿床中抽出浸出液回收金属。

三种方法都要注重温度、酸度、通气和营养物质对菌种的影响，促使细菌能最佳的发挥浸矿作用。

二、固体废物的糖化

利用生物酶的催化作用，催化水解含纤维素的固体废物，回收精制转化产品的工艺已受到国内外的重视。工农业生产中产生大量含纤维素的固体废物，城市垃圾中也有比例较高的含纤维素物质，如果能将这些物质单独回收，可采用新技术从中回收饲料葡萄糖、精制葡萄糖，乃至单细胞蛋白与酒精等产品。

1. 固体废物制取葡萄糖

图 5-3-1 所示为含纤维废物的糖化处理工艺。所用的生物酶是通过培养绿色木酶突变体液中提取的酶液，与含纤维素废物的母液混合，在 pH 值为 4.8、温度 50℃ 条件下反应，生成稀葡萄糖液。过滤出的葡萄糖进一步加工、精制，获得各种不同产品。图 5-3-2 是利用废纤维素酶降解制取葡萄糖的工艺流程。

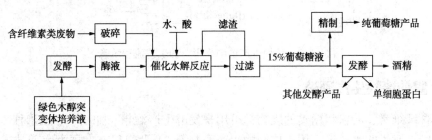

图 5-3-1　含量纤维废物的糖化处理工艺

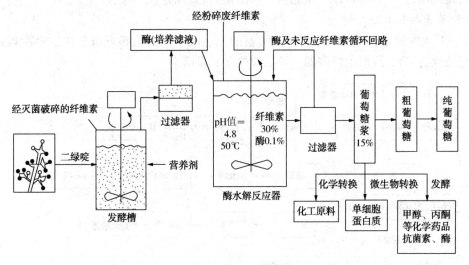

图 5-3-2　废纤维素酶解制取葡萄糖的工艺流程示意图

2. 固体废物生产单细胞蛋白

通过培养单细胞生物而获得的生物体蛋白质。又称微生物蛋白。包括细菌、放线菌中的非病源菌、酵母菌、霉菌和微型藻类等。可利用各种废物中无害无毒基质如碳水化合物、碳氢化合物、石油副产品等，在适宜的培养条件下生产微生物蛋白。这些微生物蛋白不仅蛋白质含量高于传统的蛋白质品，而且氨基酸成分齐全，配比适当，富含人畜生长代谢需要的 8

种氨基酸组分和多种维生素，是理想的食品和动物饲料来源。图 5-3-3 是蔗糖生产单细胞蛋白的工艺流程。

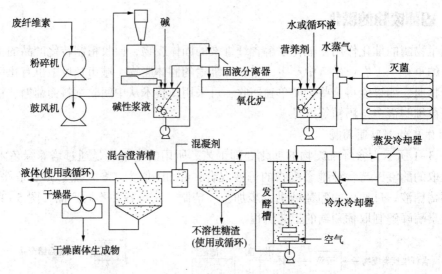

图 5-3-3　蔗糖生产单细胞蛋白的工艺流程示意图

三、固体废物生产酒精

许多含纤维素、淀粉和糖类的废物都可用来发酵生产酒精。如稻草、玉米秆、麦秆、玉米芯以及废弃腐烂的水果等。用固体废物生产酒精是 21 世纪很有发展潜力的技术。纯酒精或汽油和酒精的混合物都可作一次燃料，以酒精为燃料的汽车早已开发。

1. 糖质废物的酒精发酵

图 5-3-4 所示是以糖蜜为原料生产酒精的工艺流程图。酒精发酵分为三个阶段：第一阶段为发酵期；第二阶段主发酵期；第三阶段是后发酵期。

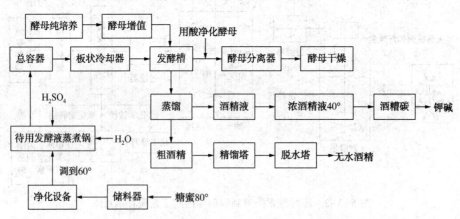

图 5-3-4　以糖蜜为原料生产酒精的工艺流程图

2. 废纤维素水解制取酒精

木质纤维素水解制取葡萄糖，然后将葡萄糖发酵生成酒精的技术在 19 世纪已提出，并得到一定应用。二次大战后，随着中东石油的大量开发，这类工厂基本上都被关闭。20 世纪 70 年代发生石油危机后，该技术又重新得到发展。

从葡萄糖转化为乙醇的生化过程很简单，反应条件也很温和，所采用的发酵工艺主要为连续发酵工艺，因连续发酵具有生产率高、微生物生长环境恒定、转化率高等特点。所用的连续发酵装置主要有连续搅拌器、充填床、流化床和中空纤维发酵器等。

3. 淀粉质原料的酒精发酵

淀粉首先通过酸法或酶法进行水解。酸法是用无机酸调节淀粉液为 pH 值 = 1.5~2，在 205.8kPa(2.1kgf/cm^2) 压力下水解 20~30min，后调至 pH 值 = 4~5 待用。酶法是淀粉高压蒸煮后，制成蒸煮醪，再添加一定量糖化曲(深层发酵法产生)，在 pH 值 = 4.5、50℃ 条件下反应 60h。

四、蚯蚓处理垃圾

从 20 世纪 70 年代开始就展开了用蚯蚓处理垃圾的研究，蚯蚓处理城市生活垃圾与垃圾资源产业化的绿色环保路线应运而生。主要利用蚯蚓的生命活动来处理易腐有机废物，已受到世界各国的极大关注，各国对蚯蚓的研究和利用已在更大范围内进行，并发展成为一种新型的产业。如日本 1978 年建成占地 1.65 万 m^2 的蚯蚓养殖场，每月可处理有机废物 3000 余吨，而且 1983 年还研究发现从蚯蚓中可获得具有抗血栓活性的蚓激酶，从而引发了蚯蚓生理生化研究的新突破。

蚯蚓和微生物共同处理废物的过程，构成了以蚯蚓为主导的蚯蚓-微生物处理系统。一方面，蚯蚓直接吞食废物，经消化后形成蚓粪颗粒，蚓粪颗粒是微生物生长的理想基质；另一方面，经微生物分解的有机物是蚯蚓的优质食物。两者相互依存，促进有机废物分解。城市生活垃圾的特点是有机物的含量相当高，最高可超过 80%，最低为 30% 左右，当有机物的含量低于 40% 时，就会影响蚯蚓的正常生存和繁殖。

蚯蚓对垃圾中的有机物质有选择作用；蚯蚓通过沙囊和消化道，研磨和破碎有机物；垃圾中的有机物经消化道作用后，以颗粒状排出，利于与其他物质分离；蚯蚓的活动可改善垃圾中的水气循环；蚯蚓自身通过同化和代谢作用使有机物降解，并释放出 N、P、K 等营养元素；可对垃圾处理过程及其产品进行毒理监察。

同时蚯蚓处理生活垃圾具有一定局限性，常选用喜好有机物和耐受高温的品种，以获得好的处理效果。温度一般不宜超过 30℃，否则蚯蚓不能生存。另外还需要较为潮湿的环境，理想的温度范围为 60%~70%。

蚯蚓处理生活垃圾工艺流程如图 5-3-5 所示。

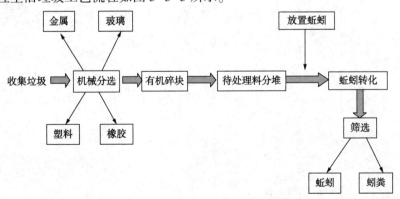

图 5-3-5　蚯蚓处理生活垃圾工艺流程

习题与思考题

1. 简述固体废物堆肥化的定义，分析固体废物堆肥化的意义和作用？

2. 分析好氧堆肥的基本原理，好氧堆肥化的微生物生化过程是什么？

3. 简述好氧堆肥的基本工艺过程，影响堆肥效果的主要因素有哪些？

4. 如何评价堆肥的腐熟度？

5. 厌氧发酵三阶段理论是什么？

6. 影响厌氧发酵主要因素有哪些？

7. 厌氧发酵装置有哪些类型？

8. 简述蚯蚓处理生活垃圾的工艺流程，分析蚯蚓处理固体废物的优点及局限性。

9. 利用一种成分为 $C_{31}H_{50}NO_{26}$ 的物料进行实验室规模的好氧堆肥实验，实验结果为每1000kg 堆料在完成堆肥化后剩下 198kg，测定产品成分为 $C_{11}H_{14}NO_4$，试求 1000kg 物料的化学计算理论需氧量。

10. 废物混合最适宜的 C/N 比计算：树叶的 C/N 比为 50，与来自污水处理厂的活性污泥混合，活性污泥的 C/N 比为 6.3，计算各组分的比例使混合物 C/N 比达到 25。假定条件如下：污泥含水率为 76%，树叶含水率为 52%，污泥含氮量为 5.6%，树叶含氮量为 0.7%。

第六章 固体废物的热处理

随着我国经济的发展，对能源的需求也不断增加。固体废物的热处理方法，包括高温下的焚烧、热解(裂解)、焙烧、烧成、热分解、煅烧、烧结等，其中煅烧和烧结比较简单。目前，一些大中型垃圾焚烧发电厂的数量也呈现增长趋势，随之而来的是大量的飞灰处理问题，飞灰中的重金属及二噁英等有害物质的污染严重。热解、气化技术是焚烧的替代技术，二次污染相对少。

第一节 焚烧处理

一、概述

固体废物焚烧技术，即通过在高温下进行焚烧，使废物中所含的有害物质进行高温氧化或杀灭危险废物(如医疗废物、染病的动物尸体等)中所含的病原菌等以实现无害化，通过燃烧减少废物所占的体积等从而实现减量化，以及利用燃烧所产生的热量发电以及回收燃烧后废渣中稀有金属等实现资源化。由于固体废物松散、堆积密度小，且加热到一定程度时会因熔融和烧结过程而转化为熔渣甚至部分固体废物具有一定的毒害性，这就决定了焚烧法是固体废物进行减量化、无害化和资源化的最好方式。

从19世纪80年代到20世纪初，英国诺丁汉与德国汉堡先后建成了世界上最早的生活垃圾处理厂，此后美国、法国等国家先后建成了一批用于处理生活垃圾的焚烧设施。这些设施主要是以一些简易的焚化炉来对城市垃圾进行直接焚化，并没有任何分类回收措施、烟气净化设施而且焚化炉需要间歇运转、人工加料、人工排渣，焚烧处理产生的烟气、废渣等对环境污染较大并且作用主要是减少垃圾体积以及减少传染病的传播。随着科学技术的不断发展进步，出现了机械化操作与连续垃圾焚烧炉。20世纪60年代初，世界发达国家的固体废物焚烧技术初具现代化，出现了连续工作并配备有较高效率的烟气处理技术的大型机械化设施。随着人们环保意识的不断提高，自20世纪90年代以来，各国对固体废物焚烧中所产生的烟气的无害化处理系统研究投资力度的不断加大，在烟气的无害化处理方面，从原来的简单除尘处理的基础上逐渐发展了湿式洗涤、半湿式洗涤、吸附、袋式过滤与脱硫、脱硝处理技术，以去除烟气中所含的颗粒性污染物以及气态污染物(如 HCl、HF、SO_2、NO_x 等)。目前的烟气处理工艺已经较为成熟，如静电除尘——半干式洗涤——袋式过滤——催化脱硝、静电除尘——湿洗涤——袋式过滤——催化脱硝——活性炭喷雾吸附等烟气处理工艺。垃圾处理技术主要以炉排炉、回转炉、流化床焚烧炉等为代表。

随着社会的发展、科学技术的进步以及公众环境意识的不断提高，固体废物处理技术在技术层面上将会对焚烧前的分类与预处理方面继续进行精细化，在焚烧控制技术将继续向智能化、能源利用高效化发展以及燃烧产品可持续化方面进行发展，在烟气处理上将会继续进行无害化，回收副产品无害化以及副产品循环利用方面进行发展。在社会层面，正向集焚烧、发电、供热、环境美化等作用为一体的自动化的综合系统进行发展。

二、焚烧的原理

1. 原理与特性

通常把反应过程中具有强烈地放热效应、有基态和电子激发态的自由基产生并伴随有光和辐射的化学反应现象称为燃烧。燃烧必须具备可燃物质、助燃物质和引燃火源并在着火条件下才会发生。常见的燃烧方式有化学自然燃烧、热燃烧和强迫点燃燃烧三种，对于一般的生活垃圾和危险废物的焚烧处理采用强迫点燃燃烧的方式。焚烧炉启动时用电火花、火焰、炽热物体或高温气流等引燃炉内较易燃的物质。在正常焚烧的过程中靠炉内高温以及炉内火焰自行传播就可维持正常燃烧过程。

可燃物质的焚烧，特别城市生活垃圾的焚烧过程，是一系列物理和化学变化过程。通常将焚烧过程划分为可燃物的干燥、热分解和燃烧以及燃尽四个阶段。焚烧的过程实际上是可燃物的干燥脱水、可燃物的受热分解以及氧化还原等四个阶段的综合过程。

（1）干燥

干燥是利用热能将物料中的水分或者溶剂汽化并由气流带走所生成蒸汽的过程。按照固体废物在干燥过程中的热传导方式，将干燥分为热传导干燥、热对流干燥以及热辐射干燥三种方式。在固体废物的干燥阶段，固体废物中所含的水分会吸收大量的热量，而后以蒸汽的形态逸散。因此固体废物的含水率的高低决定了其干燥阶段的长短，也在很大程度上影响了废物的焚烧。对于含水率较高的废物，为保证焚烧过程的正常进行，常向其中加入辅助燃料，如污泥、废水等。为了蒸发、干燥、脱水以及焚烧等过程的正常进行，常向其中加入引燃剂、催化剂等。

（2）热分解

热分解是指废物中的有机可燃物质在高温下进行化学分解和聚合反应的过程，在此过程中既可能有吸热反应又可能有放热反应。对于高分子废物来说，热分解是指高分子废料在隔绝空气或还原气氛中、高温裂解成低分子气体、燃料油和焦炭的过程，适用于混有聚乙烯、聚丙烯、聚苯乙烯等塑料。热分解的转化率取决于热分解的热力学特性与其动力学行为。通常可燃物质所处的环境温度越高，热分解反应就进行的越彻底且分解速率越快。

（3）燃烧

燃烧是可燃物质快速分解和高温氧化的过程。在燃烧过程中，燃料、氧气和燃烧产物三者之间进行着动量、热量和质量传递，形成火焰这种有多组分浓度梯度和不等温两相流动的复杂结构。经过干燥与分解过程后，在焚烧炉的空气与高温的相互作用之下进入焚烧阶段。

对于一般的可燃固体废物，根据其中所含的在焚烧过程中主要发生反应的主要元素（C、H、O、N、S、Cl）的比例可写为通式：$C_xH_yO_zN_uS_vCl_w$。

则完全燃烧反应或理论燃烧反应可以用如下反应式表示：

$$C_xH_yO_zN_uS_vCl_w+\left(x+v+\frac{y}{4}-\frac{w}{4}-\frac{z}{2}\right)O_2 \longrightarrow wCO_2+wHCl+\frac{1}{2}uN_2+vCO_2+\frac{y-w}{2}H_2O$$

经过焚烧处理，固体废物可燃成分中的碳、氢、氧、氮、硫、氯等元素分别转化为碳氧化合物、氮氧化合物、硫氧化合物、氯化物以及水等物质组成的烟气，而不可燃部分以及燃烧后的灰分转化成为炉渣。

焚烧过程中所产生的烟气和废渣是废物焚烧处理过程中的主要污染形式，焚烧烟气由颗粒污染物和气态污染物组成。颗粒污染物主要是由燃烧气体带出的颗粒物和不完全燃烧形成的灰分颗粒，包括粉尘和烟雾；粉尘是悬浮于气体介质中的微小固体颗粒与黑烟颗粒，粒径多为 $1 \sim 200 \mu m$；烟雾是指粒径为 $0.01 \sim 0.1 nm$ 的气溶胶。人体吸入的细小粉尘会深入人体肺部，引起各种肺部疾病。尤其是具有很大表面积和吸附活性的黑炭颗粒、微细颗粒等上吸附有大量苯并芘等高毒性、强致癌物质，对人体的健康有极大地危害。

废物焚烧中会产生多种气态污染物，如硫氧化物、碳氧化物、氮氧化物、卤化氢、二噁英(PCDDs)等物质。其中的硫元素主要来自废纸与厨余垃圾。氯元素主要来自废弃塑料。氮元素一部分主要来源为空气(产生热力型氮氧化物)，另一部分主要来源于厨余垃圾(产生燃料型氮氧化物)。二噁英等物质可能来源于固体废物中的废塑料和废药品中所含有的二噁英以及由废物中所含的二噁英前驱体物质在焚烧过程中生成或在特定条件下在炉外生成。

固体废物焚烧所产生的残渣量以及残渣性质取决于固体废物的种类、焚烧条件、焚烧技术以及焚烧管理水平有关。一般来说，固体废物焚烧处理的产渣率较小，如生活垃圾的焚烧产渣率为 7% ~ 15%。固体废物焚烧后的残渣的主要化学组成为钙、硅、铁、铝、镁等元素的氧化物以及重金属氧化物组成，其物理化学性质都较为稳定。

(4) 燃尽

当焚烧处于燃尽阶段时，惰性物质的浓度增加而可燃物的浓度减少，氧化剂量相比较大且所处环境温度较低，因此可能出现燃烧不完全的现象。要改善燃尽阶段的工况，一般采用翻动、拨火等方式有效减少剩余可燃物表面的灰尘，增加可燃物与空气的接触，增加通入的空气量和物料在焚烧炉内停留的时间等方式来保证充分燃烧。

2. 固体废物的焚烧特征

对于固体废物的燃烧称为焚烧，一般包括蒸发、挥发、分解、烧结熔融、氧化还原以及相应的传质传热过程。固体废物的焚烧过程是一个完全焚烧的过程，即必须在良好燃烧的基础上使可燃性废物与空气中的氧气等发生充分的反应，将固体废物转换成燃烧气体或少量性质稳定的残渣。对于固体废物的燃烧存在以下三种不同的方式。

(1) 蒸发燃烧

部分固体废物受热熔化为液体，进而经历汽化或分解等过程成为蒸气，蒸气与空气混合而燃烧。其燃烧速率由液体汽化速率、所混合空气中的含氧量、空气与气体的混合程度三者共同决定。如石蜡的燃烧就属于蒸发燃烧的范畴。

(2) 分解燃烧

部分固体废物受热分解，分解所产生的轻质烃类化合物挥发并与空气进行混合燃烧，而分解所产生的固定碳以及惰性物质与空气接触进行表面燃烧，燃烧速率取决于从燃烧区域向非燃烧区域的热传导速率。相较于轻质挥发部分的燃烧速率来说，固定碳以及惰性物质的燃烧速率较为缓慢。

(3) 表面燃烧

部分废物受热不发生熔化、蒸发以及分解等过程，而是在空气与固体表面的接触部分进行燃烧，其燃烧速率由燃料表面的扩散速率以及在燃料表面所发生的化学反应速率所控制。固体表面燃烧是一个非均相燃烧的过程，其速率远远慢于均相燃烧反应速率。木炭、焦炭等的燃烧就属于表面燃烧。

由于固体废物的化学组成十分复杂多样，因此焚烧过程是蒸发燃烧、表面燃烧以及分解燃烧三者的综合过程。尽管固体废物的物理组成复杂、化学性质多样，但是其在焚烧机理上与一般固体燃料的燃烧机理相类似。

三、固废焚烧的技术指标

1. 焚烧技术

现在针对固体废物的焚烧技术主要有三类，即层状燃烧技术、流化燃烧技术以及旋转燃烧技术三种，其基本技术内容与主要技术特点如下：

（1）层状燃烧技术

层状燃烧又称火床燃烧，由锅炉的燃烧方式演变而来，是一种最基本的焚烧技术。层状燃烧过程稳定，技术成熟且应用广泛，现阶段许多焚烧系统都采用层状燃烧技术。如固定炉排焚烧炉、水平机械焚烧炉、倾斜机械焚烧炉等。在层状燃烧过程中，固体废物在炉排上方燃烧，热量来源于固体废物上方的热辐射、炉内的气体对流以及固体废物内部的热量。炉排上方着火燃烧的固体废物在炉排以及通入焚烧炉的空气的翻搅下，固体废物燃烧层松动并不断下落，引起固体废物底部燃烧。连续的翻搅增加了物料与空气充分接触的程度。通过合理的炉型设计和配风设计能够有效地利用火焰上下方空气的机械对流作用与高温气体的热辐射，促进炉排上方废物的预热、干燥、热分解、燃烧、燃尽等过程的有效进行。

（2）流化燃烧技术

流化燃烧是指固体废物颗粒在气流的作用下快速运动，使媒介料与固体废物颗粒在整个焚烧的过程中处于流态化，并在此过程中完成预热、干燥、热分解、燃烧、燃尽等过程，采用流化燃烧技术的有流化床焚烧炉。为了使固体废物能够实现流态化，需对尺寸较大或密度较大的固体废物进行一系列的筛分、粉碎处理，使处理后的固体废物均匀化和细小化。由于流化技术的特性使得流化焚烧具有与空气接触充分，燃烧热强度高等特点。因此流化燃烧技术适合处理燃烧热值低、含水率较高的废物。

（3）旋转燃烧技术

采用旋转燃烧技术的主要设备是回转窑焚烧炉，主要由一个可旋转的倾斜钢制圆筒，筒内加装耐火里衬或由冷却水管和有孔钢板焊接而成的内筒。进行固体废物的焚烧过程中，物料由加料段加入，随着炉体的滚动，内壁耐高温抄板将固体废物从筒体的下部带到炉体的上部再由自重缓缓落下，从加料端到出料口的运动过程中进行翻滚与上下移动的同时进行预热、干燥、热分解、燃烧、燃尽等过程。

2. 焚烧指标

为了衡量回收处理的效果，用于衡量焚烧处理效果的技术指标主要有五种：

（1）减量比

即固体废物经处理后所减少的质量占所加入的固体废物质量的百分比。

$$MRC = \frac{m_b - m_a}{m_b - m_c} \times 100\% \qquad (6-1-1)$$

式中　MRC——减量比，%；

　　　m_a——焚烧残渣的质量，kg；

　　　m_b——投加固体的总质量，kg；

　　　m_c——残渣中不可燃物的质量，kg。

（2）焚烧灰渣热灼减率

在灰渣的未燃分中，除了具有腐烂性的有机质以外，还有非腐烂性的碳素，如塑料、橡胶等。焚烧灰渣灼热减率是指焚烧残渣经灼烧所减少的质量占原焚烧残渣质量的百分比：

$$Q_R = \frac{m_a - m_d}{m_a} \times 100\% \qquad (6-1-2)$$

式中　Q_R——热酌减率,%；

　　　m_a——干燥后原始残渣在室温下的质量，kg；

　　　m_d——焚烧残渣经 600℃（±25℃）3h 灼热后冷却到室温的质量，kg。

（3）焚毁去除率

对于危险固体废物，焚毁去除率是指有机物质经过焚烧后所减少的百分比。

$$DER_R = \frac{W_{in} - W_{out}}{W_{in}} \times 100\% \qquad (6-1-3)$$

式中　DRE——焚毁去除率,%；

　　　W_{in}——被焚烧物中某有机物的重量，kg；

　　　W_{out}——烟道中排放气体以及焚烧残余物中与 W_{in} 相对应的有机物质的重量之和，kg。

（4）燃烧效率

实际工作中，常用烟道排出的气体中二氧化碳浓度与二氧化碳和一氧化碳浓度之和的百分比来计算燃烧效率（CE），是评估是否可达到预期处理要求的重要指标：

$$CE = \frac{[CO_2]}{[CO] + [CO_2]} \times 100\% \qquad (6-1-4)$$

式中　CE——燃烧效率,%；

　　[CO_2]——燃烧后烟道排出气体的 CO_2 气体浓度；

　　[CO]——燃烧后烟道排出气体中 CO 浓度。

（5）烟气排放浓度限值指标

对焚烧设施所排放的大气污染物控制项目如下：

烟尘：常将颗粒物、黑度、总碳量作为控制指标；有害气体：SO_2、HCl、CO 和 NO_x；重金属元素及其化合物：Hg、Cd、Pb、Ni、Cr、As 等；有机污染物：二噁英，包括多氯代二苯并-对-二噁英（PCDDs）和多氯代二苯并呋喃（PCDFs）。

四、固废焚烧控制参数

固体废物焚烧处理过程由许多物理化学变化的过程组成，因此焚烧效果受到许多因素的影响，如焚烧炉类型、固体废物性质、物料停留时间，焚烧环境温度、供氧量、物料的混合程度等。其中停留时间、温度、湍流度和过剩空气系数既是影响固体废物焚烧效果的主要因素，也是反映焚烧炉工况的重要技术指标。

1. 固体废物的性质

在很大程度上，固体废物性质是判断是否进行焚烧处理以及焚烧处理效果好坏的决定性因素。固体废物的热值、成分组成和颗粒粒度等是影响其焚烧的主要因素。热值越高，焚烧过程越容易进行，焚烧效果也就越好。国家规定固体废物入炉最低热值标准为 4184kJ/kg，一般废物燃烧需要的热值为 3360kJ/kg。据统计，我国城市垃圾可燃成分低，平均热值约 2510kJ/kg，达不到燃烧的要求，因此焚烧过程需要添加辅助燃料，如掺煤或喷油助燃。

固体废物组分的三要素，即含水率、可燃组成和灰分，是废物焚烧炉设计的关键因素。

水分含量是指干燥废物样品时失去的质量，是一个重要的燃料特性，过高的水分会导致固体废物不能自持燃烧，需要辅助燃料。固体废物的可燃分可包括挥发分和固定碳，挥发分是指标准状态下加热废物所失去的质量分数，剩下的部分为碳渣或固定碳。挥发分含量与燃烧时的火焰有密切关系，如焦炭和无烟煤含挥发分较少，燃烧时没有火焰；相反，烟气和煤烟挥发分含量高，燃烧产生很大火焰。灰分指的是样品干物质中无法由燃烧反应转化为气态物质的残余物，如玻璃和金属等。根据固体废物三组分的定义，三组分之和在任何情况下都应为100%，其关系可以用一个三元关系图来表示。图6-1-1中斜线覆盖区近似为可燃区，可燃区界限值为水分≤50%，灰分≤60%，可燃分≥25%。边界上或边界外的区域，表示废物水分太多或灰分含量太高，焚烧需加辅助燃料。

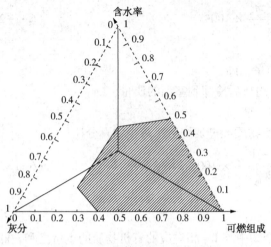

图 6-1-1　固体废物组分三要素

固体废物粒度越小，单位质量(或体积)固体废物的比表面积就越大，即物体在炉内与空气的接触面积就越大，焚烧过程中的传热以及传质效果就越好，燃烧越完全，因此在固体废物焚烧之前应进行破碎处理。

2. 焚烧温度

焚烧温度(Temperature)对焚烧处理的减量化程度和无害化程度有决定性影响。焚烧温度取决于废物的燃烧特性(如热值、燃点、含水率)以及焚烧炉结构、空气量等。由于焚烧炉的体积较大，炉内的温度分布是不均匀的，即不同部位的温度不同，这里所指的温度是生活垃圾焚烧所能达到的最高焚烧温度。一般来说，焚烧温度越高，越有利于生活垃圾的燃烧。同时，温度与停留时间是对相关因子，在较高的温度下适当缩短停留时间，也可维持较好的焚烧效果。但是，如果温度过高，会对炉体产生影响，还可能发生炉排结焦等问题。

目前一般要求生活垃圾焚烧温度在850~950°C，医疗垃圾、危险固体废物的焚烧温度达到1150°C。而对于危险废物中的某些较难氧化分解的物质，甚至需要在更高的温度和催化剂作用下进行燃烧。

3. 停留时间

停留时间(Residence time)有两方面的含义：其一是固体废物在焚烧炉内的停留时间，是指生活垃圾从进炉开始到焚烧结束炉渣从炉中排出所需的时间；其二是固体废物焚烧烟气在炉中的停留时间，是指生活垃圾产生的烟气从生活垃圾层逸出到排出焚烧炉所需的时间。固体废物停留时间取决于固体废物在焚烧过程中蒸发、热分解、氧化还原反应等反应速率的大小。烟气停留时间取决于烟气中颗粒状污染物和气态分子的分解、化学反应速率。

停留时间的长短应根据废物本身的特性、燃烧温度、燃料颗粒大小以及搅动程度而定。在其他条件不变时，固体废物和烟气的停留时间越长，焚烧反应越彻底，焚烧效果也就越好。但停留时间过长也会使焚烧炉的处理量减少，焚烧炉的建设费用加大。对于垃圾焚烧，若燃烧温度维持在850~1000°C，有良好的搅拌和混合，使垃圾的水分易于蒸发，通常要求垃圾停留时间达到1.5~2h以上，烟气停留时间大于2s。

4. 湍流度

湍流度（Turbulence）是指物料与空气及气化产物与空气的混合情况。湍流度越大，生活垃圾和空气的混合程度越好，有机可燃物能及时充分获取燃烧所需的氧气，燃烧反应越完全。湍流度受多种因素影响，当焚烧条件一定时，加大空气供给量，可提高湍流度，改善传质与传热效果，有利于焚烧。

5. 过剩空气系数

实际空气量与理论空气量之比值为过剩空气系数（Excess air）。在焚烧室中，固体废物颗粒很难与空气形成理想混合，因此为了保证垃圾燃烧完全，实际空气供给量要明显高于理论空气需要量。增大过剩空气系数，不但可以提供过量的氧气，而且可以增加炉内的湍流度，有利于焚烧。但过大的过剩空气系数，可能会导致炉温降低、烟气量增大，对焚烧过程产生副作用，给烟气的净化处理带来不利影响，最终会提高固体废物焚烧处理的成本。根据经验，在通常情况下，过剩空气系数一般为 1.3~1.9；但在某些特殊情况下，过剩空气系数可能在 2 以上才能达到较完全的焚烧效果。

6. 其他因素

影响固体废物焚烧的其他因素包括固体废物在炉中的运动方式、料层的厚度、空气预热温度、进气方式、燃烧器性能、烟气净化系统阻力等，也是在实际生产中必须严格控制的基本工艺参数。

综上所述，在固体废物的焚烧过程中，应在可能的条件下合理控制各种影响因素，使其综合效应向着有利于废物完全燃烧的方向发展。同时也应该认识到，这些影响因素不是孤立的，它们之间存在着相互依赖、相互制约的关系，某种因素产生的正效应可能会导致另种因素的负效应，应从综合效应来考虑整个燃烧过程的因素控制。

五、热量计算以及烟气分析

1. 燃烧温度

许多有毒、有害可燃污染物质，只有在高温和一定条件下才能被有效分解和破坏，因此维持足够高的焚烧温度和时间是确保焚烧减量化和无害化的基本前提。燃烧反应是由多个单反应组成的复杂化学过程。燃烧产生的热量绝大部分贮存在烟气中，因此无论对了解燃烧效率还是余热利用方面，掌握烟气的温度都十分重要。假如焚烧系统处于恒压、绝热状态，则焚烧系统所有能量都用于提高系统的温度和燃料的热焓。该系统的最终温度称为理论燃烧温度或绝热燃烧温度。实际燃烧温度可以通过能量平衡精确计算，也可以利用经验公式进行近似计算。

$$LHV = VC_{pg}(T - T_0) \tag{6-1-5}$$

式中　　LHV ——低热值，kJ/kg；

　　　　V ——燃烧产生的废气体积，m^3；

　　　　C_{pg} ——废气在 $T \sim T_0$ 的平均比热容，kJ/(kg·℃)；

　　　　T ——最终废气温度，℃；

　　　　T_0 ——大气或助燃空气温度，℃。

若把 T 当成近似的理论燃烧温度，则式(6-1-5)可变换为：

$$T = \frac{LHV}{VC_{pg}} + T_0 \tag{6-1-6}$$

若系统的总损失为 ΔH 则实际燃烧温度可以由下式计算：

$$T = \frac{LHV - \Delta H}{VC_{pg}} + T_0 \qquad (6-1-7)$$

2. 热平衡分析

焚烧过程进行着一系列能量转换和能量传递。从能量转换的观点来看，焚烧系统是一个能量转换设备，将固体废物的化学能通过燃烧过程转化成烟气的热能，烟气再通过辐射、对流、导热基本传热方式将热能分配交换给工质或排放到大气环境。其中的不可燃物(无机物)以炉渣形式从系统内排出。焚烧系统热量的输入与输出可用图 6-1-2 表示。

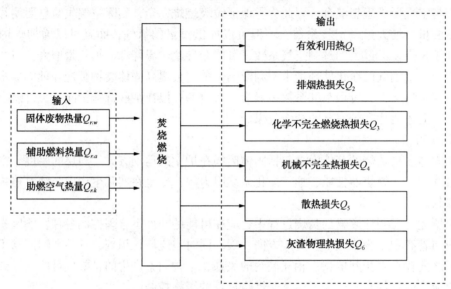

图 6-1-2　热量输入与输出

在稳定的工况下，焚烧系统的输入输出热量是平衡的(图 6-1-3)。

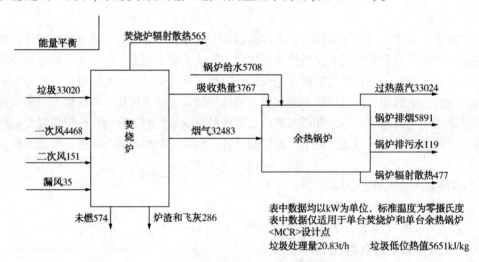

图 6-1-3　焚烧系统的能量输入与输出

$$Q_{r,w} + Q_{r,a} + Q_{r,k} = Q_1 + Q_2 + Q_3 + Q_4 + Q_5 + Q_6 \qquad (6-1-8)$$

式中　$Q_{r,w}$——生活垃圾的热量，kJ/h；

　　　　$Q_{r,a}$——辅助燃料的热量，kJ/h；

　　　　$Q_{r,k}$——助燃空气的热量，kJ/h；

Q_1——有效利用热，kJ/h;

Q_2——排烟热损失，kJ/h;

Q_3——化学不完全燃烧热损失，kJ/h;

Q_4——机械不完全燃烧热损失，kJ/h;

Q_5——散热损失，kJ/h;

Q_6——灰渣物理热损失，kJ/h。

（1）有效利用热 Q_1

有效利用热是其他工质在焚烧炉产生的热烟气加热时所获得的热量。一般被加热的工质是水，可产生蒸汽或热水。

$$Q_1 = D(h_2 - h_1) \tag{6-1-9}$$

式中　D——工质输出流量，kg/h;

h_2、h_1——进出焚烧炉的工质热焓，kJ/kg。

（2）化学不完全燃烧热损失 Q_3

由于炉温低、送风量不足或混合不良等导致烟气成分中一些可燃气体（如 CO、H_2、CH_4 等）未燃烧所引起的热损失即为化学不完全燃烧热损失。

$$Q_3 = W_r \left[V_{CO} \cdot Q_{CO} + V_{H_2} \cdot Q_{H_2} + V_{CH_4} \cdot Q_{CH_4} + \cdots \right] \frac{100 - q_4}{100} \tag{6-1-10}$$

式中　　　W_r——垃圾量，kg/h;

$\dfrac{100 - q_4}{100}$——因机械不完全燃烧引起实际烟气时减少的修正值;

V_{CO}、V_{H_2}、$V_{CH_4}\cdots$——1kg 垃圾产生的烟气所含未燃烧可燃气体容积。

【例 6-1】　某固体废物含可燃物 60%，水分 20%，惰性物（即灰分）20%，固体废物的可燃物元素组成为碳 28%、氢 4%、氧 23%、氮 4%、硫 1%。假设：固体废物的热值为 11630kJ/kg；炉栅残渣含碳量 5%；空气进入炉膛的温度为 65℃，离开炉栅残渣的温度为 650℃；残渣的比热 0.323kJ/（kg·℃）；水的汽化相变焓 2420 kJ/kg；辐射损失为总炉膛输入热量的 0.5%；碳的热值为 32564 kJ/kg。试计算这种废物燃烧后可利用的热量。

解：以固体废物为 1kg 为计算基准

（1）残渣中未燃烧的碳含量

① 未燃烧碳的质量

惰性物的质量为：1kg×0.20 = 0.2kg

总残渣量为：0.2kg/（1-0.05）= 0.2105kg

未燃烧碳的质量：（0.2105-0.2）kg = 0.0105kg

② 未燃烧碳的热损失

$$32564kJ/kg×0.0105kg = 341.9kJ$$

（2）计算水的汽化热

① 计算水的生成质量

总水量 = 固体废物原含水量 + 组分中氢氧结合生成水的量

固体废物原含水量 = 1kg×0.20 = 0.2kg

组分中氢氧结合生成水的量 = 1kg×0.04×9 = 0.36kg

总水量 = （0.2+0.36）kg = 0.56kg

② 水的汽化热为：0.56kg×2420kJ/kg=1355.2kJ

（3）辐射热损失（机械热损失）为进入焚烧炉总能量的0.5%

$$11630kJ/kg×0.5\%=58.2\ kJ$$

（4）残渣带出的显热

$$0.2105kg×0.323kJ/(kg·℃)×(650-65)℃=39.8kJ$$

（5）可利用的热值

可利用的热值＝固体废物总热值－各种热损失之和

$$=[11630-(341.9+1355.2+58.2+39.8)]kJ=9834.9kJ$$

3. 热值计算

热值是单位质量的固体废物所蕴含的化学能的量度，即单位质量的固体废物在燃烧过程中所释放的热量，单位为kJ/kg。热值的大小可用来判断固体废物的可燃性和能量的回收潜力。热值有两种表示形式，即高位热值（粗热值）和低位热值（净热值）。若热值包含烟气中水的相变焓，则该热值为高位热值（粗热值），若不包含烟气中水的相变焓的热值就是低位热值（净热值）。

要使固体废物能维持正常焚烧过程，就要求其具有足够的热值。即在进行焚烧时，物料焚烧释放出来的热量足以加热自身，并使之到达燃烧所需要的温度或者具备发生燃烧所必需的活化能。否则，便需要添加辅助燃料才能维持正常燃烧。

计算热值有许多方法，如热量衡算法（精确法）、工程算法、经验公式法、半经验公式法。工程上常用下列公式近似计算燃烧物料的热值。

Dulong 公式：

$$HHV = 34000 w_C + 143000\left(w_H - \frac{1}{8}w_O\right) + 10500 w_S \tag{6-1-11}$$

$$LHV = 2.32\left[14000 x_C + 45000\left(w_H - \frac{1}{8}w_O\right) - 760 x_{Cl} + 4500 x_S\right] \tag{6-1-12}$$

Steuer 公式：

$$HHV = 34000\left(w_C - \frac{3}{4}w_O\right) + 143000 w_H + 9400 w_S + 23800 × \frac{3}{4}w_O \tag{6-1-13}$$

Scheurer 公式：

$$HHV = 34000\left(w_C - \frac{3}{4}w_O\right) + 23800 × \frac{3}{8}w_O + 144200\left(w_H - \frac{1}{16}w_O\right) + 10500 w_S \tag{6-1-14}$$

化学工业便览公式：

$$LHV = 34000 w_C + 143000\left(w_H - \frac{w_O}{2}\right) + 9300 w_S \tag{6-1-15}$$

式中　　　　　　　HHV——固体废物的高位热值，kJ/kg；

　　　　　　　　　LHV——固体废物的低位热值，kJ/kg；

　　w_C、w_H、w_S、w_O——固体废物中碳、氢、硫、氧的质量分数；

　　x_C、x_S、x_O、x_H、x_{Cl}——固体废物中的碳、硫、氧、氢、氯的摩尔分数。

高位热值（粗热值）与低位热值（净热值）的相互关系可用以下公式进行近似计算：

$$HHV = LHV + Q_s \tag{6-1-16}$$

$$\text{LHV} = \text{HHV} - 2420\left[w_水 + 9\left(w_H - \frac{w_{Cl}}{35.5} - \frac{w_F}{19}\right)\right] \qquad (6\text{-}1\text{-}17)$$

式中　　Q_s——烟气中水的相变焓，kJ/kg（水）；

$w_水$——固体废物中水的质量分数；

w_{Cl}——固体废物中的氯元素的质量分数；

w_F——固体废物中的氟元素的质量分数。

　　焚烧过程中进行着一系列能量转换与能量传递，是一个热能与化学能的转换过程。固体废物和辅助燃料的热值、燃烧效率、机械热损失及各物料的相变焓和显热等决定了系统的有用热量，也决定了焚烧炉的火焰温度以及烟气温度。

六、焚烧炉的构造及设计准则

1. 焚烧炉的炉型及构造

　　焚烧炉的结构形式与废物的种类、性质和燃烧形态等因素有关。不同的焚烧方式有相应的焚烧炉与之相配合。通常根据所处理废物对环境和人体健康的危害大小，以及所要求的处理程度，将焚烧炉分为城市垃圾焚烧炉、一般工业废物焚烧炉和危险废物焚烧炉三种类型。不过，更能反映焚烧炉结构特点的分类方法是按照处理废物的形态，将其分为液体废物焚烧炉、气体废物焚烧炉和固体废物焚烧炉三种类型。

　　固体废物焚烧炉种类繁多，主要有炉排型焚烧炉、旋转窑焚烧炉和流化床焚烧炉三种类型，但每一种类型的焚烧炉视具体的结构不同又有不同的形式，具体分为炉排炉、流化床焚烧炉、旋转窑焚烧炉、控气式焚烧炉以及多层焚烧炉五种类型，其优缺点如表6-1-1所示。

表 6-1-1　各种垃圾焚烧炉的优缺点对比

种类	优点	缺点
炉排炉	适用于大容量，未燃分少，公害易处理、燃烧安定；管控容易，余热利用率高	造价较高，操作及维修费用较高，需连续运转，操作运转技术高
流化床焚烧炉	适用于中容量（单座容量50~400t/d），燃烧温度（750~850℃）较低，热传导佳，燃烧效率好，公害低	操作运转技术高，燃料的种类受到限制，进料颗粒较小（约5cm以下），单位处理量所需动力高，炉床材料易冲蚀损坏；飞灰比例高、灰量大
旋转窑	垃圾搅拌及干燥性佳，可适用于中小容量（单座容量100~400t/d），可高温安全燃烧，残灰颗粒小	连续转动装置复杂，炉内耐火材料易损坏
控气式焚烧炉	适用于中小容量（单座容量150t/d），构造简单，装置可移动，机动性大	燃烧效率低，平均建造成本较高
多层炉	废物在炉内停留时间长，能挥发较多水分，适合处理含水率高、热值低的污泥，可以使用多种燃料，燃烧效率高，可以利用任何一层的燃料燃烧器以提高炉内温度	物料停留时间长，调节温度时迟缓，控制辅助燃料的燃烧比较困难。结构繁杂、移动零件多、易出故障，维修费用高，且排气温度较低，易产生恶臭，排气需要脱臭或增加燃烧器燃烧

　　在焚烧炉设备的技术细节方面，国外大量废物焚烧经验表明：卧式焚烧炉优于立式；炉排型焚烧炉优于回转窑和流化床焚烧炉；往复式炉排优于链条式炉排焚烧炉；明火燃烧方式优于焖火燃烧方式；合金钢炉排优于球墨铸铁炉排。

（1）炉排型焚烧炉

① 分类

炉排型焚烧炉是开发最早的炉型，也是目前在处理生活固体废物中使用最为广泛的焚烧炉。其应用占全世界固体废物焚烧市场总量的80%以上。该类炉型的最大优势在于技术成熟，运行稳定、可靠，适应性广，维护简单。绝大部分固体废物不需要任何预处理可直接进炉燃烧。适用于大规模固体废物集中处理，可使固体废物焚烧发电（或供热）。炉排型焚烧炉形式多样，主要有固定炉排（主要是小型焚烧炉）、链条炉排、滚动炉排、倾斜顺推往复炉排、倾斜逆推往复炉排等。按照炉排的段数，可分为1段式、3段式。炉排的布置方式也有不同，有倾斜布置（15°~26°），也有水平布置（炉排倾角为0°）。

② 固体废物在炉排炉内的焚烧过程

废物在炉排上的焚烧过程可以分为预热、焚烧、燃尽三个阶段，各个阶段之间可以有垂直落差，也可以没有落差。

a. 预热阶段

在此阶段，固体废物接受预热烘烤，实现干燥、脱水、升温。利于高水分、低热值废物的焚烧。为了缩短固体废物水分的干燥和烘烤时间，该炉排区域的进风均需经过加热（可采用高温烟气或废蒸汽对进炉空气进行加热），温度一般在200℃左右。

b. 焚烧阶段

在此阶段，固体废物在炉排上被点燃，开始燃烧。此阶段所需的热量来自三个方面：上方的辐射；烟气对流；固体废物层内部自有的热能。

c. 燃尽阶段

固体废物经过完全燃烧后变成炉渣，在此阶段温度逐渐降低，炉渣被排出炉外。

③ 焚烧过程的影响因素

a. 物料推动与控风

炉排型焚烧炉内物料的推动，一般依靠炉排的往复运动或滚动，带动废物物料实现移动、翻滚、变层。在炉排上，已着火的废物在炉排的作用下，使固体废物层剧烈地翻动和搅动，引起固体废物底部也开始着火，连续地翻动和搅动使固体废物层松动，透气性增强，这有助于固体废物的着火和燃烧。

对于小型炉排炉，可以采用简单的进风方式。但对于中型、大型炉排炉，通常设计有一次、二次进风，或者分层进风方式。配风设计要确保空气在炉排上废物层之间均匀分布，并合理使用一次风、二次风。

b. 温度

炉排内的温度的控制，至少需考虑到四个方面的问题：固体废物物料的焚烧完成所需的温度；有毒有害物质在高温下完全分解所需要达到的合理温度；避免烟气中二次污染物的产生所需的温度范围；避免异常温度损伤炉排、炉体。根据相关经验，废物正常焚烧所需的温度范围800~1000℃之间，通常炉排上的废物在900℃左右的温度实现燃烧。固体废物成分复杂，炉温太高时会发生物料熔融结块，炉排、炉壁易烧坏。炉排区域的进风温度应相应低些，以免过高的温度损害炉排，缩短其使用寿命。炉温太高会产生过多的氮氧化物。炉温太低，烟气滞留时间过短，易造成不完全燃烧，尤其是产生对人体有严重危害的二噁英。

c. 停留时间

停留时间是决定炉体尺寸的重要依据。固体废物焚烧的炉内停留时间有两层含义。一是指废物从进入炉内到出炉之间在炉排上的停留时间，根据国内常见的固体废物组分、热值、含水率等情况，一般固体废物在炉内的停留时间为1~1.5h。其二是指固体废物焚烧时产生的有毒有害烟气，在炉内处于焚烧条件进一步氧化燃烧，使有害物质变为无害物质所需的时间。一般来说，在850℃以上的温度区域停留时间不少于2s，便能满足废物焚烧的工艺要求。

d. 适用范围

固体废物进入炉排炉之后，一般在炉排上焚烧之前需先经历预热、烘烤等步骤，因此炉排炉能够适应我国很多城市高水分、低热值的固体废物焚烧。但对于含水率特别高的污泥、大件生活固体废物，不适宜直接用炉排型焚烧炉实现焚烧处理，这是机械炉排炉的应用局限。

④ 炉排类型

从基本结构形式来讲，炉排的类型可以分成由炉排块构成的炉排和由空心圆筒组成的炉排两类。从炉排的运动形式来看，可分成往复运动和滚动炉排两类。往复运动炉排根据炉排运动的方向及是否倾斜可以分为水平往复炉排、倾斜逆推往复炉排、倾斜顺推往复炉排。

a. 水平往复运动炉排

水平式往复炉排（图6-1-4）因无倾斜度，物料无自然下滑的力量，所以都采用逆推的方式。但它与逆推式倾斜往复炉排不同，炉条搁置方向仍为顺向。从长度方向上炉排片向上倾斜放置，呈锯齿状。物料的推进必须克服自重所产生的下滑力和摩擦力

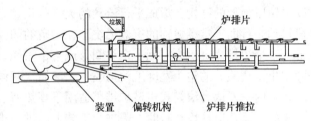

图6-1-4　水平式往复炉排结构示意图

后，靠自身挤压来传递，因此比顺推式倾斜炉排对垃圾的挤压推力要大得多，即机械动力消耗较大。

该炉排技术为ABB公司的专利技术。ABB(W+E)双向推动机械炉排焚烧炉由瑞士Widmert+Ernst公司开发建造，后来美国布朗特能源公司和日本住友重机株式会社等先后引进了该技术。

b. 倾斜顺推往复炉排

倾斜顺推往复炉排的运动方向与固体废物的运动方向一致，为保证在炉内有充分的停留时间，通常炉排长度较长，炉排设计成分段阶梯式，且各段均配有独立的运动控制调节系统。炉排的倾角也较逆推的小。固体废物由机械给料装置自动进入炉膛，先后在炉排上经过干燥和引燃区、主焚烧区以及燃尽区，完成整个焚烧过程。固体废物在炉膛内的停留时间一般为1h。借助于炉排倾角并通过炉排的往复运动，固体废物在向灰斗的运动过程中不断地得到翻动和搅动，拨火作用强。为了适应焚烧量、固体废物种类以及成分的变化，燃烧空气量及其分布均可调节并可分为一次风、二次风或者三次风的分别配给。

德国EVT公司的垃圾焚烧系统是采用顺推倾斜往复炉排的典型例子。其特点在于采用一个链条炉排来保证垃圾的均匀和连续输送。通过对链条炉排传送速度的无级调节使得焚烧炉能够对垃圾热值的波动做出灵活的反应，有利于燃烧工况的调节。瑞士VONROLL公司开发了冯罗尔正向阶梯摇动式机械炉排焚烧炉，日本日立造船公司于20世纪60年代引进此技术并加以改进，其炉排除了活动和固定炉排外，还在燃烧段装有切刀，切刀对垃圾进行切割，使垃圾细碎，堆积平整，燃烧更彻底。

c. 倾斜逆推往复运动炉排

逆推往复运动炉排由一排固定炉排和一排活动炉排交替安装构成。炉排的运动方向与固体废物的运动方向相反，其运动速度可以任意调节，以便根据废物的性质及燃烧工况调整废物在炉排上的停留时间。炉排在炉内倾角约为 26°。由于倾斜和逆推作用，底层固体废物上行、上层固体废物下行，不断地翻转和搅动，与空气充分接触，因而有较理想的燃烧条件，可实现固体废物的完全燃烧。

d. 滚动式炉排

滚动式炉排，又称为滚筒式炉排，或辊式炉排、旋转圆筒炉排。属于前推式炉排的一种，一般由倾斜布置的一组空心圆滚筒组成（滚筒的数量一般为 5~7 个）。其常见构造为：滚筒组整体与水平方向呈 20°倾斜，自上而下排列。每个滚筒的直径约为 1.5m。滚筒在液压装置的作用下进行旋转，转速为 0.5~12.0r/min。相邻圆筒的旋转方向相反。该类焚烧炉炉膛的设计合理地结合了滚动炉排的特性和垃圾焚烧的特点，前面的一组滚筒可设计为垃圾的干燥和燃烧区，能使高水分、低热值的垃圾迅速得到干燥并及时着火。

该炉排技术的典型代表是德国 DBA 滚筒式机械炉排焚烧炉。其特点是采用滚动炉排，炉膛采用屋顶形的结构，形成平行流动的火焰行程。主燃烧段产生的高温火焰和烟气向后燃烧段移动，有助于难燃烧物的有效燃烧。在中空的圆柱体表面安装着炉排片，每个炉排片呈弧形，十个炉排片覆盖为一圈，多组圈形成一个滚筒。炉排片之间存在间隙，一次空气通过间隙吹出，在滚筒的整个宽度上均匀喷出。滚筒之间设有挡板防止固体废物和炉灰渣落下。

行业内一般认为滚筒式机械炉排更适用于高热值、低含水率的欧洲国家生活垃圾，遇到高含水率、低热值垃圾物料时，需进行工艺上的进一步改造。

（2）流化床焚烧炉

① 概述

流化床焚烧炉是承载固体废物形式非常独特的一种焚烧工艺，属于流化场承载型垃圾焚烧炉技术。

该技术在 20 世纪 60 年代便已在国际上开发应用，但直到 2000 年前后，才在中国大量用于垃圾焚烧发电厂的建设运行，到 2006 年流化床垃圾焚烧炉得到了迅速发展，甚至国内很多中小城市也采用了流化床焚烧技术。尤其是循环流化床燃烧炉，继承了一般流化床燃烧固有的对燃料适应性强的优点，又提高了流化速度、增加了物料循环回路，得到了良好的口碑。而且与炉排炉显著不同的是，中国大多数流化床焚烧炉主要采用国内技术。

大多数的流化床焚烧炉主体是垂直的耐火材料钢制容器。焚烧炉体内有一定粒径的石英砂，鼓风机从底部引风进床层，气流使料砂悬浮、流化。这时喷入液体燃料并点火预热炉膛和石英砂。加入适量的煤进行掺烧，慢慢使炉膛温度升至预设温度再加入垃圾燃烧，等待燃烧稳定后，逐步减少煤的掺入量，直到完全靠固体废物连续燃烧。固体废物入炉后即和灼热的石英砂迅速处于完全混合状态，垃圾和石英砂互相摩擦，在剪切力的作用下垃圾被破碎成较小的颗粒物，较小的颗粒物垃圾受到充分加热、干燥、燃烧，细颗粒吹离炉膛后被分离器分离下来送回炉内形成物料循环。焚烧所需风量分两级给入焚烧炉，一次风从流化床焚烧炉底部送入，二次风从焚烧炉中部送入。这种分级给风燃烧方式，可抑制 NO_x 生成，减少氮氧化物等有害物质排放。

② 结构特点

a. 热载体　流化床固体废物焚烧炉的燃烧原理是依托于惰性颗粒的均匀传热与蓄热效

果以达到剧烈燃烧的目的，典型的热载体是砂子。通常是采用燃油预热料层，当料层温度达到600℃左右时可以投入垃圾焚烧。

b. 垃圾入料方式　生活垃圾由炉顶或炉侧进入炉内，与高温载热体及气流交换热量而被干燥、破碎并燃烧。

c. 布风系统　在流化床焚烧炉的下部通常安装有气流分布板，板上装有载热的惰性颗粒(沙子)。布风板通常设计成倒锥体结构，风帽为 L 形。一次风经由风帽通过布风板送入流化层，二次风由流化层上部送入。冷态气流断面流速为2m/s，热态为3~4m/s。在典型的循环流化床固体废物焚烧炉工艺中，一次风率为70%。正常运行时密相区为湍流床，在这一区域，燃料中大部分热量被释放，未燃尽的成分进入悬浮段。干燥风与二次风形成一个垂直于侧墙的旋转流场。可以设计成从四角布置切向进入的三次风，形成垂直于炉膛顶部的旋转流场。在这两个流场的作用下，空气与未燃尽的可燃物充分混合，最终燃尽。

d. 温度控制　垃圾焚烧后产生的热量被贮存在载热体中，并将气流的温度提高。床内燃烧温度一般控制在 800~900℃，广义的流化床焚烧炉的焚烧温度可为 400~980℃。悬浮段烟温可控制为 950℃。焚烧温度不可太高，否则床层材料会出现粘连现象。在流化床固体废物焚烧炉使用中，床温可控制在 850℃左右，既有利于石灰石与燃料中的硫发生反应，实现脱硫目的，又营造了低温燃烧环境，降低了 NO_x 的生成量。

e. 残渣分离　焚烧残渣可以在焚烧炉的上部与燃烧废气分离，也可另外设置分离器，分离出的载热体在回炉内循环使用。

f. 出灰　典型的循环流化床固体废物燃烧工艺中，可采用干式出灰。灰的排放除了布袋除尘器的收集排放之外，还可以设计在如下部位：密相区的选择性水冷排渣笼；分离器下的粗灰溢流管；尾部竖井下部的转弯处为细灰分离器排放口。

③ 流化床燃烧炉的优点

a. 燃烧效果较完全，有害物质的破坏较彻底。焚烧炉渣的热灼减率低。一般排出炉外的未燃物均在1%左右，是各种焚烧炉中最低的，对环境保护很有利。b. 炉床单位面积处理能力大，炉体积小。c. 床料的热容量大，启停容易，垃圾热值波动对燃烧的影响较小。d. 炉内床层的温度均衡，可达 850~900℃，避免了局部过热。e. 可以添加煤为辅助燃料。f. 对固体废物入料分选的要求较低，对固体废物的热值要求不是很高(800kcal/kg)。g. 可以在炉膛内加入脱硫剂(如生石灰)，能够在炉搅内脱除 SO_2，对减少 HCl 和 NO_x 也有一定效果。h. 焚烧炉无机械转动部件，不易产生故障。

④ 流化床燃烧炉的缺点

a. 流化床焚烧炉对固体废物颗粒度要求很高。为了保证入炉固体废物的充分流化，要求垃圾在入炉前进行系列筛选及粉碎等处理。使其颗粒尺寸均一化。一般破碎粒度不大于150mm，最好小于50mm，同时要求进料均匀。因此导致垃圾预处理设备的投资成本较高；有时由于流化床焚烧加对固体废物有严格的预处理要求，会影响其在废物焚烧上的应用范围。b. 炉内温度较难控制，对操作运行及维护的要求高，运行及维护费用也较高。c. 燃烧速度快，燃烧空气的平衡困难，容易导致燃烧不完全而引起 CO 比例失调。为使燃烧各种不同废物时都保持较合适的温度，必须随时调节空气量和空气温度。d. 废物预处理环节如果管理不善，易造成臭气外逸，产生环境污染。e. 废气中粉尘较其他炉型多，后期处理负担加重。为保证垃圾在炉内呈现沸腾状态，需大风量高风压空气，电耗大。

（3）回转窑焚烧炉

① 概述

回转窑是一种成熟的工业焚烧技术，在垃圾焚烧领域也有重要的应用价值。回转窑焚烧技术起源于工业、建材制造业，一般多源于水泥企业的回转窑。利用回转窑焚烧处理城市垃圾、工业垃圾在一定条件下是可行的。回转窑垃圾焚烧炉一般适用于处理成分复杂、含有多种难燃烧的物质，或者含水率变化范围较大的垃圾。

回转窑温度较高，能分解垃圾焚烧产生的二噁英。回转窑焚烧产生的热量也可再利用，焚烧后的残渣可用于混凝土掺合料和水泥混合料中，或作为免烧制品的生产原料但需要同时考虑相关的设备改造、成本控制、资源化产品的质量、重金属污染控制等因素。当将回转窑焚烧垃圾与水泥生产同时考虑时，更需要严谨、科学地综合控制各项指标，避免无害化、资源化的失衡。

实际应用时，可以考虑采用如下几种类型的技术方案：a. 原生废物直接与其他物料协同进入回转窑实施处理；b. 先将固体废物制成 RDF 燃料，再进入回转窑焚烧；c. 先将废物热解，产生的烟气再进入回转窑焚烧；d. 在机械炉排炉之后设置回转窑，以提高炉渣的燃尽率，达到炉渣再利用的要求；e. 在机械炉排炉或热解汽化炉之前设置简易回转窑，起到预烘干湿废物的作用。

② 结构特点

回转窑焚烧炉技术的燃烧设备主要是一个缓慢旋转的回转窑，其内壁可采用耐火砖砌筑、也可采用管式水冷壁，用以保护滚筒。回转窑直径为 4~6m，长度为 10~20m，可根据废物的焚烧量确定。

通过炉本体滚筒连续、缓慢转动，利用内壁耐高温抄板将垃圾由筒体下部在筒体滚动时带到筒体上部，然后靠垃圾自重落下。由于垃圾在筒内翻滚，其与空气得到充分接触，经过着火、燃烧和燃尽三个阶段进行较完全的燃烧。

固体废物由滚筒的一端送入，热烟气对其进行干燥，在达到着火温度后燃烧，随着筒体滚动。废物得到翻滚并下滑，直到筒体出口排出灰渣。当固体废物含水量过大时、可在筒体尾部增加一级炉排来满足燃尽。

滚筒中排出的烟气进入一个垂直的燃尽室（二次燃烧室）。燃尽室内送入二次风，烟气中的可燃成分在此得到充分燃烧。燃尽室温度一般为 1000~1200℃，其结构如图 6-1-5 所示。

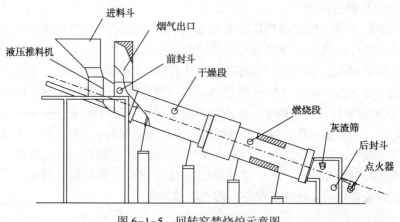

图 6-1-5　回转窑焚烧炉示意图

③ 回转窑焚烧炉的优点

a. 焚烧能力较强，可以通过转速的改变，调节固体废物在窑中的停留时间，对固体废物物料适应力较强。b. 设备结构相对简单，控制较简便，维修方便。c. 炉渣品质较好，可以对废物在高温空气及过量氧气中施加较强的机械碰撞，能获得可燃物质及腐败物含量很低的炉渣。d. 能量回收率较高。e. 能耗相对较低。设备运行费用较低，厂用电耗与其他燃烧方式相比较少。f. 由于冷却水的水冷作用，降低了燃烧温度，抑制了氮氧化物的生成，减轻了炉体受到的腐蚀作用。

④ 回转窑焚烧炉的缺点

a. 垃圾处理量不大。b. 飞灰处理相对较难。c. 燃烧过程不易实现细化控制，难以适应发电的需要，在当前的垃圾焚烧中应用较少。

（4）热解汽化焚烧炉

① 概述

热解汽化焚烧炉技术，简称为 CAO（Controlled Air Oxidation）技术，即空气氧化控制技术，以控制空气燃烧理论为技术基础，是目前世界各国在垃圾焚烧领域相对先进的技术之一。热解汽化焚烧炉（图 6-1-6）的燃烧过程可分为热解、汽化和燃尽三个阶段。通常其运行操作的核心内容包括：点火，升温，建立正常燃烧工况，调整送风，控制温度、负压、含氧量参数，保持燃烧工况，出渣，烟气处理。

图 6-1-6　垃圾热解汽化焚烧炉

② 结构特点

热解汽化焚烧炉一般均设有一燃室和二燃室，一燃室通过控制温度和空气过剩系数，使垃圾实现缺氧燃烧，主要是完成热解阶段。在此阶段，垃圾被干燥、加热、分解，水分和可分解组分被释放，不可分解的可燃部分在一燃室中燃烧，为二燃室提供热量。

垃圾进料一般是间歇的。垃圾在一燃室内的搅动或推进，可依靠布置在炉床下面的推动机构完成，也可设计为旋转搅动机构。一燃室会产生较多的灰渣。一燃室中释放的可燃气体进入二燃室实现完全氧化燃烧。

在沉降室的正上方通常设置旁路烟囱，可在下列紧急情况下使用：CAO 焚烧炉第一、第二燃室严重超温；喷水后仍无法降温；锅炉严重缺水；引风机故障跳闸。

③ 多层焚烧炉

多层炉的结构如图 6-1-7 所示，炉体是一个垂直的内衬耐火材料的钢制圆桶，内部分成许多层，每层是一个炉膛。炉体中央装有顺时针方向旋转双筒的带搅动臂的中空中心轴，搅动臂的内筒与外筒分别与中心轴的内筒和外筒相连。搅动臂上装有多个方向与每层落料口的位置相配合的搅拌齿。炉顶有固体加料口，炉底有排渣口，辅助燃烧器及废液喷嘴则装置于垂直的炉壁上，每层炉壳外都有一环状空气管线以提供二次空气。

多段炉的特点是废物在炉内停留时间长，能挥发较多水分，适合处理含水率高，热值低的污泥，可以使用多种燃料，燃烧效率高，可以利用任何一层的燃料燃烧器以提高炉内温度。但由于物料停留时间长，调节温度时较为迟缓，控制辅助燃料的燃烧比较困难。此外，

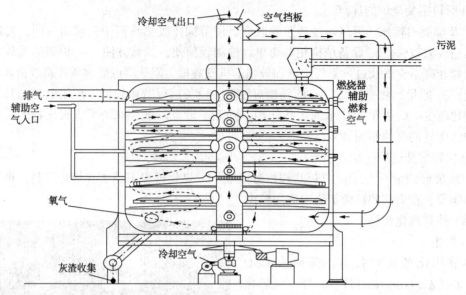

图 6-1-7 多层焚烧炉内部结构

该燃烧器结构繁杂、移动零件多、易出故障、维修费用高，且排气温度较低，产生恶臭，排气需要脱臭或增加燃烧器燃烧。用于处理危险废物则需要二次燃烧室，提高燃烧温度，以除去未燃烧完的气体物质，此设备广泛应用于污泥的焚烧处理，但不适用于含可熔性灰分的废物以及需要极高温度才能破坏的物质。

2. 焚烧炉的设计准则

废物焚烧炉设计的基本原则是使废物在炉膛内按规定的焚烧温度和足够的停留时间达到完全燃烧。这就要求选择适宜的床层，合理设计炉膛的形状和尺寸，增加废物与氧气接触的机会，使废物在焚烧过程中水气易于蒸发、加速燃烧，及时控制空气及燃烧气体的流速、流向，使气体得以均匀混合。

（1）炉型选择

首先应看所选择炉型的燃烧形态(控气式或过氧燃烧式)是否适合所处理的所有废物的性质。此外，还必须考虑燃烧室结构及气流模式、送风方式、搅拌性能好坏、是否会产生湍流或底灰是否易被扰动等因素。焚烧炉的炉体可为圆柱形、正方形或长方形的容器。

（2）送风方式

就单燃烧室焚烧炉而言，助燃空气的送风方式可分为炉床上送风和炉床下送风两种，一般加入超量空气 100%～300%，即空气比在 2.0～4.0。

对于两段式控气焚烧炉，在第一燃烧室内加入 70%～80% 的理论空气量，在第二燃烧室内补足空气量至理论空气量的 140%～200%。因第一燃烧室中是缺氧燃烧，故增加空气流量会提高燃烧温度；但第二燃烧室中是超氧燃烧，增加空气流量则会降低燃烧温度。二次空气多由两侧喷入，以加速室内空气混合及湍流度。

（3）炉膛尺寸的确定

废物焚烧炉炉膛尺寸主要是由燃烧室允许的容积热强度和废物焚烧时在高温炉膛内所需的停留时间两个因素决定的。通常的做法是按炉膛允许热强度来决定炉膛尺寸，然后按废物焚烧所必需的停留时间加以校核。

考虑到废物焚烧时既要保证燃烧完全，还要保证废物中有害组分在炉内一定的停留时间，因此在选取容积热强度值时要比一般燃料燃烧室低一些。

（4）燃烧装置与炉膛结构

设计燃烧喷嘴时应注意的要点有：a. 第一燃烧室的燃烧喷嘴主要用于启炉点火与维持炉温，第二燃烧室的燃烧喷嘴则为维持足够温度以破坏未燃尽的污染气体；b. 燃烧喷嘴的位置及进气的角度必须妥善安排，以达最佳焚烧效率，火焰长度不得超过炉长，避免直接撞击炉壁，造成耐火材料破坏；c. 应配备点火安全监测系统，避免燃料外泄及在下次点火时发生爆炸；d. 废物不得堵塞燃烧喷嘴火焰喷出口，以免造成火焰回火或熄灭。

（5）炉衬结构和材料

选用焚烧炉炉衬材料时，应注意炉内不同部位的温度和腐蚀情况，根据不同部位工作条件采用不同等级的材质。炉衬结构设计除在材料的选用上要考虑承受高温、抵抗腐蚀之外，还要考虑炉衬支托架、锚固件及钢壳钢板材料的耐热性和耐腐蚀性，以及合理的炉衬厚度等问题。

（6）对废物的适应性

虽然焚烧处理的废物常是多种多样的，并非单一形态，但从其焚烧本质而言都是燃烧问题，有可能安排在同一焚烧炉内进行焚烧。对于区域性危险废物焚烧厂，通常要求焚烧炉对焚烧的废物有较大的适应性。旋转窑焚烧炉和流化床允许投入多种形态的废物，有较好的适应性。但是，并非所有废物都可投入同一焚烧炉内焚烧，必须考虑焚烧处理废物的相容性。为了便于燃烧后产物的后处理或为了设置废热锅炉，常将某种废物的一些组分预先分离出来，然后分别焚烧。

（7）进料与排灰系统

焚烧炉进料系统应尽可能保持气密性，焚烧系统大多采用负压操作，若进料系统采用开放式投料或密闭式进料中气密性不佳，冷空气渗入炉内会导致炉温下降，破坏燃烧过程的稳定性，使烟气中 CO 与粒状物浓度急剧上升。

排灰系统应设有灰渣室，采用自动排灰设备，否则容易造成燃烧过程中累积炉灰随气流的扰动而上扬，增加烟气中粒状物浓度。

（8）设计参数

焚烧炉的设计主要与被烧垃圾的性质、处理规模、处理能力、炉排的机械负荷和热负荷、燃烧室热负荷、燃烧室出口温度和烟气滞留时间、热灼减率等因素有关。

七、烟气的产生与防治

废物焚烧产生的燃烧气体中除了无害的 CO_2 及水蒸气外，还含有许多污染物质，必须加以适当的处理，将污染物的含量降至安全标准以下才可以排放，以免造成二次污染。焚烧尾气中所含污染物的产生及含量，与废物的成分、燃烧速率、燃烧炉结构形式、燃烧条件、废物的进料方式等密切相关。

1. 垃圾焚烧产生的主要污染物

（1）完全燃烧产物　C_mH_n 化合物燃烧后主要产物为无害的水蒸气及 CO_2，均可以直接排入大气之中。不完全燃烧产物(PIC)主要有：CO、炭黑、烃、烯、酮、有机酸及聚合物等。

（2）粉尘　废物中的惰性金属盐类、金属氧化物或不完全燃烧物质等。

（3）酸性气体　卤化氢(氟、氯、溴、碘)，SO_x(主要为 SO_2 和 SO_3)，NO_x，P_2O_5，H_3PO_4(磷酸)等。

（4）重金属污染物　包括铅、汞、铬、镉、砷等的元素态、氧化物及氯化物形态存在的污染物。

（5）二噁英（dioxin）　PCDDs/PCDFs。

2. 焚烧废气污染形成机制

焚烧烟气中常见的大气污染物包括粒状污染物、酸性气体、氮氧化物、重金属、CO及有机氯化物等。

（1）粒状污染物

在焚烧过程中所产生出的粒状污染物大致可分为以下三类：

① 废物中的不可燃物，在焚烧过程中（较大残留物）成为底灰排出，而部分粒状物则随废气而排出炉外成为飞灰。飞灰所占的比例随焚烧炉操作条件（送风量、炉温等）、粒状物粒径分布、形状与其密度而定，所产生的粒状物粒径一般大于 $10\mu m$。

② 部分无机盐类在高温下氧化而排出，在炉外遇冷而凝结成粒状物，或 SO_2 在低温下遇水滴而形成硫酸盐雾状微粒等。

③ 未燃烧完全而产生的碳颗粒与煤烟，粒径在 $0.1\sim10\mu m$ 之间。由于颗粒微细，难以去除，最好的控制方法是在高温下使其氧化分解。

（2）一氧化碳

当 O_2 的含量越高越有利于 CO 生成 CO_2，但是事实上焚烧过程中仍夹杂碳微粒。只要燃烧反应进行，CO 就可能产生，故焚烧炉二燃室较为理想的设计炉温是在 1000℃，废气停留时间为 1s。

（3）酸性气体

焚烧产生的酸性气体，主要包括 SO_2、HCl 与 HF 等，这些污染物都是直接由废物中的硫、氯、氟等元素经过焚烧反应而形成。如含氯的 PVC 塑料会形成 HCl，含 F 的塑料会形成 HF，而含硫的煤焦油会产生 SO_2。一般城市垃圾中硫质量分数为 0.12%，其中约 30%~60%转化为 SO_2，其余则残留于底灰或被飞灰所吸收。

（4）氮氧化物

焚烧所产生的氮氧化物主要有两个来源：一是高温下 N_2 和 O_2 反应形成氮氧化物，称为热氮氧化物；另一类来源是废物中含氮组分转化成的氮氧化物，称为燃料氮转化氮氧化物。

（5）重金属

废物中所含重金属物质，高温焚烧后除部分残留于灰渣中之外，另一部分则会在高温下气化挥发进入烟气。部分金属物在炉中参与反应生成的氧化物或氯化物，比原金属元素更易气化挥发。

（6）毒性有机氯化物

废物焚烧过程中产生的毒性有机氯化物主要为二噁英类，包括多氯代二苯-对-二噁英（PCDDs）和多氯代二苯并呋喃（PCDFs）。PCDDs 是一族含有 75 个相关化合物的通称；PCDFs 则是一族含有 135 个相关化合物的通称。在这 210 种化合物中，有 17 种（2，3，7，8 位被氯原子取代的）被认为对人类健康有巨大的危害，其中 2，3，7，8-四氯代二苯并-对-二噁英（TCDD）为目前已知毒性最强的化合物，且动物试验表明其具有强致癌性。

废物焚烧时的 PCDDs/PCDFs 来自三条途径：废物成分、炉内形成及炉外低温再合成。

① 废物成分　焚烧废物本身就可能含有 PCDDs/PCDFs 类物质。城市垃圾成分相当复杂，加上普遍使用杀虫剂、除草剂、防腐剂、农药及喷漆等有机溶剂，垃圾中不可避免地含

有 PCDDs/PCDFs 类物质。国外数据显示：1kg 家庭垃圾中，PCDDs/PCDFs 的含量在 $11 \sim 255ng(I-TEQ)$，其中以塑胶类的含量较高，达 $370ng(I-TEQ)$。而危险废物中 PCDDs/PCDFs 含量就更为复杂。

② 炉内形成 PCDDs/PCDFs 的破坏分解温度并不高($750 \sim 800℃$)，若能保持良好的燃烧状态，由废物本身所夹带的 PCDDs/PCDFs 物质经焚烧后大部分已破坏分解。

但是废物焚烧过程中可能先形成部分不完全燃烧的烃类化合物，当炉内燃烧状况不良(如氧气不足、缺乏充分混合、炉温太低、停留时间太短等)而未及时分解为 CO_2 与 H_2O 时，就可能与废物或废气中的氯化物或氯(如 NaCl、HCl、Cl_2)结合形成 PCDDs/PCDFs，以及破坏分解温度较 PCDDs/PCDFs 高出约 100℃的氯苯及氯酚等物质。

③ 炉外低温再合成 燃烧不完全时烟气中产生的氯苯及氯酚等物质可能被废气飞灰中的碳元素所吸附，并在特定的温度范围($250 \sim 400℃$，300℃时最显著)，在飞灰颗粒的活性接触面上被金属氯化物($CuCl_2$ 及 $FeCl_2$)催化反应生成 PCDDs/PCDFs。废气中氧含量与水分含量过高对促进 PCDDs/PCDFs 的再合成起到了重要的作用。

3. 焚烧烟气污染物控制方法技术

一个设计良好而且操作正常的焚烧炉内，不完全燃烧物质的产生量极低，通常并不至于造成空气污染，因此设计尾气处理系统时，不将其考虑在内。

(1) 粒状污染物

固体废物经过焚烧处理以后，会产生大量的烟气，其中常常含有灰尘、酸性气体、有机有毒气体、无机有害污染物以及重金属气体等物质。焚烧烟气中的灰尘的化学成分常常十分复杂，其中可能有危险废物焚烧结束后固有的灰分，也同时包含混合、吸附重金属、无机盐类、未燃尽物质如炭和有机物等物质。

固体废物焚烧设施产生的粉尘控制可以采用静电分离、过滤、离心沉降及湿法洗涤等几种形式。常见的设备有文丘里洗涤器、静电除尘器、布袋除尘器等。

(2) 酸性气体

酸性气体脱除技术是烟气净化技术的核心。按脱酸过程是否有水加入和脱酸产物的干湿形态，酸性气体脱除可分为干法、湿法、半干法 3 种。

① 干法脱酸 干法脱酸可以有两种方式：一种是干性药剂和酸性气体在反应塔内进行反应；另一种是在进入除尘器前的烟气管道中喷入干性药剂，在此与酸性气体反应。

② 湿法脱酸 湿法脱酸采用洗涤塔形式，烟气进入洗涤塔后经过与碱性溶液充分接触得到满意的脱酸效果。

③ 半干法脱酸 半干法脱酸的吸收剂一般采用氧化钙(CaO)或氢氧化钙[Ca(OH)$_2$]为原料，制备成浓度为 $10\% \sim 15\%$的 Ca(OH)$_2$溶液，在烟气净化工艺流程中通常置于除尘设备之前，因为注入石灰浆后在反应塔中形成大量的颗粒物，必须由除尘器收集去除。

(3) 氮氧化物

① NO$_x$的形成和分类

NO$_x$包括：NO、NO$_2$、N$_2$O、N$_2$O$_3$、N$_2$O$_4$、N$_2$O$_5$等，但燃烧过程中，生成的 NO$_x$几乎全是 NO 和 NO$_2$。通常所指的 NO$_x$就是 NO 和 NO$_2$。

② 降低 NO$_x$生成的燃烧技术

a. 低氧燃烧法

低氧燃烧法就是采用以低空气消耗(过剩)系数运行的燃烧方法来降低氧气浓度，从而

降低 NO_x 的生成量。低氧燃烧也能降低 SO_x 的生成量。

b. 两段燃烧法

研究表明，当 $n<1$ 时，NO_x 的生成量减少。$n<1$，也就是燃料过浓燃烧，对控制温度型 NO_x 和燃料型 NO_x 都有明显效果。

该法分两段供给空气：在炉中第一段供给焚烧炉 $n<1$ 的空气，是燃烧在燃料过浓的条件下进行，产生不完全燃烧；在第二段供给多余下来的空气与燃料过浓燃烧生成的燃气混合，完成整个燃烧过程。

c. 烟气循环燃烧法

该法同时降低炉内温度和氧气浓度，是控制温度型 NO_2 的有效方法。

温度较低，不完全燃烧的锅炉排烟，通过循环风机，将烟气、空气送入混合器，然后一起送入焚烧炉中燃烧。

d. 新型燃烧器

这类燃烧器都是通过降低火焰温度和利用稀薄氧气的燃烧抑制 NO_x 的生成。如：使炉内具有烟气循环的功能，外围不必再设置排气循环系统和管路等设备。

（4）重金属污染物

焚烧烟气中的重金属包括 Hg、Cd、Pb、As 等，主要来自固体废物如生活垃圾中的废电池、日光灯管、含重金属的涂料等。固体废物焚烧产生废气中挥发状态的重金属污染物部分在温度降低时可自行凝结成颗粒、在飞灰表面凝结或被吸附，从而被布袋除尘器收集去除。因此，焚烧烟气净化系统的温度越低，则重金属的净化效果越好。部分无法凝结及被吸附的重金属的氯化物可利用其溶于水的特性，经湿式洗气塔液自废气中吸收下来。表 6-1-2 为现今国内外垃圾焚烧烟气排放重金属控制标准。

表 6-1-2　各国生活垃圾焚烧重金属污染物排放标准　　　　　　　　　　mg/m^3

项目	德国 ($11\%O_2$)	美国 ($7\%O$)	瑞典 ($10\%O_2$)	英国 ($11\%O_2$)	中国 ($11\%O_2$)	中国 (2014 年修订后) ($11\%O_2$)
Hg	0.05	0.1	0.05	0.21~0.39	0.2	0.1
Cd	0.026	0.01	0.002	<0.1~3.5	0.1	0.1
Pb	0.358	0.1	0.06	0.1~50	1.6	1.0

（5）二噁英

减少二噁英类在炉内固体废物焚烧过程中的生成，可以通过"3T（Temperature 温度、Time 停留时间、Turbulence 湍流）+1E（Excess Air 过量空气）"的方法进行控制。但仍有相当数量的二噁英类物质因为低温再合成进入余热锅炉后的焚烧烟气中，需要采用高效的净化工艺和技术对其进行控制。

固体废物焚烧烟气中排放的二噁英在烟气中主要以两种状态存在：气相悬浮和固相吸附在飞灰颗粒上，所以控制固体废物焚烧通过烟气排放二噁英的重要途径，是使气相悬浮的二噁英吸附于颗粒物上并提高对烟气中飞灰颗粒的去除效率。

为了满足日益严格的垃圾焚烧烟气二噁英排放标准的要求，必须去除气相悬浮二噁英。目前常用的方法是在布袋除尘器前将活性炭颗粒或粉末直接加入烟气中。这种方法虽然对烟气中的二噁英具有较好的去除效果，但是活性炭的消耗量较大，运行费用较高。

控制焚烧厂烟气中二噁英类的排放可从控制来源、减少炉内形成、避免炉外低温区再合成以及提高尾气净化效率四个方面着手。

① 控制来源 避免含二噁英类物质(如多氯联苯)以及含有机氯(PVC)高的废物(如医疗废物、农用地膜)进入焚烧炉。

② 减少炉内形成 通常采用的是"3T+1E"工艺,即焚烧温度850℃,停留时间2.0s,保持充分的气固湍动程度,以及过量的空气量,使烟气中O_2的浓度处于6%~11%。

③ 减少炉外低温再合成 炉外低温再合成现象多发生在锅炉内(尤其在节热器的部位)以及粒状污染物控制设备之前。

④ 提高尾气净化效率 二噁英主要以颗粒状态存在于烟气中或者吸附在飞灰颗粒上,因此为了降低烟气中二噁英的排放量,就必须严格控制粉尘的排放量。布袋除尘器对1μm以上粉尘的去除效率达到99%以上,但是对超细粉尘的去除效果不是十分理想,但活性炭粉末的强吸附能力可以弥补这项缺陷,通过喷射活性炭粉末加强对超细粉尘及其吸附的二噁英的捕集效率。

第二节 热解

一、固体废物的热解概述

1. 热解技术的定义

热解(Pyrolysis)是一种古老的工业化生产技术,最早应用于煤的干馏,以此得到冶炼钢铁的燃料——焦炭,因此在工业上常称为干馏。一般是利用有机物的热不稳定性,在无氧缺氧条件下对之进行加热蒸馏,使有机物产生热裂解,产生可燃混合气体、液态焦油和焦炭的热化学过程。因此热解技术也称为热分解技术或裂解技术。

目前国内对热解还没有一个清晰统一的定义,因此采用斯坦福研究所的J.Jones提出的比较严格而经典的热解定义:在不向发生器内通入氧、水蒸气或加热的一氧化碳的条件下,通过间接加热使含碳有机物发生热化学分解,生成燃料(气体、液体和炭黑)的过程。根据这一定义,通过部分燃烧热解产物以直接提供热解所需能量者称为部分燃烧或缺氧燃烧,不称作热解。

热解与焚烧都是热化学转换过程,但是与焚烧不同,热解是一种吸热反应,通过将废物进行热化学分解生成气态、液态、固态的可燃低分子化合物。产物主要用来作为燃料油及燃料气,具体区别见表6-2-1。

表6-2-1 热解与焚烧的不同

项目	焚烧	热解
条件	需氧	缺氧或无氧
能量变化	放热	吸热
污染	污染大	污染小
产物	CO_2和水	可燃的低分子化合物: 气态(H_2、CH_4、CO); 液态(甲醇、丙酮、醋酸、乙醛等有机物及焦油、溶剂油等); 固态(主要是焦炭或炭黑)

项目	焚烧	热解
产能/产物利用	产生的热能,量大的可用于发电,量小的可供加热水或产生蒸汽,就近利用	产物是燃料油及燃料气,便于贮藏及远距离运输

同时,热解相对于焚烧具有以下优势:①对环境来说,热解是一种比焚烧过程更安全的废物处理方法;②热解过程废物中有机物转化成可利用的能量形式,产生燃气、焦油或半焦等储存能源,可以根据不同需求加以利用,而焚烧只能利用热能;③热解可以简化污染控制,垃圾在无氧或低氧条件下热解时 NO_x、SO_x、HCl 等污染物排放减少,并且热解烟气中灰量小;④由于还原性气氛,Cr^{3+} 不会转化为 Cr^{6+};⑤热解可以处理不适于焚烧的垃圾。

2. 发展历程与状况

热解应用于工业已有很长的历史,随着该技术应用范围的逐渐扩大,被用于重油和煤炭的气化。20 世纪 70 年代初期,世界性石油危机对工业化国家经济的冲击,使人们逐渐意识到开发再生能源的重要性,热解技术的应用范围才得以渐渐扩大,并开始用于废物的资源化处理,及制造燃料,成为一种很有前途的固体废物处理方法。

(1) 美国固体废物热解技术的发展

美国是最早进行固体废物热解技术开发的国家。早在 1927 年美国矿业局就进行了固体废物的热解研究。到 1927 年,美国出台《资源再生法》,将关于固体废物处理处置技术开发的管理权统一划归美国环境保护署(EPA)管理,各种固体废物的资源化首段及末端处理的系统得到了广泛开发。其中,热解技术作为可回收燃气、燃油等储存性能源的新技术得到快速发展。EPA 首选以有机物气化为目标的回转窑式 Landgard 法,并于 1975 年 2 月在巴尔的摩市投资成了处理能力为 1000t/d 的处理厂。随后,EPA 于 1977 年在圣迭戈郡选用以有机物液化为目标的 Occiodental 法建成了处理能力为 200t/d 的城市生活垃圾处理厂,总投资 1440 万美元。EPA 经过对上述两种技术的开发过程,明确了热解技术开发和应用过程中存在的一些问题和改进方向,达到了示范工程的目的,但最终并没有实现工业化生产。

(2) 欧盟固体废物热解技术的发展

欧盟国家在世界上最早开发了城市生活垃圾焚烧技术,并利用垃圾焚烧余热发电和供热等。但焚烧过程造成的二次污染一直是人们注意的焦点,为减少二次污染,并配合广为实行的垃圾分类收集,欧洲各国如丹麦、德国、法国等也建立了一些以垃圾中的高热值组分(如废橡胶、废塑料、木材、庭院废物、农业废物等)为对象的实验性热解装置。已经投入运行的固体废物热解系统规模以 10t/d 左右的居多,且大部分设施主要生成气体产物,伴生的有害物质通过后续的反应器进一步裂解,也有若干系统将热解产物直接燃烧产生蒸汽,还有系统采用以热解气体为燃料的燃气发电机。

在欧盟,主要根据处理对象的种类、反应器的类型和运行条件对热解处理系统进行分类,研究不同条件下反应产物的性质和组成,尤其重视各种系统在运行上的特点和问题,见表 6-2-2。

表 6-2-2　欧盟开发的部分固体废物热解技术

系统	城市	规模	最高温度	年份	炭渣	油	气	蒸汽	摘要
Andco-Torrax	Leudelange Grasse Frankfurt Cretiel	200t/d 170t/d 200t/d 400t/d	1500℃	1976 年	—	—	—	√	间歇式汽化
Pyrogas	Gislaved	50t/d	1500℃	1977 年	—	√	√	—	对流式竖排炉，利用空气/蒸汽对废物煤混合物进行汽化
Saarberg-Fernwarme	Velsen	24t/d	1000℃	1977 年	—	√	√	—	对流式竖排炉，利用纯氧对废物汽化，低温气体分离
Warren-Spring	Kalundborg	1t/d	800℃	1975 年	√		√		错流式竖排炉，利用热解气循环直接加热
T. U. Berlin	Stevenage Berlin	0.5t/d	950℃	1977 年	√	√	√		竖排炉，间接加热
Sodeteg	Grand-Queville	12t/d	—	—	√		√		竖排炉，间接加热
Krauss-Maffel	München	12t/d	—	1998 年	√	—	√	—	回转窑，间接加热，利用热解装置分解重质烃类化合物
Kiener	Goldshofe	6t/d	500℃	—	√	—	√	—	回转窑，间接加热，热解气驱动燃气发电机

（3）日本固体废物热解技术的发展

日本对城市生活垃圾热解技术的研究始于 1973 年实施的 Star Dust 80 计划，其中心内容是利用双塔式循环流化床对城市生活垃圾中的有机物进行汽化。随后开展了利用单塔式流化床对城市生活垃圾中的有机物进行液化回收燃料油的技术研究，见表 6-2-3。

表 6-2-3　日本开发的部分固体废物热解技术

系统	公司或机构	反应器形式	处理能力	目标产物
双塔循环流化床系统	ALST& 荏原制作所	双塔循环流化床	100t/d	热解/气体
流化床系统	ALST& 日立	单塔流化床	5t/d	热解/气体
Pyrox 系统	月岛机械	双塔循环流化床	150t/d	热解/气体、油
热解熔融系统	IHI Co. ltd	单塔流化床	30t/d	热解/气体
废物熔融系统	新日铁	移动床竖式炉	150t/d	热解/气体
熔融床系统	新明和工业	固定床电炉	实验室规模	热解/气体
竖窑热解系统	日立造船	移动床竖式炉	20t/d	热解/气体
热解汽化系统	日立成套设备建设	移动床竖式炉	中试规模	热解/气体

系统	公司或机构	反应器形式	处理能力	目标产物
Purox 系统	昭和电工	移动床竖式炉	—	热解/气体
Torrax 系统	田雄	移动床竖式炉	75t/d	热解/气体
Landgard 系统	川崎重工	回转窑	30t/d	热解/气体、蒸汽
Occidental 系统	三菱重工	Flash Pyroiysis 反应器	实验室规模	热解/油
破碎轮胎热解系统	神户制钢	外部加热式回转窑	23t/d	热解/气体、油
城市污泥热解系统	NGK	多段炉	40t/d	热解及燃烧

(4) 加拿大固体废物热解技术的发展

加拿大依靠丰富的生物质资源，主要围绕农业、林业废物等生物质进行热解技术研究，加拿大政府于 20 世纪 70 年代末开始了以利用大量存在的废弃生物质资源为目的研发计划，相继开发了利用回转窑、流化床对生物质进行气化和利用镍催化剂在高温高压下对木材进行液化的研究。当然，这些研究与其他欧美国家相比起步较晚。

(5) 我国固体废物热解技术的发展

我国对城市生活垃圾处理处置的研究起步较晚，热解技术的历史开始于 20 世纪 80 年代初，以农业秸秆、农作物及蔗糖为对象进行了热解和气化实验，如在 1981 年中国农机科学院开展的低热值农村残余废物的热解燃气装置实验取得了成功；同济大学研究了污泥低温热解产油原理；东南大学研究了城市生活垃圾组分的热解特性和动力学参数；市政西南设计院利用回转窑研究了城市生活垃圾热解产物规律。

各国早期对热解技术的开发主要集中在两个方面：一方面是以回收储存性能源(燃料气、燃料油和炭黑)为目的的，以美国为代表；另一方面是减少焚烧造成的二次污染和需要填埋处置的废物量，以无公害处理系统的开发为目的，以日本为代表。

近年来随着各国经济生活的不断改善，城市生活垃圾中的有机物含量越来越多，其中废塑料等高热值废物的增加尤为明显。城市生活垃圾中的废塑料成分不仅会在焚烧过程中产生炉膛局部过热，从而造成炉排及耐火衬里的烧损，同时也是剧毒污染物——二噁英的主要发生源。随着各国对焚烧过程中二噁英排放限制的严格化，废塑料的焚烧处理越来越成为人们关注的焦点问题。许多国家相继制定了有关法律、法规，大力推行城市生活垃圾的分类收集，鼓励开发城市生活垃圾的资源化/再生利用技术，限制大量焚烧废塑料。在此背景下，废塑料的热解处理技术又重新成为世界各国研究开发的热点，尤其是废塑料的热解生产油技术已经进入了工业实用化阶段。

二、热解技术原理及工艺分类

1. 热解过程及产物

废物热解是一个复杂的、连续的物理和化学转化过程(图 6-2-1)。在复杂的化学反应中包含着有机物断键、异构化等过程。在热解过程中，有机物在缺氧或无氧条件下加热到高温时发生分解。中间产物存在两种变化过程：裂解过程(大分子变成小分子直至气体)与聚合过程(小分子聚合成较大分子)，最终得到气态、液态及固态的可供燃烧使用的燃料及化工原料。

热解过程总反应方程式:

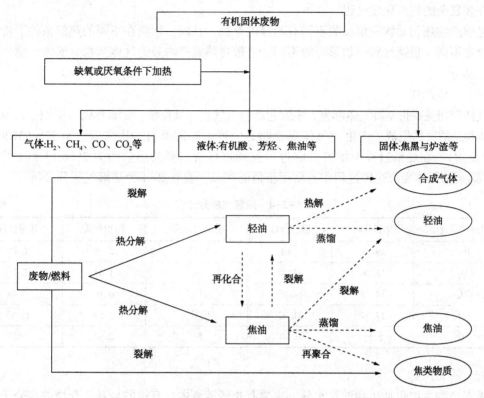

图 6-2-1 热解的典型过程

上述反应产物的速率取决于原料的化学结构、物理形态、热解的操作过程、温度和速度。收率指按反应物进行量计算，生成目的产物的百分数，用质量百分数或体积百分数表示，即回收率 $=\dfrac{\text{目的产物生成量}}{\text{关键组分起始量}} \times 100\%$。

图 6-2-2 描述了纤维素的热解和燃烧过程:

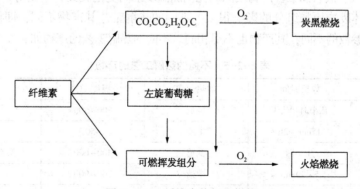

图 6-2-2 纤维素热解和燃烧

热解反应所需能量取决于各种产物的生成比，而生成比又与加热的速率、温度和原料的粒度有关。此外，废物热解能否得到高能量产物，取决于原料中的氢转化为可燃气体与水的比例有机物的成分不同，整个热解过程开始的温度也不同。例如:纤维素开始解析的温度大致在 180~200℃，而煤热解开始温度也随煤质的不同在 200~400℃不等。总之，热解是指加热有机大分子使之裂解成小分子析出的过程，但热解过程也绝非机械的由大变小的过程，包括了许多复杂的物理化学过程。

热解产物随初始物质组成的不同有明显的差别，且同一物质在不同的热解条件下得到产物组分也不同。根据热解产物形态的不同，一般将热解产物分为气体产物、液体产物、固体产物三部分。

（1）气体产物

气体产物主要指不凝气体部分，主要包括：氢气、一氧化碳、二氧化碳、甲烷、其他短碳链气体和杂质气体组成。产生的气体混合物是一种很好的燃料，其热值达 $1023 \sim 6390kJ/kg$（固体废物），在热解过程中维持分解过程连续进行所需要的热量约为 $2506\ kJ/kg$（固体废物），剩余的气体变成热解过程中有使用价值的产品，表 6-2-4 为热解气成分分析。

表 6-2-4　热解气成分分析　　　　　　　　　　　　　　　%

热解气成分	体积分数	质量分数	热解气成分	体积分数	质量分数
H_2	29.79	2.61	C_2H_6	2.08	2.71
CO_2	18.26	34.88	C_3	1.44	2.71
CH_4	18.79	13.09	C_4	0.19	0.49
CO	17.54	21.32	C_nH_m	3.53	11.97
C_2H_4	5.51	6.70	N_2	2.87	3.51

（2）液态产物

液态产物主要包括生物油及水分，主要有长碳链液体、有机酸羟基化合物的高分子量酚类、芳香族化合物、脂肪族醇、醋酸和水。常见产物有：焦木酸、甲醇、乙酸、丙酮、苯、低分子量脂肪烃类、焦油、沥青物质等。

（3）固体产物

热解过程的固体产物主要有：炭黑、残留无机物等。其中是轻质碳素物质，其发热值约为 $200kJ/kg$。

热解产物中气、液、固三种产物之间的比例随温度不同变化极大。生成物中气体、油类和碳化物的比例受固体废物原料组分的影响很大。不同的热解工艺其产物不同，即使相同的热解工艺，由于其工艺参数的不同，其产物也不尽相同。不同的热解工艺的产物如表 6-2-5 所示。

表 6-2-5　不同的热解工艺的产物

工艺	停留时间	加热速率	温度/℃	主要产物
碳化	几小时~几天	极低	300~500	焦炭
加压碳化	15min~2h	中速	450	焦炭
常规热解	几小时	低速	400~600	焦炭、液体和气体
	5~30min	中速	700~900	焦炭和气体
真空热解	2~30s	中速	350~450	液体
快速热解	0.1~2s	高速	400~650	液体
	小于1s	高速	650~900	液体和气体
	小于1s	极高	1000~3000	气体

2. 热解的主要影响因素

(1) 热解温度

热解温度是反应过程最关键的控制参数，热解产物的产量和成分可通过控制反应器的温度来有效改变。即使对相同原料的热解，由于热解温度不同，产物的组成也有很大差别。在较低温度下，有机废物大分子裂解成较多的中小分子，油类相对含量较多。随着温度升高，除大分子裂解外，许多中间产物也发生二次裂解，C_5以下分子、CH_4及H_2成分增多，碳产率减少，但最终趋于一定值。热解温度与气体产量成正比，而各种液体物质和固体残渣均随热解温度的增加而相应减少。图6-2-3反映了典型的城市固体废物的热分解产物比例和温度的关系。

表6-2-6为温度对气体成分产生的影响结果。

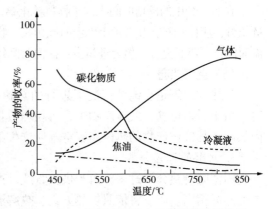

图6-2-3 热解产物分布于温度的关系曲线

表6-2-6 温度对气体成分产生的影响结果

气体成分/%	温度/℃			
	480	650	815	925
CO_2	44.77	31.78	20.59	17.31
CO	33.5	30.49	34.12	35.25
H_2	5.56	16.58	27.55	32.48
CH_4	12.34	15.91	13.73	10.45
C_2H_4	0.45	2.18	2.24	2.43
C_2H_6	3.03	3.06	0.77	1.07

(2) 加热速率

升温速率一般对热解有正反两个方面的影响。升温速率增加，物料颗粒达到热解温度所需的时间变短，有利于热解进行；但同时颗粒内外温差大，会产生传热滞后效应影响内部热解的进行。随升温速率的增加，物料失重、失重率、热解速率和热解特征温度都向高温区移动，而且挥发分停留时间相对增加，加剧了二次裂解，使生物油产率下降，燃气产率升高，而对固体产物的影响不明显。

(3) 物料特性

物料的组成成分、含水率、粒度等对热解过程都有重要影响。同时，也影响着热解产物组分及产率。固体废物有机组分含量越大，可热解效果越好，热解产生的有用产品越多、残渣越少。通常物料的含水率越低，物料加热速度越快。此外，固体废物颗粒粒度较大时，表面的加热速率高于其中心附近的加热速率，达到均匀的温度分布需要较长的传热时间，不利于热解的顺利进行。固体废物粒径越小，越有利于热量传递和热解的顺利进行。一般而言，城市固体废物比大多数工业固体废物更适合于用热解方式生产燃气、焦油及各种有机液体，但生产的固体残渣较多。

(4) 反应时间

反应时间是指反应物料完成反应在炉内停留的时间。反应时间受影响因素较多，与物料粒度、物料分子结构、反应器内的温度水平、热解方式等因素有关，影响着热解产物的成分和总量。一般而言，物料粒度越小，反应时间越短；物料分子结构越复杂，反应时间越长。反应物颗粒内外温度梯度越大，加快物料被加热的速度，反应时间缩短。热解方式对反应时间的影响比较明显，直接热解与间接热解相比热解时间要短得多。因为直接热解在反应器同一断面的物料基本上处于等温状态，而壁式间接加热，在反应器的同一断面上就不是等温状态，而存在一个等温梯度。

在热解炉中的停留时间决定了物料转化率，为了充分利用原料中的有机质，尽量脱出其中的挥发分，应使物料在热解炉中保温时间延长。物料保温时间与热解过程的处理量成反比关系。保温时间长，热解充分，但处理量少；保温时间短，则热解不完全，但可以有较高的处理量。

（5）空气当量

外热式热解是在绝氧情况下进行的热解，所以产生的燃气热值较高；采用内热式热解时，由于引入空气，气体产物中含有相当数量的氮和二氧化碳，燃气热值较低，使用纯氧的内热解，其气体产物的热值高于空气所产生的燃气。

3. 热解的工艺分类

固体废物热分解过程，由于供热方式、产物状态、热解炉结构等方面的不同，其热解方式也不尽相同。以下将依照供热方式、热解温度进行分类分析。

（1）按供热方式分类

① 直接加热法

直接加热法是指热解反应所需的热量由被热解物（所处理的废物）或向热解反应器提供的补充燃料燃烧提供。由于燃烧需提供氧气，因而就会产生 CO_2、H_2O 等惰性气体混在热解可燃气中，稀释了可燃气，热解产气的热值降低。如果采用空气作为氧化剂，热解气体中不仅有 CO_2、H_2O，而且还含有大量的 N_2，会稀释热解可燃气，使热解气的热值大大降低。因此，采用的氧化剂是纯氧、富氧或空气，其热解可燃气的热值是不同的。直接加热法的设备简单，可采用高温，不仅处理量大，而且产气率高。缺点是所产气体的热值低，高温热解时存在 NO_x 的控制问题。

② 间接加热法

间接加热法是指将被热解物料与直接供热介质在热解反应器中分离开的一种热解方法。可利用干墙式导热或一种中间介质来传热。墙式导热方式由于热阻大，熔渣可能会出现包覆传热壁面或者腐蚀等问题，以及不能采用更高的热解温度等而受限。采用中间介质传热，虽然可能出现固体传热或物料与中间介质分离等问题，但两者综合比较起来后者较好。间接加热法的优点是其产品的品位较高，例如，热解气热值高达 $18630kJ/m^3$，完全可以当成燃气直接燃烧利用。其缺点是产气率远远低于直接加热法。

（2）按热解温度分类

① 高温热解

热解温度一般会控制在 1000℃ 以上，大多数情况会采用直接加热法。如果采用高温纯氧热解工艺，反应器中的氧化-熔渣区段的温度可高达 1500℃，从而将热解残留的金属盐类及其氧化物和氧化硅等惰性固体物质熔化，以液态渣的形式排出热解反应器，清水淬冷后粒化，以降低固态残余物的处理难度，而且粒化的玻璃态渣可作建筑材料的骨料。

③ 中温热解

热解温度一般控制在 600~700℃ 之间，主要用于比较单一的物料进行能源和资源回收的工艺上，如废橡胶、废塑料热解转化为类重油物质的工艺，所得的类重油物质既可作能源，也可作化工原料使用。

④ 低温热解

低温热解的热解温度一般在 600℃ 以下，农林产品加工后的废物生产低硫低灰炭。根据其原料和加工深度制作成不同等级的活性炭或水煤气原料。

三、固体废物热解动力学模型

热解包括裂解过程和聚合过程。其中热裂解过程是一个复杂的物理化学过程，涉及到化学反应、物理变化和传热、传质等过程。对于颗粒尺寸大及结构坚实的物料，当加入速率较高时，传热传质等传递过程占主导地位；对于颗粒尺寸较小及结构松软的物料，反应动力学过程占主导地位。在粒子内部，气体扩散速率和传热速率决定于物料的结构和空隙率。

当挥发分析出时，反应和传递过程都较为复杂，有些学者用简单的一级模型描述这个过程，如下所示：

$$\frac{\mathrm{d}V}{\mathrm{d}t} = k(V_{max} - V) \tag{6-2-1}$$

$$k = k_0 e^{-E/(RT)} \tag{6-2-2}$$

式中　k——反应速率常数，min^{-1}；

　　k_0——频率因子；

　　t——时间，min；

　　E——活化能，kJ/mol；

　　T——热力学温度，K；

　V_{max}——一定温度下的最大挥发分释放量；

　　V——在 t 时间内的挥发分释放量；

　　R——气体常数，$8J/(mol \cdot K)$。

此模型用来描述中等温度的热解过程比较适合，但是当温度从低温升到高温以后，该模型就不能完全适用，因为 E、V_{max} 和 k_0 都是温度的函数。

挥发分析出的过程实际上包括许多复杂的连续和平行热分解反应过程。当物料加入床内，粒子表面立即被床料加热到床温，发生化学反应，分子的化学键断裂，从颗粒表面到中心形成温度梯度。当颗粒内部沿径向各点从表面到中心的温度逐渐升高时，更多的挥发分通过颗粒中的空隙扩散到周围的气流中。

挥发分析出时的传热、传质过程，决定于颗粒的尺寸、加热速率和周围介质的压力。试验结果表明：粒径小于 500μm 的颗粒，当加热速率达到 1000℃/s 时，粒子内部不会形成温度梯度；粒径大于 1mm 的粗颗粒，粒子内部会出现温度梯度和传热过程，尤其是颗粒的孔隙越少和导热性越差的物料，温度梯度越大。挥发分析出受化学反应速率控制时，挥发分析出的速度与粒径无关，只决定于化学反应常数、最大挥发分含量、活化能和温度。

热重分析法(Thermogravimetry, TG)是研究热解反应常用且非常有效的方法，主要应用于研究热分解的反应机制和动力学特征。从等温和非等温动力学研究角度出发可以得到热解产物成分、反应数量以及反应动力学参数等。热重分析法是在程序控制温度下测量物质的质量与温度变换关系的一种热分析技术。

利用热分析仪对试样进行热分解实验，可以得到热重曲线(TG)，从 TG 曲线中可以得到试样的成分、热稳定性、热分解及生成的产物等与质量相联系的信息。而对热重曲线进行一次微分后，就得到 TG 曲线的 DTG 曲线，反映的是温度(或时间)与试样质量的变化率的关系，DTG 曲线的纵坐标为质量对时间或者温度的微分，即 $\mathrm{d}m/\mathrm{d}T$ 或者 $\mathrm{d}m/\mathrm{d}t$，数值为负值，其值与质量变化率成正比，且数值越大失重越快。由于在某一温度下 DTG 曲线的峰的高度直接等于该温度下的反应速率，因此这些值可方便地用于化学反应动力学的计算。

动力学研究的主要目的就是通过动力学方程求解"动力学三因子"：活化能 E_a、指前因子 A 和机理函数 $f(a)$。通过热重分析法所得的数据，采用等转化率法模型包括：Coats-Red-fem（CR）积分法、Ozawa 积分法以及 Kissinger 微分法对试样进行热解动力学分析。

四、热解工艺的应用

1. 城市垃圾的热解

（1）城市垃圾热解反应

城市垃圾中纸张、塑料、合成纤维等物质所占比重较多，通过热解技术可以回收燃料油、燃料气。通过加热分解垃圾中的有机成分，主要得到有机液体、多种有机酸和芳香烃物质、炭渣、CH_4、H_2、H_2O、CO_2、CO、NH、HS、HCN 等物质。

含有高热值可燃物的垃圾（包括废纸、塑料及其他有机物）可采用热解方法进行。其中含橡胶和塑料比例大的废物其热解产物中所含液态油较多，包括轻石脑油、焦油以及芳香烃油的混合物。表 6-2-7 为常见垃圾组分热解产物产率。

表 6-2-7　常见垃圾组分热解产物产率

物料种类	热解气体/（m^3/kg）	焦油及水/（kg/kg）	半焦/（kg/kg）
废报纸	0.374	0.466	0.098
废纸	0.282	0.440	0.248
木块	0.376	0.379	0.186
棉布	0.480	0.303	0.159
青菜	0.051	0.888	0.045
橘皮	0.176	0.749	0.031
PE 塑料桶	0.720	0.457	0.141
PVC 棒	0.191	0.436	0.359
橡胶	0.126	0.130	0.769

温度、加热速率、反应时间等因素会影响热解过程及产物的分布。当温度较低时，有机废物大分子裂解成较多的中小分子，油类含量相对较。随温度的升高，许多中间产物也会发生二次裂解。H_2 和 C_5 以下分子成分增多，气体产量会成正比增长，相反的是，各种酸、焦油、炭渣相对减少。此外，随温度升高，由于脱氢反应加剧，H_2 含量增加，C_2H_4、C_2H_6 含量减少。

（2）城市垃圾热解技术

城市垃圾热解技术丰富，根据装置类型，城市垃圾的热解技术主要分为：移动床熔炉式、回转窑式、流化床式、多段炉和瞬时热解式。

移动床熔炉式是城市垃圾热解技术中最成熟的方法，代表性的系统有新日铁系统、Purox 系统和 Torrax 系统。回转窑式具有代表性的系统是 Landgard 系统。流化床式中的流化床具有单塔式和双塔式两种，其中双塔式流化床已经达到工业化生产规模。多段炉式主要用来处理含水率较高的有机污泥。瞬时热解式据最有代表性的 Occidental 系统，常用于有机物的液化，低温热解。下面将介绍几种典型的城市垃圾热解系统。

① 新日铁系统

新日铁系由日本新日铁公司自主研发的技术，是一种热解与熔融为一体的复合处理工艺。通过控制供养条件和温度，使垃圾在同一炉内依次完成干燥、热解、燃烧和熔融四个阶段。其中，干燥阶段温度约 300℃，热解温度 300~1000℃，熔融段温度可以达到 1700~1800℃，工艺流程如图 6-2-4 所示。

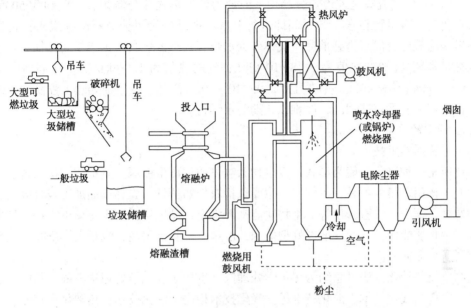

图 6-2-4　新日铁系统

该工艺系统工作时，吊车将生活垃圾由竖式炉顶投料口投入炉内，投料口采用双重密封结构，防止空气和热解气的漏入和逸出。垃圾由上向下移动的初期与上升的高温气体换热实现水分蒸发，完成垃圾干燥阶段。垃圾进入热解阶段，在缺氧条件下，有机固体废物发生热解，生成可燃气和灰渣。其中，可燃气的热值达到 6276~10460kJ/m^3，一般用于二次燃烧产生热能发电。灰渣中的炭黑在燃烧段与下部通入的空气进行燃烧；随着温度的升高，燃烧后的剩余残渣在熔融段形成玻璃体和铁，将重金属等有害物质固化在固相中，可直接填埋处理或用于建材使用。

② Garrett 系统

Garrett 系统是美国西方研究公司研发的，将固体废物在常压气流反应器中进行热解。工艺如图 6-2-5 所示。

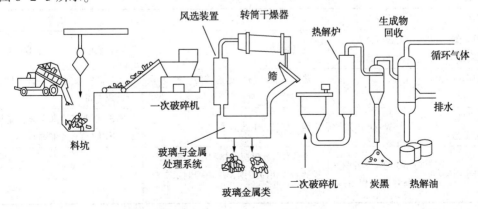

图 6-2-5　Garrett 系统

吊车将固体废物送上皮带输送机，再由破碎机将其粒径碎至 5cm 大小，经风力分选后干燥脱水，再筛分以除去不燃组分。不燃组分通过送到磁选及浮选工段，可得到纯度为 99.7% 的玻璃，再回收 70% 的玻璃和金属。由风力分选获得的轻组分经二次破碎成约 0.36mm 大小，由气流输送入管式分解炉。该炉为外加热式热分解炉，炉温约为 500℃，常压，无催化剂。有机物在送入的瞬间即进行分解，产品经旋风分离器除去炭末，再经冷却后，热解油冷凝，分离后得到油品。气体作为加热管式炉的燃料。由于是间接加热得到的油气，发热量都较高（油的热值为 $3.18×10^4$ kJ/L，气的热值为 1.86kJ/L）。1t 固体废物可得 136L 油、约 60kg 铁和 70kg 炭（热值为 $2.09×10^4$ kJ/kg）。此法由于前处理工程复杂，破碎过程动力消耗量大，运转费用高，故难以长期稳定运行。

2. 生物质的热解

(1) 生物质热解技术

生物质是一种以化学能为形式，以生物为载体的可再生能源，直接或间接来自于绿色植物通过光合作用获得的各种有机物质。主要包括农作物秸秆、农林产品加工残余废物、速生林、薪炭林、藻类、牲畜粪便等。生物质能来源稳定、易燃烧且产生污染少，是一种碳中性的能源。生物质能作为一种环境友好型能源，已越来越受到关注，也是人类研究发展环保能源的重要研究方向。

生物质能的转化方法可总结为热化学处理法、生物法、化学处理法三种。其中，热化学转化法主要包括气化技术、液化技术等。气化技术相比于液化技术，热转化率较低、工作温度较高的缺点。可通过快速解热、真空解热、微波热解与高压液化技术实现生物质液化制油。生物质热解是在完全无氧或缺氧的条件下裂解为可燃气体、液体生物油和固体生物质炭的过程，这三种产物的比例取决于热解工艺和反应条件。下面将重点介绍使用最为普遍的快速热解技术。

生物质快速热解的最大优点是可以最大限度地产生生物油。生物油与原生物质相比，具有较高的能量容积密度，易处理、储存及运输。寻找最优工艺参数、控制转化过程和实现工业性应用是人们一直研究快速热解的重点方向。反应器是生物质进行热解的重要装置，热解反应器具有加热速率快、反应温度中等、气体停留时间短暂等特征。常见的反应器有：固定床、循环流化床、烧蚀反应器、旋转锥反应器、自由落下床与携带床反应器等。其中用于商业运行的有输送床和循环流化床反应器。各种反应器具体分析如表 6-2-8 所示。

表 6-2-8　各种反应器具体分析

名称	研发方	优点	缺点
烧蚀涡流反应器	美国可再生能源实验室	油产量高	油含氧量高，工艺实现困难
真空热解液化反应器	加拿大 Laval 大学	热解一次产物可迅速移除，避免了二次热解	需较高的真空度，对密封性较苛刻，成本高
流化床热解液化工艺	加拿大 Waterloo 大学	油产率高，工艺简单	需较大功率的真空泵，能耗高，放大困难（因成本制约）
旋转锥反应器	Twente 的大学发明，荷兰 BTG 集团	无须载气，反应器体积小，成本低，较低的气相滞留期，从而抑制了二次热解	—

名称	研发方	优点	缺点
喷动床	加拿大 Mathur 等	喷动床设备结构简单，无移动部件、无分布板等，便于清洗，制造费用低，特别适合于处理黏性强的物料	几何尺寸受限制，难以实现大型化；压降较大，喷泉稳定性低
循环流化床	德国鲁奇公司	传热传质性能好，温度升高快，停留时间较短，处理物料适用性广、负荷调节范围大、操作简便	有分层的趋势，床层易出现节涌现象；在某些情况下可能会产生扬析和夹带等不良现象

如图 6-2-6 所示，循环流化床快速热解工艺可大范围地改变固相停留时间，实现连续操作，温度易于控制，投资少、维修简便，固、气相接触条件好。循环流化床是目前最普遍的快速热解设备，但需要解决生物质流化问题。大部分生物质形状与粒径不规则、水含量高、颗粒之间易搭桥，从而导致正常流化困难。通常解决方法是添加廉价的易流化惰性颗粒(如沙子)，与生物质颗粒组成双组分混合物，混合物最小流化速度可由 Chiba 公式预测。

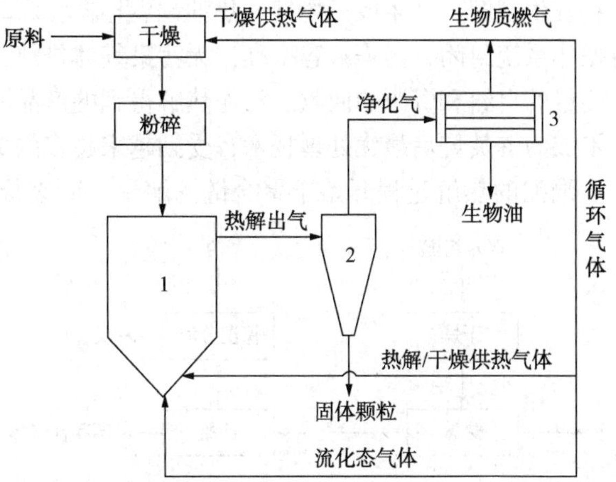

(2) 生物质快速热解过程的影响因素

① 物料特性

图 6-2-6　典型循环流化床工艺
1—流化床(fluidized bed)；
2—旋风除尘器(cyclone dust collector)；
3—冷凝器(condenser)

生物质快速热解之前，需要进行粉碎处理。研究发现，当进料粒径小于 1mm 时，热解反应为反应动力学控制；当粒径大于 1mm 时，反应为传热与传质控制。平均热解速率随原料粒径上升而下降，生物质热解达到最大失重速率时所对应的温度有增大趋势。颗粒形状也会影响颗粒中心温度达到充分热解温度所需的时间和产气率，片状的颗粒所需时间最长，圆柱状次之，而粉末状所需时间较短。实际上，控制过程取决于生物质颗粒的大小和形状这两种因素的综合作用。

② 反应温度

生物质快速热解过程受到许多因素的影响，其中反应温度起着主导性作用。过高的温度有利于不可冷凝气的生成，而低温有利于焦炭的生成。热解温度越高，炭的产率越少，不可冷凝气体产率越高。研究发现伴随着温度升高，焦炭产率逐渐下降到一个稳定值，而生物油产率在 500~550℃ 达到最大。这是由于生成气体反应所需的活化能最高，生物油次之，炭最低。提高热解温度有利于热解气体和生物油的生成，当温度高于 600℃ 后，大部分挥发分发生二次热解，高温导致油产率下降，气体产率上升。

③ 升温速率

升温速率也是影响生物热解的一个重要因素。升温速率越慢，生物质颗粒越容易被炭化，使产物中炭含量大大增加，同时产生一定量的副产物。要获得高产率的生物油，就必须提高升温速率。升温速率增加，物料达到所需温度的时间变短，从而降低二次热解发生的概率。

④ 停留时间

停留时间是影响热解产物分布的一个决定性因素。在其他因素不变的情况下，生物质颗粒停留时间越长，热解越完全，挥发分产量越高，但挥发分越容易发生二次热解，从而使生物油产率下降，二次热解气体与焦炭产率上升。

3. 油泥的热解

(1) 油泥热解过程

污泥热解是利用污泥中有机物的热不稳定性，在缺氧或无氧的条件下加热，使污泥中的有机物发生裂解，并生成可燃气、焦油（含化学水）和半焦，通过燃烧或气化回收热量。污泥热解操作系统封闭，污染减容率高，无污染气体排放，解决了污泥中的重金属问题，同时还实现了能量的自给和资源的回收。污泥热解得到的产品易储存、易运输，而且使用便捷。随着热解技术成为继焚烧后最优处理技术，受到越来越多的关注，各国也进行积极研究并应用。

油泥的热解过程开始于聚合链的解聚，断裂成小分子烯烃类物质，经过高温热解或长时间停留，该物质通过双烯合成 Diels-Alder 途径，随后发生环化、芳香化以增加芳香烃含量，与此同时脱氢反应中一个单元同时脱去两个氢原子导致共轭双键产生，形成芳烃；如果一个单元一次只脱去一个氢原子则形成非共轭双键，则会生成其他烯烃。罐底含油污泥在热解炉中不同温度下热解为气、液、固三相。图 6-2-7 为污泥热解制油过程。

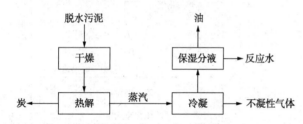

图 6-2-7 污泥热解制油过程

根据热解的过程，操作温度可分为低温热解、中温热解和高温热解。其中，温度低于 500℃ 为低温热解，温度处于 500~800℃ 为中温热解，温度高于 800℃ 以上的为高温热解。不同的温度，热解过程不一，形成的产物也有所不同，如表 6-2-9 所示。

表 6-2-9　不同热解温度下的工艺过程

温度	工艺过程
100~120℃	干燥，吸收水分分离，尚无可观察的物质分解
120~250℃	减氧脱硫，可观察到物质分解，结构水和 CO_2 分离
250℃ 以上	聚合物裂解，硫化氢开始分解
340℃	脂族化合物开始分裂，甲烷和其他碳氢化合物分离出来
380℃	渗碳
400℃	含碳氧氮化合物开始分解
400~420℃	沥青类物质转化为热解油和热解焦油
420~600℃	沥青类物质裂解成耐热物质(气相，短链碳水化合物，石墨)
600℃ 以上	烯烃芳香族形成

温度是影响热解的关键因素，提高热解温度有利于产气率的增加，若油泥热解以得到热解油为目的，温度控制在 550℃ 左右为适宜，热解油产率最高。除此之外，油泥含水率也会

对油泥的热解产生影响，油泥含水率越高，热解耗能就越严重，如图6-2-8所示。

（2）油泥的热解技术

① 回转窑热解技术

清华大学和德国斯坦拜恩过程、能源和技术转化中心开发了一套可用于油泥热解处理的小型回转窑式热解实验装置。如图6-2-9所示，该装置以水平回转式热解炉为主体，给料、出料系统均采用气动双门密封。除此之外，还包括陶瓷体过滤器、带制冷设备的管式冷凝器和二次燃烧系统。

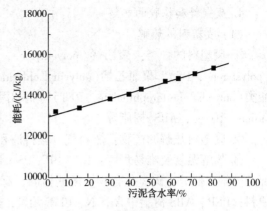

图6-2-8　污泥含水率与热解耗能关系

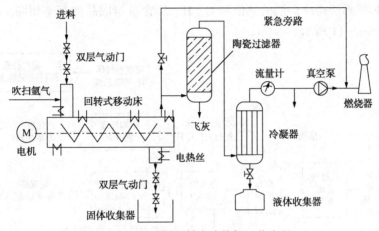

图6-2-9　油泥回转窑式热解工艺流程

具体工艺流程为，油泥经双层气动门进入回转窑热解反应器内，停留45～46min，所生成的高温挥发性气体产物先经过滤器除去细颗粒物，然后进入带制冷设备的管式冷凝器，在塔底回收热解油，未冷凝的热解气则从塔顶排出，经过滤棉、变频真空泵、O_2指示计、流量计后进入二次燃烧喷管彻底燃烧后排空；运行过程中连续通过氩气来保证惰性。

② 热解气化联用技术

德国VEBAOEL工程技术公司设计了一套混合的系统以克服气化过程中经常出现的细小颗粒的磨损以及均匀物料的给料问题。由于热解中的给料通常达到200mm或以上，热解产物可以均匀地混合在一起，其系统结构如图6-2-10所示。

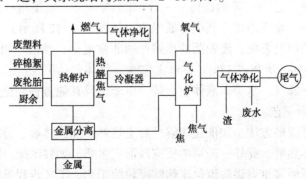

图6-2-10　热解气化联用系统示意图

4. 废塑料和橡胶的热解

（1）废塑料的热解

① 废塑料的种类：聚乙烯（polyethylene，PE）、聚丙烯（polyethylene，PP）、聚苯乙烯（polystyrene，PS）、聚氯乙烯（polyvinyl chloride，PVC）、酚醛树脂、脲醛树脂、聚对苯二甲酸类（polyethylene terephthalate，PET）树脂和丙烯腈-丁二烯-苯乙烯共聚物（acrylonitrile butadiene styrene，ABS）树脂等。

② 废塑料热解的产物：燃料气、燃料油和固体残渣。

③ 热解温度及难易程度：PE、PP、PS、PVC 等热塑性塑料当加热到 300~500℃ 时，大部分分解成低分子碳氢化合物。酚醛树脂、脲醛树脂等热固（硬）性塑料则不适合作为热解原料；PEP、ABS 树脂中含有 N、Cl 等元素，热解时会产生有害气体或腐蚀性气体，也不适宜作热解原料；PE、PP、PS 只含有 C 和 H，热解不会产生有害气体，它们是热解油化的主要原料。如 PE 热解所得原料油的热值和 C、H、N 含量与成品油基本相同。废塑料热分解油化工艺如图 6-2-11 所示。

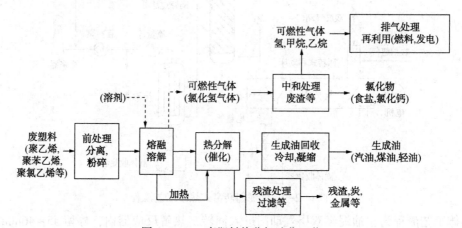

图 6-2-11　废塑料热分解油化工艺

（2）废橡胶的热解

① 废橡胶的热解过程及产物

废橡胶的热解是指在缺氧或无氧条件下，依靠外部加热打开化学键，使有机物分解、气化和液化。橡胶的热解温度一般处于 250~500℃ 之间。当温度高于 250℃ 后，随着温度的升高，分解液体和气体产率也在增加。但当温度超过 400℃，根据热解方法的不同，液态油逐渐减少，而气体和固态碳随之减少。轮胎主要由橡胶、炭黑以及多种有机、无机助剂组成。

典型废轮胎热解工艺为：轮胎破碎——分（磁）选——干燥预热——干燥预热——油气冷凝——热量回收——废气净化，其中的破碎流程如图 6-2-12 所示。

德国汉堡大学的研究表明，废轮胎的热解产物非常复杂，热解产物中，气体占 22%（质量分数）、液体占 27%、炭灰占 39%、钢丝占 12%。气体包括甲烷、乙烷、乙烯、丙烯、一氧化碳、二氧化碳、氢气、水等。液体包括苯、甲苯以及其他芳香族化合物。

② 废轮胎的热解工艺

废轮胎的热解有很多方法，如催化热解、真空热解、加氢热解、等离子体热解、熔融盐热解、常压惰性气体热解。此外，采用的反应器形式多样，如移动床、固定床、流化床、烧蚀床、回转窑等。下面将重点讲解流化床热解废轮胎工艺，工艺流程见图 6-2-13。

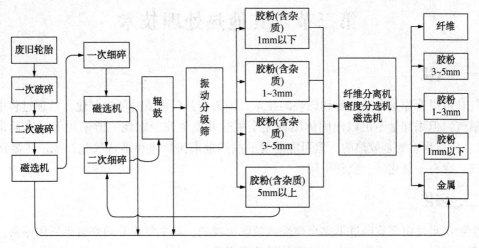

图 6-2-12 废轮胎破碎流程图

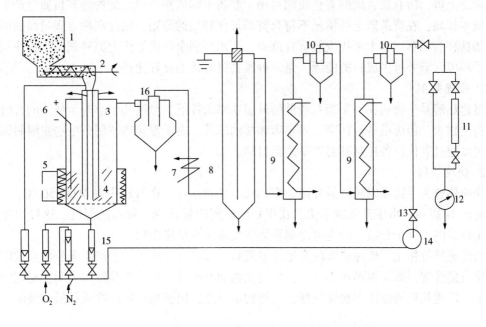

图 6-2-13 流化床热解废轮胎工艺流程图

1—加料斗；2—螺旋输送器；3—旋分器；4—流化床；5—加热器；
6—热电偶；7—冷却器；8—静电除尘器；9—深度冷却器；10—旋分器；
11—气体取样器；12—流量计；13—气节阀；14—气压计；15—流量计；16—旋分器；

　　先用将废轮胎粉碎至粒度小于 5mm 的小块，后把轮缘及钢丝帘子布大部分分离出来，并用磁选除去金属丝。轮胎颗粒经螺旋加料机进入直径为 50mm、流化区为 80mm、底铺石英砂的电加热反应器中进行热解。流化床的气体流量为 500L/h，流化气体由氮及循环热解气组成。热解气流在除尘器中气固分离，再由除尘器除去炭灰，在深度冷却和旋分器中将热解所得的油品冷凝下来，未冷凝的气体作为燃料气以供热或为流化气体用。

第三节 其他热处理技术

一、气化

气化可以看作是介于热解和燃烧的技术，因为涉及到物质的部分氧化。处理过程中需要添加氧气，但添加量不足以使固体废物完全氧化并发生完全燃烧。所采用的温度通常高于650℃，该过程主要是放热的，但可能需要一些热量来初始化和维持气化过程。主要产品是合成气，含有一氧化碳、氢和甲烷。

二、碳化

生物质炭是由基质经过不完全燃烧或裂解生成的，其主要成分均来自于所用原料，因此认为原料是影响生物质炭产率和性质的最重要因素。

理论上讲，所有富含碳的有机质均可用于制备生物质炭。但用淀粉等有机质生产生物质炭则成本较高，在资源匮乏的情况不符合资源最佳利用的原则，因此利用含碳量高的固体废物例如秸秆、稻草、林木采伐废枝、甘蔗渣、污水厂剩余污泥等作为原料制备生物质炭不仅避免了环境污染并可生成新的能源，是一种废物资源化的良好途径。

1. 慢速热解

慢速热解是生物质在一个相对较低的升温速率条件下，经过几个小时至数天的长时间热解制备生物炭。传统设备包括窑、固定床和移动床等。由于慢速热解制备生物炭限制因素较少，可以通过其他设备控制升温速率达到目的。

2. 快速热解

快速热解为生物质以较高的升温速率（103~104℃/s），在常压中等温度（500℃），蒸汽停留时间 1s 以内。由于升温速率快，在很短的时间内就达到了较高的温度，这种快速的变化使生物质内大分子分解，产生可冷凝液体、气体及少量炭产物。

与慢速热解相比，快速热解的升温速率极高，加热时间极短，会产生强烈的热效应，使生物质直接分解，如果再迅速淬冷，会提高生物油的产量。相关实验结果表明：在相同热解温度下，慢速热解的液体产物质量低，炭产物质量高；快速热解炭产物质量低，液体产物质量高。

3. 气化热解法

生物质气化技术是一种主要的生物质能源的利用形式，是一种热化学处理技术，利用气化炉将固态生物质转换为能用作生产动力或燃料的气体，并产生少量的其他产物。从理论上说，气化也属于热解的一种，区别在于热解过程加入的是惰性气体，而气化在热解过程加入了不同的气化剂。气化法的产物以气体为主，能产生的生物炭极少。

4. 水热炭化法

水热炭化法是一种典型的化学方法，指在密闭的高温和高压的水蒸气环境中，利用离子交换和酸碱作用，将生物质的碳水化合物组分分解而发生的炭化。因反应是在有水的氛围下进行的，故在水热炭化前及炭化的过程中均不用干燥处理生物质原料，且水浴环境在一定程度上会增加生物炭表面的含氧官能团。

城市固体废物中有机部分，如绿化垃圾、污水处理厂污泥，农业固体废物中的稻草、生物质污泥、青贮饲料可以被炭化，污泥炭化流程如图 6-3-1 所示。

（1）干化污泥(含水率约为 40%)进入卧式螺旋反应器进行热解，该反应器具有加热夹层，不直接与物料接触。热解温度为 450~500℃，热解时间为 30~40min。

（2）为避免焦油的产生，气相产物不直接进行冷却，从热解反应器引出后进入燃烧室，充分燃烧后进入余热回收系统。

（3）产生的热烟气经除尘后先返回至反应器夹层，对污泥进行间接加热，多余热量经热交换后可以用于污泥干化，引风机抽出的烟气经尾气处理系统深度净化后，达标排放。

（4）产生固体产物经过水冷却后形成生物炭，生物炭经脱氢、碳化、冷却处理后集中至灰渣收集仓，装车外运后进行综合利用。

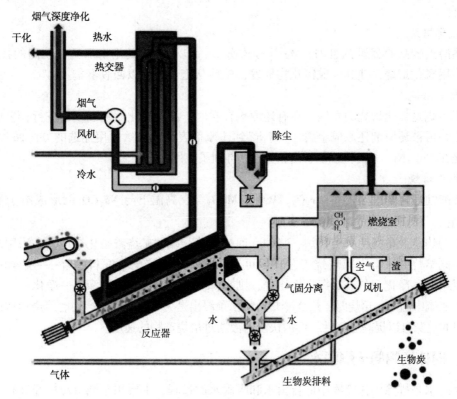

图 6-3-1　污泥炭化流程

5. 微波热裂解法

微波是频率为 300MHz~300GHz(相应的波长介于 100~0.1cm)的一种电磁波，可通过介质转化为热量。微波热解是常规热解与微波加热技术的结合。微波加热具有加热快速均匀、易于控制、安全无害等优点。

三、焙烧

焙烧是在低于熔点的温度下热处理废物的过程，目的是改变废物的化学性质和物理性质，以便于后续的资源化利用，焙烧后的产品称为焙砂。根据焙烧过程的主要化学反应的性质，固体废物的焙烧主要有烧结焙烧、分解焙烧、氧化焙烧、还原焙烧、硫酸化焙烧、氯化焙烧、钠化焙烧、离析焙烧。

1. 烧结焙烧

烧结焙烧的目的是将粉末或粒度物料在高温下烧成块状或球团状物料，目的是为了提高致密和机械强度，便于下一步作业的进行。有时要加入石灰石或其他辅料一块烧结。烧结过程也会发生某些物理化学变化，但烧结成块是主要目的，化学反应往往伴随发生。

2. 分解焙烧

物料在高温下发生分解反应，也称为煅烧，如石灰的煅烧。煅烧主要是为了脱除 CO_2 及结合水，使物料某些成分发生分解。

3. 氧化焙烧

氧化焙烧主要用于脱硫，适用于对硫化物的氧化，必须在氧化气氛下进行，如硫铁矿的氧化焙烧。

4. 氯化焙烧

一些溶点较高的金属，如 Ti，Mg 等较难分离，但相应的氯化物都具有较高的挥发性，工业上采用氯化焙烧，使其生成氯化物挥发，然后从烟尘里加以回收富集。

5. 离析焙烧

离析焙烧是氯化焙烧的发展，在有还原剂存在时，高于氯化焙烧温度下进行，生成的挥发性氯化物再被还原剂还原成金属，"离析"到还原剂表面上，然后用浮选的方法回收金属。离析焙烧在 Cu、Ni、Au 等金属的工业生产中得到了应用。

6. 钠化焙烧

多数酸性氧化物如 V_2O_5、Cr_2O_3、WO_3、MoO_3 等在高温下与 Na_2CO_3 能形成溶于水或能水解成钠盐，然后加以回收。

常用的焙烧设备有沸腾焙烧炉、竖炉、回转窑等。硫铁矿烧渣磁化焙烧通常采用沸腾焙烧炉。不同焙烧方法有不同焙烧工艺，但可大致分为以下步骤：配料混合——焙烧——冷却——浸出——净化。如果是挥发性焙烧，则是挥发气体收集——洗涤——净化。

在钴烧渣中温氯化焙烧时，焙烧冷却后喷水预浸出是为了润湿焙烧产物。焙烧形成的颗粒及颗粒间的空隙可以提高透气性，可加快浸出液通过焙烧产物的速度。

四、固体废物的干燥脱水

干燥脱水是排除固体废物中的自由水和吸附水的过程，主要用于城市垃圾经破碎、分选后的轻物料或经脱水处理后的污泥。当这些废物的后续资源化对废物干燥程度要求较高时，通常需要进行干燥脱水。如垃圾焚烧回收能源，常通过干燥脱水以提高焚烧效率。干燥脱水的关键是干燥方法和设备。固体废物的干燥常用的干燥器有转筒干燥器、流化床干燥器、喷洒干燥器、隧道干燥器和循环履带干燥器等。

污泥是由水和污水处理过程所产生的固体沉淀物质。主要特性有：含水率高（可高达99%以上）、有机物含量高、容易腐化发臭、并且颗粒较细，密度较小，呈胶状液态。污泥按来源分主要有：生活污水污泥、工业废水污泥和给水污泥。随着国家节能减排的重视，国民环保意识的提高，以及城市污泥的产量与日俱增，污泥处置和开发利用问题已成为国家环保整治工作的重要议题。污泥烘干处理技术的发展，使污泥农用、污泥燃料、污泥焚烧成为可能。污泥烘干技术与污泥干燥机的完善与创新，直接推动了污泥处置手段的发展，拓展了污泥处置手段的选择范围，使之在安全性、可靠性、可持续性等方面得到越来越可靠的保证。

五、热分解和烧成

热分解是指晶体状的固体废物在较高温度下脱除其中吸附水及结合水或同时脱除其他易挥发物质的过程，是无机固体废物资源化的重要技术方法。目前，热分解包括热分解脱水、氧化分解脱除挥发组分、分解熔融及熔融导技术。

烧成是指在远高于废物热分解温度下进行的高温煅烧，也称重烧。目的是为稳定废物中氧化物或硅酸盐矿物的物理状态，使其变为稳定的固相材料(惰性材料)。为了促进变化的进行，有时也使用矿化剂或稳定剂。这个稳定化过程，从现象上看有再结晶作用，使之变为稳定型变体使高密度矿物高压稳定化。

习题与思考题

1. 影响固体废物焚烧处理的主要因素有哪些？各种药剂在浮选中起什么作用？

2. 在进行生活垃圾焚烧处理过程中，对空气进行预热有何实际意义？

3. 在焚烧过程中，如何控制二噁英类物质对大气环境的污染？

4. 试分析生活中的硫、氮、氯、废塑料、水分等成分，在焚烧过程中可能发生的物理化学变化，对垃圾焚烧效果及烟气治理有何影响？

5. 固体废物废物焚烧炉主要有哪些炉型？各有什么特点？

6. 有100kg混合垃圾，其物理组成为食品垃圾25kg、废纸40kg、废塑料13kg、破布5kg、废木材2kg，其余为灰、土、砖等，求垃圾中的热量。已知食品垃圾热值为4650kJ/kg，废纸热值为16750kJ/kg，废塑料热值为32570kJ/kg，破布热值为17450kJ/kg，废木材热值为18610kJ/kg，灰、土、砖热值为6980kJ/kg。

7. 某固体废物含可燃物60%，水分20%，惰性物(即灰分)20%，固体废物的可燃物元素组成为碳28%、氢4%、氧23%、氮4%、硫1%。假设：固体废物的热值为11630kJ/kg；炉栅残渣含碳量5%；空气进入炉膛的温度为65℃，离开炉栅残渣的温度为650℃；残渣的比热容为0.323kJ/(kg·℃)；水的汽化相变焓为2420kJ/kg；辐射损失为总炉膛输入热量的0.6%；碳的热值为32564kJ/kg。试计算这种废物燃烧后可利用的热量。

8. 若甲苯燃烧反应的活化能和频率因子分别为$E = 236.17kJ/mol$，$A = 2.28 \times 10^{13} s^{-1}$，焚烧温度为1000℃，试计算需要焚烧多长时间才能使甲苯焚烧破坏率达99.99%以上？

9. 简述焚烧与热解的异同点。

10. 固体废物的热解工艺是如何分类的？

11. 与生活垃圾相比，废塑料热解的产物有什么不同？常用热解工艺有哪些？

12. 与污泥焚烧工艺相比，污泥热解的特点是什么？

13. 简述流化床热解废轮胎工艺的主要过程。

14. 固体废物有哪些焙烧方法？焙烧在固体废物处理与处置中的作用是什么？

第七章　固体废物的资源化与综合利用

随着工业化进程的加快，资源正在以惊人的速度被开发和消耗。尽管固体废物一般不再具有原来的使用价值，但是通过回收处理等途径，还可作为其他产品的原料，成为新的可用资源，同时也是防治固体废物污染环境、保障人体健康、维护生态安全、促进经济社会可持续发展一种方式。

固体废物经过一定的处理或加工，可使其中所含的有用物质提取出来，继续在工、农业生产过程中发挥作用，也可使其改变形式成为新的能源或资源。这种由固体废物到有用物质的转化称为固体废物的综合利用，或称为固体废物的资源化。即固体废物的资源化是指对固体废物进行综合利用，使之成为可利用的二次资源。目前，固体废物废物资源化利用是世界上控制固体废物污染、缓解自然资源紧张的重要方法之一。

第一节　农业秸秆资源化与再利用

一、概述

农作物秸秆是作物生长过程中通过光合作用形成的重要生物资源。中国作为世界粮食、油料、棉花生产大国，作物秸秆资源相当丰富。农作物秸秆主要包括粮食作物（包括水稻、小麦、玉米、谷子、高粱、豌豆、蚕豆、甘薯、土豆等）、油料作物（包括花生、油菜、胡麻、芝麻、向日葵等）、棉花、麻类（包括黄红麻、苎麻、亚麻等）和糖料作物（主要包括甘蔗和甜菜）等五大类。

随着科学技术的进步以及农业生产的不断扩大，农作物秸秆的产生量将会持续增加。农作物秸秆不再仅仅用作肥料、饲料、燃料，其利用领域得到极大的拓展。从农业生态系统学原理来讲，农作物秸秆资源化利用方式直接决定着系统的物质循环能否实现，不同的方式可能会影响到耕地土壤肥力的保持，以及环境质量的健康等。

随着生活水平提高，农村能源结构迅速改变，秸秆作为生活燃料和饲料的比重大幅度减少，随着化肥的大量使用，秸秆堆沤还田量也在大量减少，每年农作物秸秆大量剩余。目前处理秸秆的最简便办法是在田里直接焚烧。在焚烧季节，曾多次发生因满天烟雾导致航班无法着陆和高速公路被迫关闭事件，既白白浪费了大量宝贵资源，又给环境带来了严重污染。因此，如何合理利用农作物秸秆资源，真正实现农作物秸秆变"废"为"宝"，对缓解我国能源压力，保护生态环境，促进农业的可持续发展具有重大意义。

秸秆传统利用方式正在发生转变。调查结果表明，秸秆作为肥料使用量约为 1.02 亿 t（不含根茬还田，根茬还田量约 1.33 亿 t），占可收集资源量的 14.78%；作为饲料使用量约为 2.11 亿 t，占 30.69%；作为燃料使用量（含秸秆新型能源化利用）约为 1.29 亿 t，占 18.72%；作为种植食用菌基料量约为 1500 万 t，占 2.14%；作为造纸等工业原料量约为 1600 万 t，占 2.37%；农作物秸秆废弃及焚烧量约为 2.15 亿 t，占 31.31%。秸秆的工业分析如表 7-1-1 所示。

表 7-1-1　秸秆工业分析

项目	水分 M_{ad}/%	灰分 A_{ad}/%	挥发分 V_{ad}/%	固定碳 FC_{ad}/%
小麦秸秆	7.4	5.9	69.3	17.4
玉米秸秆	7.5	4.7	70.2	17.5

二、主要利用方法

1. 秸秆肥料化技术

秸秆中含有碳、氮、磷、钾以及各种微量元素。秸秆作为肥料还田后可使作物吸收的大部分营养元素归还给土壤，增加土壤有机质，对维持土壤养分平衡起着积极作用，同时还可改善土壤团粒结构和理化性状，增加作物产量，节约化肥用量，促进农业可持续发展。秸秆覆盖还对干旱地区的节水农业有特殊意义。

秸秆肥料利用除可采用直接还田、堆沤还田和过腹还田三种形式外，还可采用特殊工艺和科学配比，将秸秆经粉碎、酶化、配料、混料等工序后堆肥，制成秸秆复合肥，其成本与尿素相接近，施用后对于优化农田生态环境、增加作物产量作用明显。具体堆肥方式有催腐剂堆肥技术、速腐剂堆肥技术和酵素菌堆肥技术。

催腐剂快速堆腐秸秆的原理秸秆腐烂是微生物活动的结果，微生物繁殖的快慢决定着秸秆腐烂的快慢，而微生物繁殖的快慢又受营养物质的制约。营养丰富，微生物繁殖速度就快，反之则慢。催腐剂就是根据微生物的营养机理，选用适合有益微生物营养要求的化学药品，按一定比例配制加工而成的化学制剂。因其有能加速秸秆腐烂的作用，故定名催腐剂。

酵素菌秸秆堆肥是用酵素菌堆制发酵的农作物秸秆，由微生物产生多种酶，促进有机物水解，使发酵物分解转化为可供植物生长的营养物质的有机肥料。尤其是有效地改善土壤理化性状，增强土壤的通透性和保水保肥能力，并且减少化肥用量。

2. 秸秆饲料化技术

秸秆富含纤维素、木质素、半纤维素等非淀粉类大分子物质。作为粗饲料营养价值极低，无法被动物高效地吸收利用。因此，开发和利用秸秆饲料资源，提高其利用率和营养价值势在必行。在实践中，秸秆饲料的加工调制方法一般可分为物理处理、化学处理和生物处理三种。这些处理方法各有其优缺点。切段、粉碎、膨化、蒸煮、压块等物理方法虽简单易行，容易推广，但一般不能增加饲料的营养价值。化学处理法可以提高秸秆的采食量和体外消化率，但也容易造成化学物质的过量，且使用范围狭窄、推广费用较高。

生物处理法通过微生物代谢产生的特殊酶的降解作用，将其纤维素、木质素、半纤维素等大分子物质分解为低分子的单糖或低聚糖，可以提高秸秆的营养价值，提高利用率、采食率、采食速度，增强口感，增加采食量。但要求技术较高，处理不好，容易造成腐烂变质。

3. 秸秆能源化技术

秸秆能源化利用的主要方式有直接燃烧(包括通过省柴灶、节能炕、节能炉燃烧及直燃发电)、固体成型燃料技术、气化和液化等。长期以来，秸秆和薪柴等传统生物质能是我国农村地区居民传统炊事和采暖用燃料。但随着农村经济发展和农民收入的增长，农村居民生活用能结构正在发生着明显的变化，煤、油、气和电等商品能源越来越得到普遍的应用，秸秆仅在传统利用地区(如三北地区)、经济不发达地区(如西部)以及经济发达地区的贫困人群中使用。近年来，我国积极支持开展了秸秆沼气、秸秆气化、秸秆固体成型等技术和产品的研发、标准制定等工作，建立了一批试点。

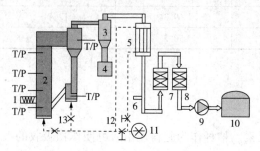

图 7-1-1　循环流化床气化系统试验装置图
1—进料器；2—循环流化床汽化炉；3—旋风分离器；
4—灰仓；5—空气预热器；6—取样口；7—喷淋塔；
8—除雾器；9—引风机；10—储气柜；
11—鼓风机；12 截止阀；13—风量流量计

玉米秸秆循环流化床热解气化试验装置如图 7-1-1 所示，主要由进料器、循环流化床汽化炉、旋风分离器、空气预热器，燃气净化与存储、温度与压力检测系统组成。设计循环流化床主炉高度约 10m、内径 0.35m，使用 0.3~0.8mm 粒径的石英砂为床料，玉米秸秆额定进料量为 150kg/h，在线监测汽化炉的运行情况，为研究方便，取各测点温度的平均值为汽化炉内平均温度。试验过程中，由螺旋进料装置控制原料的连续均匀供给；鼓风机鼓风经预热器预热后供给汽化炉作为气化介质，在风机与汽化炉风室之间的管道上安装调节阀和流量计，以此控制风量调节汽化炉内的空气当量比。通过空气预热器将气化燃气中的显热转化到气化介质中供入汽化炉，稳定运行时可以将常温空气预热至约 250℃。

4. 秸秆材料化技术

由于农作物秸秆中含有丰富的碳、氮、矿物质及激素等营养成分，且资源丰富、成本低廉，因此很适合做多种食用菌的培养基料。农作物秸秆经热蒸、消毒、发酵、化学处理后，可用来种植双孢菇、平菇、草菇、金针菇等三十多个食用菌品种，对食用菌可持续发展具有重大的现实意义。目前我国对利用农作物秸秆栽培草腐类食用菌取得了一定的成效。我国食用菌年总产量约 1800 万 t，农作物秸秆利用量约 1500 万 t。

此外，农作物秸秆本身为天然材料，生产的产品对人体无毒无害，对环境没有破坏作用，能有效地补充资源短缺和维持生态平衡。以农作物秸秆为原料，发展各种新材料的加工技术及工艺。当前，作物秸秆工业用途广泛，不仅可作保温材料、纸浆原料、各类轻质板材和包装材料的原料，还可用于编织业、酿酒制醋、生产人造棉、人造丝、饴糖等，或从中提取淀粉、木糖醇、糖醛等。这些综合利用技术不仅转化了大量的废弃秸秆，消除了潜在的环境污染，而且具有良好的经济效益，实现了自然界的物质和能量循环。

5. 秸秆热解碳化技术

近年来，生物质碳化技术作为公认的解决秸秆焚烧问题的可行技术措施之一，日益受到国内外广泛关注。通过把数量巨大的农作物秸秆热解炭化后加以充分开发利用，有机碳和养分资源重回农田补充土壤有机质和养分库，秸秆能源进入农村能源系统利用，则能直接服务于我国耕地质量提升和农村绿色能源供应，可以解决可持续发展、节能降耗、环境保护与治理等领域面临的复杂问题，有助于构建低碳高效经济发展模式，对保障国家环境、能源、粮食安全意义重大。

生物质热解是指在缺氧或厌氧条件下通过热能作用将秸秆生物质裂解的过程：当温度达到 30℃ 以上时，生物质物料强度逐渐减弱并发生凝聚，大量游离水分蒸发出来；当温度加热到 150℃ 以上时，生物质颗粒的复杂结构开始分解；当温度大于 260℃ 时分解加剧，其纤维素、半纤维素、木质素分解成木醋液、木焦油和可燃气体；当温度超过 450℃ 时"C—O"、

"C—H"键继续断裂，生物质形成明显的孔隙结构，生成生物炭。

秸秆生物炭是秸秆慢速热解炭化后得到的固体产物，通常含有较高的固定碳和较强的稳定性。近年来，生物炭在固碳减排和提高土壤肥力方面得到了一定的应用，引起了科学工作者的广泛关注。将秸秆转化为生物炭添加到土壤中有利于改善土壤结构和持水性，降低肥料养分的流失。

国内外研究者在秸秆的热解工艺和生物炭的组成成分、结构特性、晶体和矿物特征等方面做了大量研究。炭化温度、保温时间和升温速率是秸秆热解过程中重要的影响因素。

目前，世界各国虽然在热解技术方面的研究取得了一定的进展，但是在秸秆生物炭的肥料化利用的品质调控上仍然存在一些问题。由于秸秆原料不同，化学成分也不相同，具有不同的分子结构和基团，其热解炭化行为差别较大，进一步影响生物炭的肥料化利用。结合生物炭的营养特性和矿物质元素，优化秸秆热解工艺，调控生物炭的理化特性，对生物炭的肥料化利用具有一定的指导意义。

连续热解炭气联产技术工艺主要包括连续热解、热解气净化、燃气燃油回用等工艺过程，其工艺流程如图7-1-2所示。连续热解工艺主要包括密封进料、均匀布料、连续热解、保温炭化等工段。热解气净化工艺主要包括除尘、多级组合冷凝、静电捕焦和油洗等；燃气燃油回用工艺通过燃气/燃油回用燃烧，减少生产过程中的外部能源消耗并保障清洁生产。生物质连续热解炭气联产成套装备采用外加热回转热解技术，加热系统采用双段火控温技术，反应室采用微正压设计。

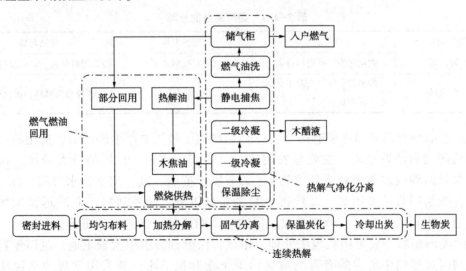

图7-1-2 生物质连续热解炭气联产工艺路线图

以生物质连续热解炭化技术为核心，农林废弃物高效循环利用模式如图7-1-3所示。农林种植产生的秸秆和果树剪枝等废物经预处理后，进行热解转化；热解气净化处理后，经储气柜存储和管道输送，作为居民炊事和热水用能。生物炭包括秸秆炭和木质炭，秸秆炭与有机肥复混，全部用于还田，促进循环和有机农业发展；木质炭经混配成型加工后生产机制炭，作为烧烤炭或取暖炭使用。焦油回用为系统加热，木醋液稀释后作为农用杀虫剂等。

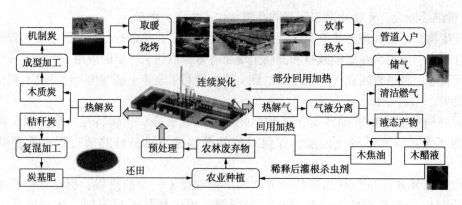

图 7-1-3　以热解联产为纽带的农林废物高效循环利用模式

第二节　废旧塑料处理与资源化技术

一、概述

随着经济与社会的发展，塑料制品使用范围越来越广，白色污染日益严重。废旧塑料制品已经给环境带来了严重污染，废弃物中各种不同的塑料制品往往是混合在一起。塑料再生的第一步是要将不同的塑料分离出来。常见的塑料制品如表 7-2-1 所示。

表 7-2-1　塑料制品的分类

塑料名称	常见制品	塑料名称	常见制品
PE 聚乙烯	农用薄膜、家用塑料袋	PVC 聚氯乙烯	废旧塑料鞋底、硬质板材、管材
PP 聚丙烯	编织袋、绳，汽车用保险杠、仪表盘	PS 聚苯乙烯	各种泡沫制品、保温材料

目前废旧塑料的来源主要有两个：一是塑料加工过程中产生的废品、边角料，二是来自制品使用和消费过程，主要是农用塑料、包装用塑料、日用品三大领域。这类废弃物通常是两种或多种塑料及其他物质(如金属、玻璃、纸、泥土、水分等)的一种混合体系，既给回收带来困难，又使再生品的质量下降。随着塑料工业的迅猛发展，废旧塑料的回收利用作为一项节约能源、保护环境的措施，普遍受到重视。

我国废旧塑料一般采用填埋法处理，用该方法处理需占用大量土地，废旧塑料不易降解，同时废塑料中所含的有毒物质会污染土壤和地下水。若采用常规的焚烧法会产生氯化氢、氰、二噁英等有害气体，对空气造成二次污染，余热利用需较大投资，使得该技术推广进展缓慢。由于技术和经济上的原因，目前废塑料的回收再生利用率还不高。

二、废旧塑料的分离与分选方法

不同极性性质的树脂制品是不相容的，混合后的再生制品容易出现分层，导致制品性能低劣。另外不同树脂的塑料制品熔点或软化点相差较大，难以在同一温度下加工成型。为使废塑料得到更好的再生利用，最好使用经过分类的单一品种树脂。常用的鉴别与分类方法从手工分离、浮沉分离到高级自动感应分离多种多样，分离与分类方法是在不同塑料的化学、光学、电学和物理性质不同的基础上进行的。

1. 人工分离法

此法适用于小批量的废旧塑料分离，根据废旧塑料的外观、色泽、透明度、硬度、手感可对其进行人工分选。

2. 密度分离

各种塑料有不同的相对密度，将试样放进配置一定密度的已知溶液中，根据沉下或浮上鉴别塑料品种(见表7-2-2)。这种方法简易可行，但鉴别填充塑料是困难的。

表7-2-2　常用塑料的密度鉴定

溶液类别	溶液相对密度	溶液的配置	上浮	下沉
$CaCl_2$	1.27	水159g，$CaCl_2$ 100g	PE，PP，PS	PVC
H_2O	1.0	净水	PE，PP	PVC，PS
NaCl 溶液	1.19	水74g，NaCl 126g	PS	PVC
乙醇溶液	0.91	水100g，95%酒精160g	PP	PE

根据密度进行分离的方法有浮沉法、离心分离和干法分离，水旋法分离塑料与杂质如图7-2-1所示。

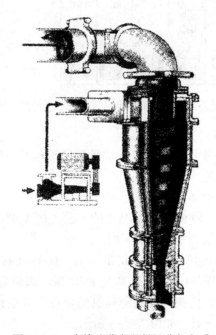

图7-2-1　水旋法分离塑料组分与杂质

3. 光分离

自动光分离机可依靠颜色和透明性差异来分离回收材料，可将彩色的PET从无色的PET中分离出来。

4. 高级分光镜分离

(1) 近红外分光法(NIR)

近红外吸收或反射分光法是一种快速、适用于分析透明或轻度着色的聚合物仪器。

近红外用于一般日用废塑料和工业废塑料的鉴别非常显著。因此种方法是一种非常有效的鉴别和分离塑料瓶的方法。Fraunhofer 化工学院设计的检测探头具有一个大的测量面，可同时观察移动样品的入射光与反射光，光源由 7 个灯组成，从不同的方向照射测量面，使任意方向的反射光都能被石英聚焦收集，如图 7-2-2 所示。

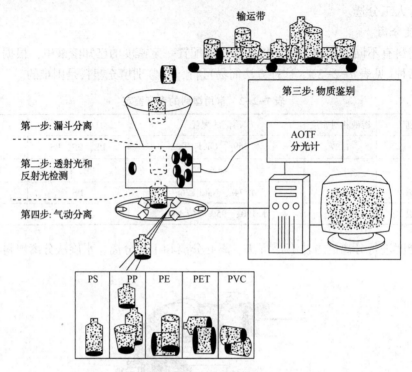

图 7-2-2　Fraunhofer 化工学院红外分离系统

（2）中红外分光法（MIR）

频率在 $4000 \sim 700 cm^{-1}$ 的中红外反射分光法是鉴别塑料的一种完善、可靠的方法，此技术适用于汽车配件等工程塑料。

5. X 射线荧光法（XRF）分离 PVC

X 射线荧光法（XRF）是一种专门分离 PVC 的方法。在 X 射线的照射下，PVC 中的氯原子放射出低能 X 射线，而无氯的塑料反应不同。

X 射线分离系统最早由美国的 National Recovery Technology 公司实现商业化，用来从 HDPE、PET、PVC 整瓶或碎瓶混合堆中分离出 PVC 瓶。该装置利用 X 射线确定哪些是用 PVC 制造的，采用空气吹出。用探测器检测到氯的存在，电脑计时器的空气吹风机会将聚乙烯类化合物从混合塑料中分离。如图 7-2-3 所示。

6. 塑化温度分离法

热塑性塑料在一定的温度下可以被塑化。结晶型热塑性塑料的塑化温度在熔点之上；非晶态热塑性塑料的塑化温度在其软化点之上。同一品种塑料的熔点与结晶度、树脂分子量、分子量分布等结构参数有关，即同种塑料也有不同的塑化温度，不同塑料的塑化温度不同。此法不适用于分离塑化温度接近的制品。

7. 燃烧特性分离

热塑性塑料燃烧时的火焰颜色、燃烧难易程度、燃烧气味及燃后的外观状态进行鉴别。

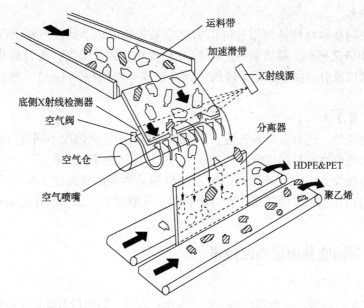

图 7-2-3 用 XRF 将 PVC 瓶与非 PVC 瓶分离的示意图

8. 磁选

手工分选清除塑料中细碎的金属杂物（主要是钢铁碎屑）是困难的，使用磁选清除更有效。为了确保清除金属杂物的彻底性，除在破碎前用磁铁检查废旧制品外，破碎后仍需用磁铁检查一遍，以便把包藏在内部的金属碎屑捡出来。

9. 风力分选

该分选方法是依据塑料的相对密度不同，此法不仅能分开相对密度差异较大的塑料，而且也可将相对密度较大的碎石块等杂质分离出去。

日本钢铁公司拟采用废旧塑料代替粉煤作燃料。如果塑料中含有少量的 PVC，燃烧时就可能产生有毒的氯化氢气体。

使用空气摇床，并通过调整其振动频率、床面的倾斜角度和空气流速，可以将混合物的 PVC 减少至 1%。该空气摇床主要是由送料斗、给料器、振动床面、排料装置及控制装置五个部分组成，如图 7-2-4 所示。

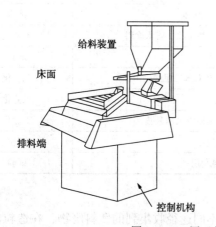

图 7-2-4 用于分选废旧塑料的空气摇床

10. 静电分选

静电分离法的基本原理是利用静电引力之差来进行分选。此法可将 PVC 从金属、PE、PS、纸和橡胶中分选出来，得到单一化的 PVC 回收物。因为湿度，被分离物的重量对分离效率有影响，所以被分离物应该是干燥的，且破碎成小块（直径<1cm），然后通过高压电极分选。

11. 其他分离方法

除上述分选法外，还有温差分选法，利用各种塑料的脆化温度不同进行分选。适宜于催化温度相差较大的两种塑料的区分，如 PVC 与 PE，此法分离成本高。

浮选法也逐渐受到重视，其原理是调节塑料制品的表面润湿度，从而产生亲水或疏水性，亲水的塑料留在水中，而疏水的塑料则黏附于气泡而上浮，从而分选出来。该法对润湿剂的要求标准高。

三、废塑料回收利用及处理技术

1. 再生利用与改性利用

再生利用是指回收废旧塑料制品经鉴别、分类、清洗、破碎后直接加工成型利用。改性利用是将再生物通过机械共混或化学改性，使再生制品的力学性能、加工性能得到改善或提高。

如果废塑料颜色和树脂类型恰当地分类，则可将其加工，制成要作为膜塑料树脂材料用的粒料、絮状物和颗粒。

废塑料回收利用的关键是对其回收并再生，主要是熔融再生。熔融再生技术分为简单再生和复合再生处理。简单再生针对适用于塑料生产过程中的边角碎料，这些废塑料品种单一，较少被污染，一般经简单处理可直接加工成粒料和片料。复合再生针对从流通、消费领域回收的废塑料，需经过预处理、熔炼、造粒（有的不经过造粒，直接成型）、成型等工序再生。国内外废旧塑料再生利用情况列于表 7-2-3。

表 7-2-3　废旧塑料再生利用情况

塑料	回收方法	状况
PE	熔融造粒、再生；催化裂解生产燃料油；加工成类似木材的复合材料	工业化
PVC	熔融、挤压、造粒裂解回收氯乙烯	工业化
PP	挤出塑化、再生；催化裂解生产燃料油	工业化
	加热分解制取苯、甲苯、二甲苯	试验
PS	破碎、切粒、再生；改性生产胶黏剂、快干漆、防水涂料	工业化
	热解制备苯乙烯单体	试验
PET	造粒、再生；采用乙二醇/甲醇分解生产对苯二甲酸二甲酯	工业化
PMMA	加热解聚制取单体	工业化
Nylon	造粒、再生；在催化剂作用下解聚回收己内酰胺	工业化
PF	热解后生产活性炭	试验
PU	用胶黏剂回收，压塑再利用	试验

（1）预处理

再生所用的废料主要来源于使用和流通后从不同途径收集到的塑料废物，在造粒前必须经过清洗、干燥和破碎等预处理工序。

① 清洗和干燥

对于污染不严重且结构不复杂的大型废旧塑料制品，宜采取先清洗后破碎的工艺。首先用含洗涤剂的水浸洗，以去除一些胶黏剂和油污等，然后用清水漂洗，清洗完后取出风干。因体积大而无法放进破碎机料斗的较大制件，应先进行粗破碎后再细碎，以备挤出造粒机喂料。

为确保再生粒料的质量，细破碎后应进行干燥，常采用设有加热夹层的旋转式干燥器，夹层中通入过热水蒸汽，边受热边旋转，干燥效率较高。

② 破碎

a. 双辊式粉碎机

既是粉碎机，也可作为炼塑机使用，炼塑时应能使辊筒温度达到塑料的塑化温度以上。粉碎的程度也可用辊距来调节，主要用于中等硬度的脆性废塑料的粉碎。

b. 圆锥式破碎机

该类破碎机的作用原理是通过锥形轧体在固定的锥型壳体内做转动，从而产生连续不断的挤压力使料块破碎。此设备适用于较坚硬脆性塑料的中等粉碎。其优点是机械化程度高，生产效率高。不足之处是构造比较复杂，大件废旧制品需先粗压碎，才能进入料斗进行破碎。

c. 颚式破碎机

该类破碎机的优点是构造牢固，管理简单，更换零件容易。料块体积较大时不需粗碎可直接进行破碎，缺点是粒度不均匀，且进行细粉碎比较困难，不适于韧性塑料制品。

d. 锤式破碎机

该类锤碎机适于破碎大型的废物，不适于软或韧性塑料制品。优点是碎块均匀，可获得粒度较小的物料。

e. 叶轮式破碎机

该类破碎机综合利用冲击与剪切作用对废旧塑料进行破碎。

f. 旋转式剪切破碎机

该类破碎机由固定刃和旋转刀片及投入装置等构成。废物在固定刃和旋转刃之间被切断。

g. 往复式剪切破碎机

该类破碎机适用于破碎废塑料。塑料薄膜破碎造粒机可对废塑料薄膜进行破碎、清洗、造粒。该类破碎机不同的机型能破碎的废塑料范围很广。

对于常温破碎困难的废塑料制品，可采用低温破碎技术。废塑料在低温下易脆化，从而使破碎变得容易。并且各种塑料的脆化温度不同，可以通过调整冷冻温度，实现选择性分选。低温破碎所需的动力约为常温破碎的1/4以下，噪声比常温破碎低约7dB以下，振动减少1/4~1/5。

采用拉伸、曲折、压缩等简单力的破碎机时，低温破碎所需动力比常温要大；采用冲击式破碎机时，则低温破碎动力比常温要小得多，所以选择破碎机时应选择冲击力为主的。膜状塑料难以使用低温破碎方法。

对塑料低温破碎的相关研究结果表明，各种塑料的脆化点如下：聚氯乙烯为-5~-20℃，聚乙烯为-95~-135℃，聚丙烯为0~-20℃。图7-2-5为美国AIR PRODUCT公司破碎塑料的低温流程：物料先经过预冷装置，再进入磨碎机。

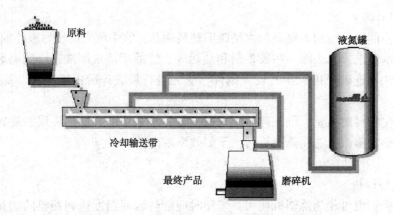

图 7-2-5 AIR PRODUCT 公司破碎塑料的低温流程

（2）再生料的成型前处理

① 配料

回收的废塑料经一系列的预处理得到干燥的粉料后，可直接塑料成型，或经造粒后再成型。在此之前，往往需要进行配料，加入各类配合剂，如稳定剂、着色剂、润滑剂、增塑剂、填充剂和各类改性剂等。

② 捏合

再生回收料与各类添加剂的捏合是十分必要的，能使不要配合的各组分在塑化混融前达到宏观上的均匀分散而成为一个均态多组分的混合物。在选定捏合设备与配合组分后，捏合的效果主要取决于捏合工艺(如速度、时间、加料顺序、搅拌速度等)的控制。

③ 造粒

各类品级的回收料的造粒工艺如图 7-2-6 所示。

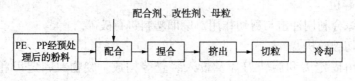

图 7-2-6 回收料的造粒工艺

制备 PE、PP 的再生钙塑料粒可采用开炼或密炼工艺，其工艺流程基本相同，捏合后经开炼机塑化、混炼、放片后切粒，也可由密炼机塑化、混炼、接开炼机放片后切粒。回收 PVC 料因其熔体黏度高，宜在开炼机上人工控制，不论是否是钙塑再生料，皆可采用开炼工艺如图 7-2-7 所示。

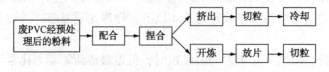

图 7-2-7 再生料的开炼工艺

④ 成型

a. 模压成型

也称作压制成型或压缩模塑成型。废塑料的模压成型工艺是生产再生热塑性塑料的基本手段，可灵活地生产多样再生塑料，设备投资少。该工艺的缺点是生产周期长，产品生产效率低；不能压制形状复杂和尺寸较为精确的制件。

b. 挤塑成型

也称挤出成型。通常使用螺杆挤出机完成塑化和挤出，即利用加热和螺杆剪切作用使塑料变成熔体，然后在压力的作用下通过塑模而直接制备连续的型材。除此之外，采用挤出设备还可以进行电缆的涂覆，发泡制品的制备，塑料的共混、造粒，原位反应型挤出等。挤塑法几乎能加工所有的热塑性塑料，生产效率高、投资少、操作简便。

c. 注塑成型

是热塑性树脂和再生塑料重要的成型工艺。注塑成型有注入熔体和模塑冷却两个环节。其基本过程是：将粉状或粒状塑料从注射机的料斗送入，经料筒加料并熔化成流动状态，由螺杆或柱塞推动喷嘴射入闭合塑模中，然后经保压冷却得到制品。注塑成型工艺，成型周期短，可实现完全自动化生产，能一次性成型得到制品尺寸较精确。

d. 延压成型

是热塑性塑料加工的主要工艺之一。对于生产回收热塑性塑料片材来说，是较佳的工艺。将已熔融的塑料通过相向旋转的数个滚筒组中的滚筒间隙，通过压延作用而生产连续片材的成型方法。压延成型工艺主要用于制造 PVC 膜，软、硬片材。压延工艺的优点是加工能力大，生产效率高，可生产带图案的片材和人造革等；设备庞大，一次性投资高，必须配以开炼、密炼、挤出等塑化设备；产品种类仅限于膜和片材，而且不适于生产较厚的片材。

e. 吹塑成型

是将熔融状态的塑料型胚或管膜，通过压缩空气直接或间接地吹胀成型，冷却后得到相应制品的一种热塑性树脂的成型加工工艺。已经商品化的吹塑制品有 PE 类再生膜、中空制品、PVC 再生膜。

四、热分解

加热使塑料制品中树脂的大分子链分解，使其回到较低相对分子质量状态，回收基本化工原料。热分解技术对有机玻璃、聚酯等较有利，但所需投资较大，且对回收废旧塑料洁净度及单纯性要求较高。因此，此技术的缺点是投资较高，技术操作严格。

对大量的生活废弃塑料可采用化学回收处理——即通过加热或加入一定的催化剂使塑料分解，以获得聚合单体、柴油、汽油和燃料气、地蜡等。该法可以处理不易于再生法利用的广泛收集的废塑料，同时还可以获得一定数量的新资源。塑料由于组成不同，其裂解行为也各不相同。

1. 水解工艺

对于经聚合反应制成的热塑性树脂，如聚氨酯、尼龙、聚酯、聚碳酸酯等，在过热蒸汽条件下可以进行水解，制成单体或中间体，再经缩聚反应制成树脂。采用这种工艺的废塑料必须先经过分类、分选。

2. 加氯工艺

温度 500℃，压力 40MPa 下，进行废塑料加氯反应，可得到 65% 的油类产品，17% 的燃料气体，18% 的残渣，所得到油类产品的质量较高。该工艺要求原料必须是分离了杂质，并经过破碎的废塑料。

3. 高温热解

经过粉碎的废塑料，可采用流化床或回转窑方法进行高温热分解。在无氧热解条件下，可产生作燃气的甲烷。

（1）流化床法

用沙子做热载体，炉温高达 600~900℃，可得到 44% 的气体、26% 的油类和 30% 的残渣，所得气体用于加热反应器，多余气体可用于加热反应器，多余气体可作燃气，其热值高于天然气。所得的油类馏分，可作为生产高聚物的原料。

（2）回转窑法

热分解反应在倾斜于转轴的转窑进行。反应温度在 450℃ 左右时，适用于回收燃气。

4. 常压较低温热解

本方法要点是要解决生产连续化，关键工艺要采用超压报警装置和压力平衡装置，并使用先进的自动控温装置。该工艺可产生 37.5% 的汽油、37.5% 的柴油、15% 的可燃气体和 10% 的残渣。

五、焚烧回收热能

对于难以鉴别、不好分选处理、无法回收的混杂废旧塑料，可以在焚烧炉中焚烧，回收热量用于供热或发电。焚烧可以回收热能，但会产生有害物质，其结果是破坏地球外层空间臭氧层，造成地球变暖并形成酸雨，危及人类身体健康；另外，焚烧装置的一次性投资较大，有时还会有不明树脂烧坏炉膛。

将废塑料作为燃料有两种做法，一种是直接燃用。更合理的方法是通过中间加工而成的废物燃料——生产垃圾固体燃料（RDF），进而回收能源。

六、降解塑料一次性使用

降解塑料主要指农用地膜和包装物，目的是在自然界中完全降解、分解成水和二氧化碳。目前正在进行研究与开发，以减少该废物中的聚乙烯成分或其再循环时产生的氯。

降解塑料至今世界上还没有统一的国际标准化定义，一般是指在特定环境条件下，其化学结构发生明显变化，并用标准的测试方法能测定其物质的性能变化的塑料。

根据多次国际会议研讨资料，关于降解塑料定义的制定有以下几种方法。①化学上（分子水平）的定义：废弃物的化学结构发生显著变化，最终完全降解成二氧化碳和水；②物性上（材料水平）的定义：其废弃物在较短时间内，力学性能下降，应用功能大部分或完全丧失；③形态上的定义：其废弃物在较短时间内破裂、崩碎、粉化成为对环境无害或易被环境消纳。降解塑料的分类如表 7-2-4 所示。

表 7-2-4　降解塑料的分类

降解塑料	类型
光降解塑料	合成型添加型
生物降解塑料	完全生物降解塑料　崩坏性生物降解塑料
化学降解塑料	氧化降解塑料　水解降解塑料
上述三类 组合的降解塑料	光-生物降解塑料　光-氧化降解塑料 生物-氧化降解塑料　光-氧-生物降解塑料（环境降解塑料）

1. 光降解塑料

光降解塑料一般是指在太阳光的照射下，引起光化学反应而使大分子链断裂和分解的塑料。纯聚烯烃塑料对紫外光是稳定的，但加入某些光敏性化合物后，可以产生敏化聚烯烃的光降解作用。一些金属化合物是常用的光敏剂，此外还有光促进剂，可有效地促进光降解。

2. 生物降解塑料

天然高分子型的生物降解塑料利用纤维素、淀粉、木质素、甲壳质等天然高分子或将其与合成高分子接枝而制得。共混型的生物降解塑料是将淀粉和降解添加剂加入聚酯等通用塑料制成。淀粉与低密度聚乙烯共混物已经实用化，其淀粉含量可高于50%。淀粉与乙烯-丙烯酸共聚物采用干混或溶液混合物，可制得机械性能较好的生物降解塑料。合成高分子型的生物降解塑料是利用化学方法合成与天然高分子结构相似的生物降解塑料，可为微生物降解。

3. 光-生物降解塑料

其特点是先使聚烯烃地膜发生光降解，大分子链迅速断裂，分子量迅速降低，然后发生生物降解。实验表明，当聚乙烯残体的平均分子量在10^4以上时，土壤中的微生物对其作用很小，甚至不起作用。可见，可控光降解程度是影响微生物降解的关键。

七、超临界流体技术

超临界流体技术在分解废旧塑料，尤其是聚氨酯、聚酯等极性废旧塑料方面具有独特的优势，可以有效地克服上述传统方法中的缺陷。采用超临界流体技术可以将塑料快速、不用任何催化剂即分解成单体或低聚物，最大限度地利用资源和保护环境。

超临界态是指物质在温度和压力均高于其对应的临界温度及临界压力时所处的一种介于液体和气体之间的一种状态。具体表现为：①黏度低，传质阻力小，扩散速度快，是化学反应的良好场所；②在常温常压下不溶于某溶剂的物质在超临界状态下具有较大的溶解度，可以形成均相过程，大大提高了反应速度；③温度或压力的微小变化，可以使流体的性质发生很大的变化，从而使溶质在超临界流体中的溶解度发生很大的变化，这样有利于溶剂和溶质或催化剂分离。在废旧塑料分解方面，超临界水是最常用的一种优良的溶剂。图7-2-8是超临界流体实验装置示意图。

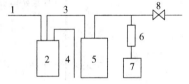

图7-2-8　超临界流体实验装置示意图
1—电源；2—加热控制器；3—热电偶；
4—加热器；5—反应器；6—压力传感器；
7—压力显示器；8—阀

八、填埋处理

填埋处理是深埋塑料废弃物，至少不影响地表植物生长，贮存到资源缺乏时再开发利用。填埋虽然方法简单易行，但隐藏危害也相当大，会造成耕地减少和地下水污染。

第三节　废旧橡胶处理与资源化

一、概述

以废旧轮胎为主的废旧橡胶制品数量增加，也同样给环境造成危害。橡胶材料不能用热塑性加工方法，不能在自然条件下降解。当前，发达国家对橡胶材料回收利用特别重视。其中将废旧橡胶粉碎制成胶粉再利用，是一种节能、经济、无污染的再利用方法。我国的天然橡胶资源十分紧缺，为满足国内市场的需要，天然橡胶每年的进口量较大。

废旧橡胶主要分为废旧轮胎、胶带、胶管、胶鞋及工业橡胶制品，还有一部分来自橡胶生产中的废料，其中废旧轮胎的数量较大，大量的废旧轮胎如果长期露天堆放，不仅造成可再生资源的巨大浪费，而且废轮胎容易滋生蚊虫，日久会自燃造成火灾，还会在缓慢分解时释放有害气体污染空气。由于废轮胎自然降解过程非常漫长，因此被称为"黑色公害"。

我国废轮胎的利用起步较晚，从20世纪70年代末到90年代初至今，胶粉的生产有了较大的发展。但总体上看，仍存在技术上相对落后，回收率和利用率低等问题。如果回收利用废旧橡胶，不仅可以节约资源，解决供需矛盾，而且可以解决环境问题。因此，废旧橡胶的回收利用正成为一个受到普遍关注的问题。

废轮胎的回收利用分为直接利用和间接利用两种，具体的回收利用方式如图7-3-1所示。

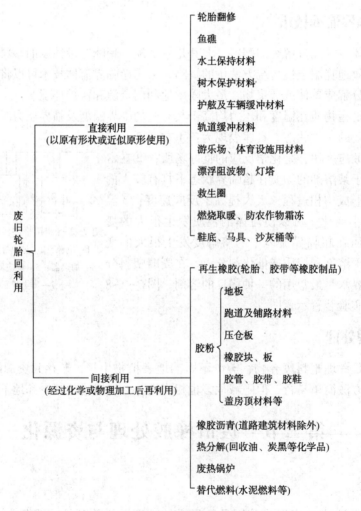

图 7-3-1　废旧橡胶的回收利用

二、整体再用

轮胎翻修是指旧轮胎经局部修补、加工、重新贴覆胎面胶之后，进行硫化，恢复其使用价值的一种工艺流程。

废轮胎可直接用在码头作为船舶的缓冲器，用于构筑人工礁或防波堤，或用做公路的防护栏，用于建筑消音隔板等。废轮胎在用污水和油泥堆肥工程中当作桶装容器，废轮胎经分解剪切后可制得垫圈等。废轮胎还可以被切削制成填充地面的地层或表面的物料。但这些利用方式所能处理的废轮胎数量很少。

三、制造再生胶

再生胶是指废旧橡胶经过粉碎、加热、机械处理等物理化学过程，使其弹性状态变成具有塑性和黏性的，能够再硫化的橡胶。生产再生胶所利用的废橡胶量约占我国废橡胶利用总量的 10%，仍然是我国废橡胶利用的主要途径。再生胶组分中除含有橡胶外，还含有像黑炭、软化剂和无机填料之类的配合剂，特点是具有高度分散和相互掺混性。再生胶有很多优点：有良好的塑性，易与生胶和配合剂混合。

橡胶再生方法大体上分为物理再生法和化学再生法。物理再生法是利用外加能量，使交联橡胶的三维网络破碎为相对低分子质量的碎片，如微波再生、超声波再生、电子束再生、剪切流动场反应技术；化学再生法是利用化学助剂，如有机二硫化物、硫醇、碱金属等，在升温条件下，借助于机械力作用，使橡胶交联键被破坏，得到再生胶。

四、生产胶粉

除了上述经过简单加工后的利用之外，目前研究多的是用废旧轮胎生产胶粉。胶粉是将废胎整体粉碎后得到极小的橡胶粉粒。按胶粉的粒度大小分类见表 7-3-1，精细胶粉表面呈不规则毛刺状，表面布满微观裂纹，这种表面性质是精细胶粉具有三个主要性质：能悬浮于较高浓度的浆状液体中；能较快地溶入加热沥青中；受热后易脱硫。将废旧橡胶粉碎制成胶粉再利用是一种节能、经济、无污染的回收方法。

表 7-3-1 胶粉的分类

类别	粒度/目	制造设备
粗胶粉	12~39	粗碎机，回转破碎机
细胶粉	40~79	细碎机，回转破碎机
微细胶粉	80~200	冷冻破碎装置
超微细胶粉	200 以上	胶体研磨机

依据所用的废旧橡胶原材料来源不同，可分为轮胎胶粉、胶鞋胶粉、制品胶粉等。依据胶粉的活化处理可分为普通胶粉和活化胶粉(改性胶粉)。

活化胶粉是为了提高胶粉配合物的性能而对其表面进行化学处理的胶粉。粒径较大的胶粉经改性后，可取得和精细胶粉相似的性质。胶粉的应用范围很广，但概括起来可分为两大领域：一是用于橡胶工业，直接成型或与新橡胶并用做成产品；另一种是应用于非橡胶工业，如改性沥青路面、改性沥青、生产防水卷材、建筑工业中用作涂覆层和保护层等。

废橡胶的种类繁多，并且含有很多杂质，在废橡胶粉碎之前都要预先进行加工处理，包括分检、切割、清洗等，胶粉生产分为常温粉碎法、低温粉碎法、温法或溶液法。由低温粉碎生产的胶粉粒度细，流动性好；胶粉中不含有铁、纤维等；无热变质和氧化变质现象。

1. 常温粉碎

常温粉碎法是指在常温下对废旧橡胶用辊筒或其他设备的剪切作用行粉碎的一种方法，常温粉碎法具有投资少、工艺流程短、能耗低等优点。常温粉碎法的生产工序分为粉碎与细碎。粗碎用一台或两台粗碎辊筒粉碎机，并配有辅助装置和振动装置。粗碎后的胶粉要求进行筛选，对不符合粒度要求的要重新返回粗碎机，再进行粗碎。粗碎后胶粉还要进行磁选以除去其中的钢丝类金属杂质。

细碎工艺是对粗碎后的胶粉再处理，并去除废橡胶中的金属和纤维等杂质。细碎机的辊筒有两种：一种是表面平滑的辊筒；一种是表面带沟槽的辊筒。其粉碎原理与粗碎工序基本相同、也是依靠剪切力进行压碎、切断而将废旧橡胶制成胶粉。

细碎后的胶粉，通过磁选机磁选进一步去除胶粉中的金属履带杂质，然后筛分。过筛后的胶粉要根据密度的不同，使胶粉与金属、纤维等杂质再次分离，即制成胶粉。典型常温辊筒粉碎法的工艺流程见图7-3-2。除此之外还有常温下的连续粉碎，挤出粉碎和高压粉碎法等。

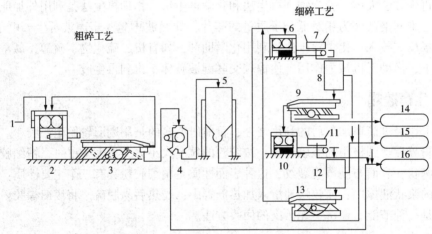

图 7-3-2　常温辊筒法生产胶粉工艺流程

1—轮胎碎块；2—粗碎机；3、9、13—筛选机；4、7、11—磁选机；5—贮存器；
6、10—细碎机；8、12—纤维分离机；14—胶粉；15—纤维；16—金属

2. 低温粉碎

废旧轮胎在常温时为韧性材料，粉碎功耗大，难以达到40目以下的粒径，常规粉碎时大量生热使胶粉老化变形，品质变差。

低温粉碎的基本原理就是利用制冷技术使物质发生改性脆化，而容易被粉碎。如轮胎在-80℃时，变得非常脆，轮胎的各部分很容易分离。物质在冷冻时，其破碎韧性(Fracture toughness，缩写作FT)必须低才容易被粉碎。低温粉碎法主要分为两种工艺，一种是低温粉碎工艺，另一种是低温和常温并用的粉碎工艺。低温粉碎机主要使用低温高速旋转型的冲击式粉碎机和破碎机。

图7-3-3是汽车轮胎低温破碎装置，经皮带运输机送来的废轮胎 T 采用穿孔机穿孔后，经喷洒式冷却装置预冷，再送至浸没式冷却装置冷却。

通过辊式破碎机破碎分离成"橡胶和夹丝布"与"车轮圆缘"两部分。后者被送至装有磁选机的皮带运输机进行磁选。前者经锤式破碎机二次破碎后送入筛选机，按所需粒径不同而分离。

美国 Hosokawa Polymer Systems 公司的废旧轮胎橡胶的低温细磨利用低温工艺可以有效地制备超细粉末橡胶。用液氮冷却进料颗粒，使其低于玻璃化转变温度，然后用对旋销式粉碎机粉碎。胶粉细度和产量由针磨机和氮气计量装置的速度决定，具有特殊设计的螺杆冷却器，工艺流程见图 7-3-4。

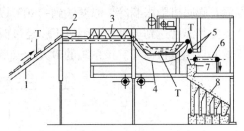

图 7-3-3　汽车轮胎低温破碎装置

1—皮带输送机；2—穿孔机；
3—喷洒式冷却装置；4—浸没冷却装置；
5—破碎机；6—磁选机；7—筛分机；8—风力分选机

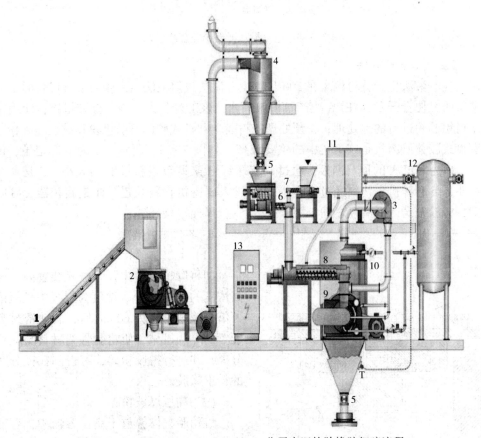

图 7-3-4　Hosokawa Polymer Systems 公司废旧轮胎橡胶细碎流程

1—皮带输送机；2—粗碎机；3—风机；4—旋风分离器；5—旋转阀；
6—带料仓和搅拌器的进料计量螺杆；7—带料仓和添加剂的进料计量螺杆；
8—螺杆冷却器；9—针磨机；10—过滤器；11—液氮控制器；12—液氮储罐；13—控制器

空气膨胀制冷技术是一项航空技术，在中国已经利用空气循环低温粉碎法研制成功年产万吨级精细胶粉生产装置，如图 7-3-5 所示。该系统具有产量大、生产成本较低。无污染、操作自动化等特点。基本原理是空气在空压机中被压缩到具有一定压力，经分离、干燥后，进入膨胀机同轴压气机二次压缩，随后通过二次压缩，通入热交换设备进行冷热交换，降低温度，经涡轮膨胀机膨胀制冷、温度达到-120℃以下。这种胶粒在冷冻流化床中与冷空气进行动态冷冻，使其温度达到玻璃化温度以下，经过低温粉碎机粉碎回热后分离，胶粉进仓分级包装，空气返回空压机再循环。该系统的最大特点是充分利用能源，功耗低，易于实现自动化生产。

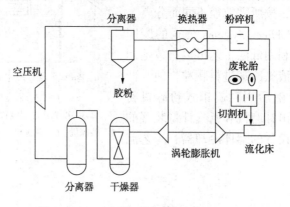

图 7-3-5   空气循环低温粉碎系统示意图

3. 湿法或溶液粉碎法

湿法或溶液法生产胶粉粒度在 200 目以上。湿法或溶液法生产胶粉最具代表的是英国橡胶与塑料研究协会开发 RAPRA 生产胶粉的工艺，该工艺分为三步：橡胶粗碎；使用化学药品或水对粗胶粉进行的预处理；将预处理胶粉投入圆盘式胶体研磨机粉碎成超细胶粉。

圆盘式胶体研磨机是该工艺中的主要设备，如图 7-3-6 所示：A 为上部定子，B 为下部转子，C 为固定 A 的顶端钢板，通过调节螺钉 D 来调节进料口 E 的大小。F 是料斗，物料由料斗进入磨碎机，物料经过安全筛网 G 进入研磨机投料孔道。H 是旋转器，可以产生离心力，橡胶被送入两磨盘之间的磨碎腔内，进行研磨、粉碎。

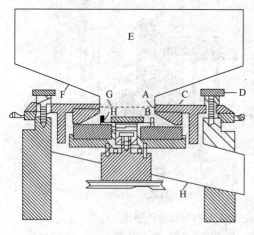

图 7-3-6   圆盘式胶体研磨机剖面图

4. 其他破碎方法

(1) 臭氧粉碎

即将废轮胎整体置于密封装置内，通过超高浓度的臭氧(O_3)、浓度为空气中臭氧浓度一万倍，工艺时间为 60min 后，启动密封装置内配置的专用机械，使轮胎骨架材料与硫化橡胶分离，并进行橡胶粉碎，可得到粒径分布较宽的粉末橡胶。

(2) 高压爆破粉碎

将轮胎整体叠放于高压容器中，容器内压力为 50662.5kPa，在此条件下使橡胶和骨架材料分离后分别回收利用，该法单位能耗为每吨胶粉 60~70kW·h。所得胶粉主要部分的粒度为 10~16 目，最细粒径为 0.4mm，本法适合大型胶粉生产厂使用。

五、胶粉改性与活化

胶粉改性主要是利用物理、化学、机械和生物等方法将胶粉表面进行处理，改性后的胶粉能与生胶或其他高分子材料等很好的混合，复合材料的性能与纯物质近似，但可大大降低制品的成本，同时可回收资源，解决污染问题。胶体通过改性应用于橡胶、塑料和建筑材料中，不仅可降低材料的成本，还可以提高材料一些物理化学性质。表7-3-2中为胶粉改性的主要类型、方法和应用范围。

胶粉的活化改性为了提高胶粉的配合性能，可以对其表面进行活化改性处理。改性方法有物理化学改性、降解再生法、低聚物处理法和再生脱硫改性等。

表7-3-2 胶粉改性的主要方法

改性类别	改性方法	应用范围
机械力化学改性	用机械力化学反应处理胶粉	作为胶粉的活性填充剂
聚合物涂层改性	用聚合物及其他配合剂处理胶粉	改进掺用胶料或塑料的物理性能
再生脱硫改性	用再生活化剂和微生物等处理胶粉	与生胶、再生胶配合
接枝或互穿聚合物网络改性	用苯乙烯、乙烯基聚合物等接枝胶粉，用聚氨酯、苯乙烯引发剂等使胶粉互穿聚合物网络	改进聚苯乙烯物性，增加胶粉与塑料或橡胶的相容性
气体改性	活性气体（F_2、Cl_2、O_2、Br_2及SO_2）等处理胶粉	改善与橡胶（如丁腈橡胶）和塑料（如聚氨酯）的黏着性、相容性
核-壳改性	用特殊核-壳改性剂处理胶粉	改善胶料和塑料的物理性能
物理辐射改性	用微波、γ-射线等处理胶粉	改善与胶料和塑料的相容性
磺化与氯化反应改性	用磺化和氯化反应进行处理	作离子交换剂或橡胶配合使用

六、热解

废轮胎经过热裂解，可提取具有高热值的燃料气，富含芳烃的油以及炭黑等有价值的化学产品。废轮胎还可以与煤共液化，生产精馏分油。

据联邦德国汉堡大学研究，轮胎热解所得主要成分的组成见表7-3-3。

表7-3-3 轮胎热解所得主要成分

组分	气　体					液　体		
组分	甲烷	乙烷	乙烯	丙烯	一氧化碳	苯	甲苯	芳香族化合物
比例/%	15.13	2.95	3.99	2.50	3.80	4.75	3.62	8.50

上述热解产品的组成随热解温度不同略有变化，当温度提高时气体含量增加而油品减少，炭含量也增加。热解所得产品中的液化石油气可经过进一步纯化装罐；混合油经酸处理后再经蒸馏，可制得各种石油制品（如溶剂油、芳香油、柴油等）；粗炭黑经粗粉碎、磁分离、二次研磨和空气分离等步骤后，可得到各种颗粒度的炭黑。

煤与废轮胎共液化条件为温度400℃；氢气压0～10MPa。在此条件下，随着废轮胎的加入，煤的转化率提高，转化率的提高程度与废轮胎/煤（质量比）的比值以及氢气的压力有关。煤与废轮胎共液化，可使煤具有较高的转化率，废轮胎中的有机物几乎可以完全转化为油，由于废轮胎为转化提供了氢而减少了进料氢气的消耗，降低了费用。

废轮胎的热解炉主要应用流化床和回转窑，现已达到实用阶段，废轮胎先经剪切破碎机破碎至小于5mm，轮缘及钢丝帘子布等绝大部分被分离出来，用磁选去除金属丝。

七、焚烧

与普通固体废弃物和大多数煤相比，轮胎具有更高的热值(2937 MJ/kg)，因而废轮胎可以直接焚烧并回收能源和发电。废轮胎也可作为水泥窑的燃料，该方法工艺原理为利用废轮胎中的橡胶和炭黑燃烧产生的热来烧制水泥，同时利用废轮胎中的硫和铁作为水泥需要的组分。

第四节　电子废物处理与资源化

一、概述

电子废物是固体废物中特殊的一类，包括各种废旧电脑、通信设备、电视机、电冰箱以及被淘汰的精密电子仪器仪表等。随着社会经济的迅速发展，电子废弃物的增长速度越来越快。目前最紧迫的是对废弃家电、电脑及通信设备的回收利用。

如果任意堆放，电子废物产生的渗滤液会对地下水与土壤造成污染。其中含有的重金属：铅、镍、镉、汞会对人体产生危害。如果采用不适当的方法进行处理，会产生严重的二次污染。因此，如何将产生量大、种类繁多、性质复杂、来源分布广泛的电子废弃物进行无害化、资源化处理，尤其是在当前主要的原生资源正变得日益贫乏和昂贵的现实背景下，已成为全世界环境领域深为关注的课题，国际社会先后制定了有关的政策与法规。

德国于1991年颁布了《电子废弃物法规》，一直积极开发并实施电子废弃物机械化处理的工艺流程。欧盟于1998年7月颁布了《废旧电子电器回收法》，2003年2月13日出台了《报废电子电气设备指令》(WEEE)和《关于在电子电气设备中限制使用某些有害物质指令》(ROHS)，指令要求：在2005年8月13日，生产商包括其进口商和经销商负责回收、处理进入欧盟市场的废弃电器和电子产品，并在2005年8月13日后投放市场的电器和电子产品上加贴回收标志。荷兰与瑞典均有与电子废物有关的法规。美国是世界上最大的电子产品生产国和电子垃圾的制造国，美国国家环保局从1998年开始进行这方面的政策法规研究，力图从政策法规方面鼓励人们自愿开展电子废弃物的综合利用工作。日本实施了《家用电器资源回收法》，明确规定家电制造商和进口商对家电有回收的义务和实施再商品化的义务。

随着电子产品更新换代速度逐渐加快，以废旧家电为代表的电子垃圾越来越成为困扰全球环境保护、可持续发展的重大问题。

我国待处理的电子垃圾数量巨大，相关资料显示，全世界数量惊人的电子垃圾，约80%被运到亚洲，其中的90%丢弃在中国，给我国的电子废物处理带来空前的压力。我国也逐渐重视电子废物的综合利用及相关工作，由国家环保部颁布的《电子废物污染环境防治管理办法》已经于2008年2月1日起施行。国家"十二五"规划纲要中提倡大力发展循环经济，其中提出了"城市矿产"示范重点工程，规划建设50个技术先进、环保达标、管理规范、利用规模化、辐射作用强的"城市矿产"示范基地，实现废旧金属、废弃电子产品、废纸、废塑料等资源再生利用、规模利用和再生利用。国家环保部于2010年1月4日公布了《废弃电器电子产品处理污染控制技术规范》，明确指出对面积大于10mm²的印刷电路板应预先取出，并单独处理；采用粉碎、分选方法处理废弃印刷电路板的设施应设有防止粉尘逸出的措施，应有除尘系统、降噪声措施。

我国自 2011 年 1 月 1 日起施行《废弃电器电子产品回收处理管理条例》，鼓励和支持废弃电器电子产品处理的科学研究、技术开发、相关技术标准的研究以及新技术、新工艺、新设备的示范、推广和应用。2017 年 1 月 3 日，我国发布《生产者责任延伸制度推行方案》，将生产者责任延伸的范围界定为开展生态设计、使用再生原料、规范回收利用和加强信息公开等四个方面，率先对电器电子、汽车、铅蓄电池和包装物等产品实施生产者责任延伸制度，并明确了各类产品的工作重点。对于电器电子产品，要在坚持现有处理基金制度的基础上，制定生产者责任延伸制度的评价标准，支持生产企业建立废弃产品的新型回收体系，发挥基金的激励约束作用。2020 年 5 月 14 日，国务院发布《关于完善废旧家电回收处理体系推动家电更新消费的实施方案》中指出：运用互联网、物联网、人工智能等新一代信息技术、构建智能、高效、可追溯、线上线下融合的回收处理体系。

二、电子废物处理与资源化技术

1. 电子废物资源化处理技术

电子废物处理是以再生利用为目的，由识别、分类、拆解、单体解离、粉碎、分级、选别、精制、提纯、消毒、焚烧、填埋等一系列单元操作组成。许多最初用于选矿工程的经典工艺技术和设备已成功地应用于固体废物处理和二次资源回收，从而实现环境保护和资源的综合利用，并由此创造了一个重要的科技开发领域和经济市场。其中机械处理技术在废物再生利用，减轻环境的负担方面，起着极其重要的作用，选矿技术的分离方法、分选机械和分选工艺是可以借鉴的主要技术。

电子废物处理可分为的三个阶段(表 7-4-1)：20 世纪 70 年代开始是商业目的回收，主要回收贵金属和稀有金属；从 90 年代开始环保回收，不单纯是从电子废弃物中回收贵金属和稀有金属，也回收塑料和危害大的显示器；2000 年开始在设计阶段将可回收再利用的性能融入产品之中。目前国外部分品牌电器生产商已经开始这种战略，生产商将承担起产品废弃后的处理与处置责任，从而促使生产者在产品设计时更多地考虑产品的环境性能，减少有毒有害材料的使用，生产环境友好的产品。

表 7-4-1　电子废物处理的三个阶段

发展阶段	回收范围	稀有金属	非金属
商业回收 (20 世纪 70 年代开始)	大型机械	高含量	高含量 无玻璃 少量塑料
环保回收(20 世纪 90 年代)	大规模 小型机械	低含量	低含量 大量显示器 塑料多
清洁生产 (2000 年开始)	环保设计机械	低含量	玻璃多 塑料多

电子废物的回收资源化处理主要包括以下工艺过程。

（1）拆解

拆解主要分为手工拆解和机械化拆解。拆解时应先将含有有毒有害物质的零部件分离出来，如制冷剂、电池、灯管、汞开关、含多氯联苯的电容器等。对于空调和电冰箱，拆解前应先回收其中的制冷剂和压缩机油。

拆解产物应根据后续处理工艺的要求进行分类，一般可分为塑料、钢铁、铜、铝、压缩机、CRT 显像管、电路板、可再利用零部件(如电脑硬盘、内存、中央处理器等)、线缆等。经过拆解后，有的物质可直接进入再利用环节，如塑料、钢铁、铜等；有的需要进一步的处理，如 CRT 显像管、电路板等。

（2）分离

分离处理的对象主要是经拆解后有回收利用价值但不能直接进行回收利用或虽无回收利用价值但不能直接进行处理/处置的零部件如电路板、显像管、液晶面板等。目的是分离得到纯度较高的目标物质，实现有价物质的回收，并减小目标物的体积，使其便于贮存和运输。应根据处理对象的不同，采用不同的操作，如电路板的处理可经过破碎后采用磁选、电选、气流分选、涡电流分选等技术将其中的铜与电路板基板材料分离开来。

（3）污染物的处理

在拆解及物质分离的过程中均会产生污染物，如冰箱隔热层的聚氨酯泡沫、压缩机油、CRT 显像管湿法拆解产生的废酸液、电路板高温处理产生的废气等，对这些污染物要根据各自的性质采用相应的方法进行处理，确保其不会扩散至周围环境中，造成污染。

（4）物质回收与再利用

经过拆解与分离后，得到的纯度较高的物质可以作为原料回收再利用，如钢铁、塑料、玻璃等，这些物质经过相应处理后可回用于产品的制造或用作其他用途，从而节约资源。

（5）能量回收

将不适于作为原料回收再利用的物质(比如部分塑料、木材)用作燃料回收能量，也是实现废物资源化利用的一种途径，此方法可有效减少需要处理的废物的体积，但由于燃烧过程可能产生大气污染物，因此燃烧必须在有完善尾气处理系统的设施中进行，避免对大气造成污染，但这样做有可能会增加废气处理的成本。

2. 废旧电路板回收流程

印刷电路板(Printed Circuit Board，PCB)几乎会出现在每一种电子设备中，主要用于计算机与辅助设备、消费电子类和电信等，已成为绝大多电子产品不可缺少的组成部件。

随着电子设备越来越复杂，需要的零件越来越多，PCB 上的线路与零件也越来越密集。裸板(上面没有电子元件)是废旧电路板中一类，也常被称为印刷线路板(Printed Wiring Board，PWB)，生产电路板时淘汰的废板、边角料等约为 1%~2%。印刷线路板的种类很多，按绝缘材料分，有纸基板、玻璃布基板和合成纤维板；按粘接剂树脂分，有酚醛、环氧、聚脂、聚四氟乙烯等；按结构分，有单面印制板、双面印制板、多层印制板和软印刷板；按用途分，有通用型和特殊型。

目前 PCB 的基板材质多为玻璃纤维增强的环氧树脂覆铜板，含有卤化阻燃剂，燃烧时可能产生危险的二苯二噁英和二苯呋喃。其中所含的金属分为基本金属如铝、铜、铁、镍、铅、锡和锌等，此类金属含量较高。贵金属和稀有金属如金、银、钯、铬、硒等，此类金属含量较低。

废旧印刷电路板的回收是一个相当复杂的问题。由于材料组成和结合方式复杂，单体解离粒度小，不容易实现分离。根据分离原理的不同，可把各种资源化技术大致分为化学、热处理、机械处理技术三种。化学方法通常指湿法冶金，如酸洗法、溶蚀法等。热处理方法包括高温分解、焚化、冶炼法、裂解等。

（1）湿法冶金

利用浓硝酸、硫酸或王水等强酸或强氧化剂将电路板（可以是整体或者经破碎后的电路板）中的金属溶解，再分别将其还原成金、银、钯等金属产品，含有高浓度铜离子的废酸则可回收硫酸铜或通过电解回收铜。

（2）热处理法

将经过机械粉碎后的电路板进行高温焚烧，使其中的塑料、树脂及其他有机成分分解，贵金属熔融于其他金属熔炼物料或熔盐中，非金属物质主要是电路板基板材料等，一般呈浮渣物选去除。热处理法工艺简单，金属回收率高，贵金属的回收率可达 90% 以上。热处理法主要有焚烧溶出工艺、高温氧化熔炼工艺、浮渣技术、电弧炉烧结工艺等。采用热处理法处理电路板时，如果温度在 300℃ 以上，还应考虑二噁英的收集处理，烟气处理排放标准执行《危险废物焚烧污染控制标准》（GB 18484—2020）。

（3）机械处理法

首先把电路板粉碎，使金属与非金属分离，然后根据各组分特别是金属与非金属组分的物理性质（如密度、导电性、磁性、形状、粒度、颜色等）差异来实现组分间的分离。机械物理法中应用到的机械设备主要有：① 破碎设备，如锤碎机、锤磨机、切碎机和旋转破碎机等；② 分选设备，包括电选、磁选和相对密度分选设备，如涡流分选机、静电分选机、风力分选机、旋风分选器、风力摇床等。

在电路板处理中，为了提高金属回收效率和回收金属的品位，一般将几种方法组合使用。机械物理法常见的处理工艺有：湿法破碎+水力摇床分选、干法破碎+气流分选/气力摇床、干法破碎+静电分选等。

实际操作中，通常以一种方法为主，多种方法反复交叉进行。化学处理方法、热处理法回收处理方法都不可避免地产生严重的污染，考虑到生态环境效应及可持续发展战略，这些方法难以被推广应用。图 7-4-1 对现有电路板的回收流程进行了总体描述。从流程图中可看出，图中虚框中的破碎、富集部分是整个流程的机械预处理部分，无论采取哪种资源化技术，破碎工艺与设备都是重要的一环。机械处理技术的优势明显，不需要考虑产品干燥和污泥处置等问题，在物理变化范围内实现废旧印刷线路板资源化，回收其中绝大部分的金属、非金属等材料，越来越受到重视。

3. 废旧电路板破碎技术

采用机械处理技术处理废弃印刷电路板的目的是实现资源化回收，先将废弃印刷电路板进行拆解、粗碎、再粉碎成细小颗粒，然后根据材料性质的差异对不同成分进行分离。该技术是目前国内外处理废旧电路板的主要研究热点，破碎又是机械处理技术的重要环节。在废旧电路板的破碎中仍然存在以下三个方面的突出问题：

（1）废旧电路板使用常规的破碎方式很难达到理想的破碎效果

废旧电路板主要是由一些不可降解的高分子材料和重金属组成，材料组成和结合方式复杂，单体解离粒度小，物料的粒度影响着物质的分离效果，还会影响进一步分选的精度。目前应用于废旧电路板破碎的设备多是来源于矿业与化工行业，破碎效率不好，破碎能耗高。

（2）在废旧电路板的破碎过程中易出现过粉碎现象与二次污染

破碎的目的是使废弃印刷线路板中的金属尽可能实现单体解离，以便于提高分选效率，而不是越细越好。目前所使用的一些粉碎技术，易出现过粉碎现象，既增加了破碎过程中的能量消耗，又给后续分选带来不利影响。在粉碎过程中易产生有机气体、粉尘与噪声污染。

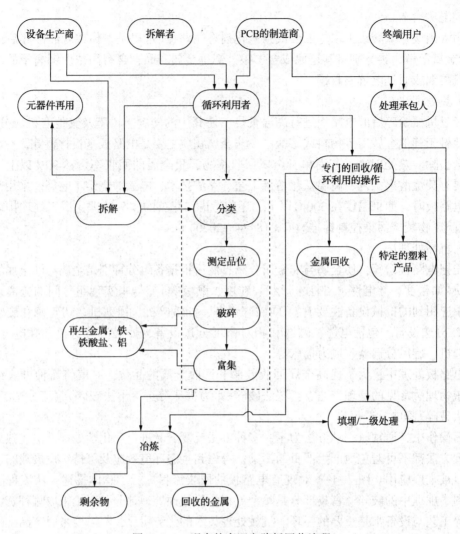

图 7-4-1　现有的废旧电路板回收流程

（3）低温破碎需要低温环境在一定程度上增加成本

与常规破碎方法相比，为了实现物料的脆化需要低温的环境，另外还需要相应增加额外的制冷与保温设备，在一定程度上会增加破碎的成本。如何通过低温破碎降低破碎的难度，减少破碎的能耗、选择合适的制冷方法以降低低温冷却的成本是废旧电路板低温破碎能否实现工业化的关键。

破碎是电子废弃物特别是废旧电路板机械处理中的重要环节，其破碎技术的关注点主要有：

（1）破碎效果

主要指破碎产品的粒度分布规律，对于粒度分布的期望是一方面保证解离粒度在要求粒度以下，同时又要尽量避免过粉碎，因为这样既可以减小不必要的破碎功耗和对环境的二次污染，又不会因过粉碎颗粒影响甚至恶化后期的分选效果。

（2）功能转化

破碎以一定形式的能量消耗得到一定数量、不同粒度的产品。理想的结果是利用最少的能量消耗得到最大数量的合格粒度产品。环境友好——废旧电路板资源化的同时也要坚持无害化处理的原则，在处理过程中要避免有害物质的产生，避免产生二次污染。

（3）经济实用

破碎技术应该是简单实用，一方面要考虑实现工业化生产的可行性，另一方面也要考虑技术实施过程中的经济成本。

降低废旧电路板的污染，提高资源资源化回收率，不仅是电子废弃物回收的要求，也是解决我国固体废物污染领域内难题的出路。

（1）机械破碎技术

破碎是废旧电路板机械处理中的重要环节，其主要目的为：便于单体处理；得到适合于下一步分离的粒度与形状；实现不同物质的解离。废旧电路板通过常规的破碎方法很难破碎，目前的研究采用干法破碎、湿法破碎、改性破碎时，多采用破碎与磨碎结合的工艺，设法实现废旧电路板的破碎与单体解离。

日本 NEC 公司的回收工艺采用两级破碎工艺，分别使用剪切破碎机和特制的具有剪断和冲击作用的磨碎机，磨碎机中使用复合研磨转子，并选用特种陶瓷作为研磨材料，将废板粉碎成小于 1mm 的粉末，这时铜可以很好地分离。瑞士 Result 技术公司开发了一种在超音速下将涂层电路板等多层复合制件破碎的新设备，利用各种层压材料的冲击和离心特性及材料的变形情况不同，将脆性材料碎成粉末，金属则形成多层球状物，分离多层复合材料变得容易。

（2）低温破碎技术

低温破碎技术最早实现工业化是在 1948 年，目前常用的制冷方法有蒸汽压缩式制冷、吸收制冷、蒸汽喷射式制冷、吸附式制冷、相变制冷、吸收式制冷、空气膨胀式制冷、热电制冷、涡流管制冷。常用的制冷剂有二氧化碳、液氮、冰和液化天然气（Liquefied Natural Gas，LNG）。

颗粒的破碎主要受以下三种因素的影响：温度、冲击速度、粒度，这三个变量影响破碎的发生和破碎程度。低温破碎的基本原理就是利用制冷技术使物质发生改性脆化，而变得容易被破碎。低温破碎产生的污染较少、能耗低、效率高，破碎后产品粒度小、粒度规则，还能根据物料脆化点的不同实现选择性破碎，这些特点决定了低温破碎技术在生活垃圾、塑料与橡胶回收，金属切割中被广泛使用。

第五节　污染土壤处理与资源化

随着城市化规模不断扩大，污染工业的搬迁已成为快速改善城市环境和督促企业升级改造的有效手段。由于历史与技术原因，污染治理不彻底，污染工业遗留场地对环境产生危害。随着轨道交通、地下工程和土地开发的规模不断扩大，污染场地建设与环境修复问题日益凸现。例如，2004 年在北京地铁宋家庄站的施工过程中发生一起中毒事件，北京市环保局开展了场地监测并采取相关措施，污染土壤被清运出场地进行焚烧处理，该事件标志着中国重视工业污染场地修复与再开发的开始。2006 年北京建工集团对污染过的原北京化工三厂的地块进行住宅开发，为避免因土壤污染引发环境和社会影响事件的发生，组织成立了专业化运营团队对污染土壤进行了综合治理，由此也启动了全国首例商业化污染场地修复项目。2006 年武汉三江地产项目中发现场地污染，土地出售方武汉土地储备中心由于在土地交易前未能充分开展场地评估和信息公开，向三江地产赔偿 1.2 亿元人民币。2008 年上海轨道交通广兰路场地发现土壤及地下水污染等，建设的同时进行了污染土壤与地下水调查、评估及处理处置项目。

一、施工隔离措施

20 世纪 80 年代早期，对污染场地的治理通常是将场地的污染物挖掘后，填埋到一个更为安全的地方(填埋技术)。随后发展的是污染源封装技术，即对污染源采用一定的技术进行隔离，具体如表 7-5-1 所示。但是此类方法只是实现了污染的转移，并没有实现污染的消除。20 世纪 80 年代后期至 90 年代初，对场地的修复从简单的填埋逐渐转变为较为理想的修复模式，在欧美国家基于被动隔离设计理念的竖向隔离工程屏障技术(Vertical cutoff barrier)广泛应用于防治地下水污染和工业污染场地的修复工程。竖向隔离工程屏障主要包括注浆隔离墙(Slurry cutoff walls)和板桩墙(Sheet pile walls)等形式，其中注浆式隔离墙在竖向隔离工程屏障项目中的使用率最高，以美国为例超过 80%。

表 7-5-1 污染封装技术类型

封闭方式	污染封装技术类型
表面覆盖或底部衬垫	封顶(不渗透材料)，覆盖材料，土壤蒸发蒸腾覆盖，黏土衬垫，土工合成材料衬垫
填埋	现场固化，现场处置，现场填埋；非现场固化，非现场处置，非现场填埋
排水与腐蚀控制	工程控制，水力控制，不可渗透帷幕，植物复垦，边坡稳定，地下排水，地表水控制
垂直格栅工程	水泥浆阻隔层，不渗透性格栅，打桩阻断，泥浆墙，地下格栅，垂直格栅
其他技术	封装(固化、处置和移除)，渗滤液控制(收集、排放、回收井和回注)，永久储存，维修(管道维修、下水道维修、储罐维修)，地表水管理

二、土壤修复技术

污染场地的修复技术的分类方法有多种：根据修复处理工程的位置可以分为原位修复技术与异位修复技术。根据修复原理可分为物理技术、化学技术、热处理技术、生物技术、自然衰减和其他技术等。有些修复技术已经进入现场应用阶段并取得了较好的效果，但是这些常用的污染土壤修复技术可能存在难操作、成本高和综合修复时间长等问题。常见污染土壤修复技术应用情况如图 7-5-1 所示。根据修复原理划分的污染源处理技术类型的修复技术如表 7-5-2 所示。

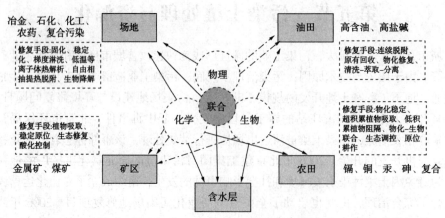

图 7-5-1 常见修复技术应用情况

表 7-5-2 　按修复原理划分的污染源处理技术类型

技术名称	修复条件	适应对象	修复周期/月	优势	不足
土壤气提/生物气提	通风设备、气体收集与处理设备	SVOCs, VOCs, PAHs	6~24	针对挥发性有机物效果好、可与生物降解方法联用	要求污染土层渗透性强, 地下水位影响修复
化学氧化	氧化剂、注入装置	VOCs, SVOCs, PAHs, PCBs, Pest., Diox/Fur	< 6	修复效率高、速度快	难以深层处理
植物修复	特殊植物	SVOCs, VOCs, Inorg, H.M., PAHs, PCBs	> 12	操作简便、修复费用低	处理深度有限、处理时间长
微生物修复	微生物、堆置设备	SVOCs, VOCs, PAHs	6~24	操作简便、修复效果好、环境友好	不宜处理高浓度污染物(>5%)
热处理	加热设备、废气收集装置	VOCs, SVOCs, PAHs, PCBs, Pest., Diox/Fur, Hg	6~12	处理效率较高、浓度范围广	水分和土壤质地影响处理效率
固化/稳定化	修复剂、固化设备	H.M., PAHs, PCBs, Pest, Diox/Fur, Inorg	< 6	处理重金属效果较好	难以处理有机污染物, 修复后需要长期监测
淋洗	水、化学溶剂、清洗设备	PAHs, PCBs, H.M., Diox/Fur	< 12	适宜砂性土壤、费用较低、常与其他修复技术联用	扩散过程要求准确控制(避免污染物向非污染区扩散)

1. 土壤气相抽提

土壤气相抽提(Soil Vapor Extraction，SVE)及其衍生技术是工业污染场地应用最为广泛的技术之一。SVE 技术是一种将新鲜空气通过注射井注入到污染区域，再通过抽提井在污染区域抽气，将挥发性有机污染物从土壤中解吸至气相并引至地面上进行处理的修复技术，如图 7-5-2 所示。该技术的第一个专利产生于 20 世纪 80 年代，当时被美国环保署认定为具有"革命性"的环境修复技术，具有成本低、可操作性强、不破坏土壤结构等特点，得到

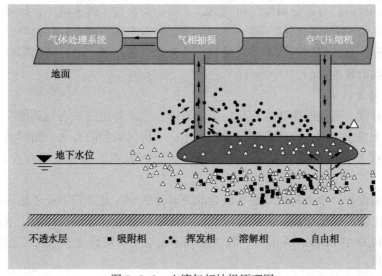

图 7-5-2 　土壤气相抽提原理图

迅速发展。SVE适用于绝大多数挥发性有机物在非黏质土壤中的污染治理，修复效果可达到90%，是实际运用最多的场地污染修复技术。

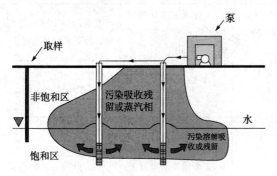

图7-5-3　土壤气相抽提原理图

生物通风(Bioventing)则是继SVE后又一种"革命性"土壤修复技术，实际上是生物增强式SVE技术，该技术结合了气相抽提与生物降解的特点，使土著微生物利用抽提过程中补充新鲜的氧对残余有机污染物进行好氧降解，也可以利用土壤渗流外加液态营养元素或其他氧源来强化降解，如图7-5-3所示。

2. 化学氧化技术

化学氧化修复技术是指将氧化剂(Fenton试剂、臭氧、过氧化氢、高锰酸钾等)注入或掺进地下环境中，通过氧化反应使地下水或土壤中的污染物质被破坏、降解成无毒或危害较小物质的化学处理技术。通常可应用于石油类碳氢化合物、苯、酚类、含氯有机溶剂、PAHs等在环境中长期存在，难以被生物降解污染物质的修复。

3. 热处理技术

热处理技术是通过加热土壤使其中的有机污染物和特定金属元素蒸发转化为气体，再通过特殊装置对有害气体进行无害化处理的修复方法。热脱附技术对挥发性有机物、燃油、PAHs、PCBs、有机农药等具有良好的去除效果，对高污染场地有机污染土壤的修复具有优势。

4. 微波处理技术

微波加热具有加热速度快、能源利用率高、加热均匀、温度梯度小等优点，20世纪40年代以来，微波加热技术取得了很大发展，因其快捷有效的加热方式在环境污染治理中也逐步得到应用。近年来人们将其逐渐应用到污染治理方面，如有机污染土壤修复、污水处理、污泥热解、放射性废物玻璃化、医疗垃圾灭菌消毒及废气脱硫脱硝等。采用微波技术对土壤中污染物的处理目前已有部分研究。研究结果表明，微波技术对土壤中包括多环芳烃、多氯联苯和六氯苯在内的有机物和镉、锰、钍、铬等多种重金属，都有较好的处理效果，利用其独特的加热机理，高效快捷的加热效果处理污染土壤，使土壤中的污染物得以收集、破坏或固定，从而达到治理的目的。

5. 微生物修复技术

微生物修复技术就是微生物以有机污染物为唯一碳源和能源或者与其他有机物质进行共代谢从而降解土壤、污泥、固体废物以及地下水中有机污染物的方法，同时微生物可以通过改变环境条件或者直接改变金属元素形态而降低金属元素的毒性、增强金属元素的迁移能力。

北京市环境保护科学研究院牵头并联合北京师范大学、北京轻工业环境保护研究所共同开发生物堆、生物泥浆反应器、异位通风和污染土壤洗涤处理等四项污染土壤修复技术，通过与意大利公司D'APPOLONIA合作，首次实现了土壤生物堆修复技术从实验室研究到工程应用的重大跨越。

6. 淋洗技术

淋洗技术是将水、表面活性剂溶液或含有助溶剂的溶液直接作用于土壤或注入到地表以下，以洗脱或解吸污染物的过程，是一种完善且高效的修复方法，可运用到对有机物和重金属污染土壤的修复。淋洗剂主要有化学表面活性剂、生物表面活性剂、酸、碱或络合剂等。

7. 固化/稳定化技术

固化/稳定化技术（Solidification/Stabilization）是在污染土壤或固体废物中加入一定比例的稳定剂/固化剂，使其与土壤中的污染物发生一系列物理化学作用，从而将污染物固定在相对密实的固体材料中，达到阻断污染源释放，降低污染物浸出、迁移性能及毒性的作用。

2004 年上海开始筹备世博会后，专门成立了土壤修复中心，对世博会规划区域内的原工业用地污染土壤进行处理处置。在位于浦西世博园区 E 区的城市最佳实践区内，场地维护面积约 2.4 万 m^2。主要污染物为重金属和多环芳烃，污染土壤占地约 5400 m^2，污染深度约 2~4m。

综上所述，污染治理技术主要是采取隔离与修复技术，美国超级基金场地修复行动的修复决策记录中涉及污染源处理或封装技术的共有 764 条，其中的 42% 为原位污染源控制技术，58% 为异位污染源控制技术。同时，已完成的污染源控制工程中有 341 项（占 73.5%）采用的是异位修复技术，123 项（占 26.5%）采用的是原位修复技术，即大多数已完成的修复工程采用的技术为异位污染源控制技术。到目前为止，中国已成功完成了多个场地的土壤修复工作，如北京化工三厂、红狮涂料厂、北京焦化厂（南区）、北京染料厂等。这些案例为中国污染土地的修复和再开发提供了宝贵的技术和管理经验。

第六节　污泥处理与资源化

一、概述

根据住房和城乡建设部的统计：我国城市污水处理厂共有 2000 多座，污水处理设施总处理能力达到 1.49 亿 m^3/d，年处理污水量 448.8 亿 m^3。在污水处理过程中，有 20%~50% 的有机物（污染物）、20%~45% 的氮、90% 的磷转移和富集到污泥中，污水处理量的提升也使得污泥产量急剧增加，我国污水厂污泥产量已高达 4300 万吨（以含水率 80% 计）。

污泥处置存在二次污染隐患，将逐渐向由"重水轻泥"向"泥水并重"转变，从污泥"减量化"向"资源化"转变。《"十三五"节能环保产业发展规划》的环保技术装备中提出了示范推广污泥无害化资源化处理技术，污泥处理处置市场将逐渐被开发，污泥脱水与干燥技术越来越受到重视。由于污泥颗粒的特殊絮体结构及高度亲水性，使其包含的水分很难被脱除。因此，提高污泥脱水与干燥效果可减少后续资源化的困难，便于后续的运输、焚烧、填埋。

污泥处理工艺主要包括浓缩、消化和机械脱水等；采用不同的脱水工艺其脱水污泥的含水率是不同的，大致范围是 65%~85%。然而很高的含水率将会给后续处理工艺带来很大的影响。当含水率在 15%~30% 时才可以用于制砖，高的含水率在污泥焚烧过程中会损失大量热能等。

二、污泥脱水特性表征

从大量实验研究表明，通常用以表征污泥脱水特性好坏的指标主要有粒径分布、黏度、EPS（Extracellular polymeric substance）和 CST（Capillary suction time）等，而这些指标参数都和污泥中絮体物的形态、物理和化学等各项特性密不可分。

污泥中所含水分可以分为四类：自由水、间隙水、表面水和结合水。其中自由水可自由流动，围绕在污泥四周但不以任何形态与污泥附着或结合，约占污泥水分的70%，可用重力分离；间隙水是污泥间因毛细管现象而保持的水，可用离心、真空等机械力使颗粒变形、压缩而分离；表面水是通过氢键附着在胶体表面的水分子层，只有经过调质才能用机械方式脱水去除；结合水指的是通过化学键与污泥紧密结合的水，约占污泥水分的4%，经过调质可部分去除。如果不进行调质，表面水和自由水即为污泥机械脱水的上限。

从污泥絮体所含有的各种水分不难看出，污泥中结合水的含量对于污泥脱水特性来说也是一个重要指标，能够从水分分布的方面来表征污泥脱水的难易程度，从而达到表征污泥脱水特性的目的。污泥的水分分布特性与污泥的机械脱水性能关系密切，可直接用于衡量机械脱水的难易程度，结合水越多，机械脱水越难，反之则越容易。结合水的表征方法有很多，主要包括热干燥法、膨胀计法、TG-DTA法、DSC法、抽滤法和水活度法等。

1. 热干燥法

该法为测定污泥中水分分布的常用方法。在恒温恒湿条件下，水分与污泥颗粒结合强度越大，其蒸发速率越低。

因此，可利用污泥干燥失重曲线确定不同结合形态的水分含量。自由水蒸发发生在恒定速率阶段，间隙水的蒸发发生在第1降速阶段，而第2降速阶段表示结合力更强的水发生蒸发，其速率更加缓慢。在热动力学平衡时污泥中仍存在的水分，即污泥中固有的水分。

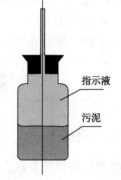

图7-6-1 热膨胀计示意图

2. 膨胀计法

结合水受污泥颗粒束缚，其结冰温度低于冰点，根据此特点，膨胀计法定义了污泥的结合水为在某个零下温度（通常选用-20℃）不结冰的水分，而能够结冰的水分则为自由水，利用膨胀计测量污泥样品的膨胀程度（由于自由水凝结成冰体积膨胀），首先确定自由水含量，然后反求结合水含量，具体装置如图7-6-1所示。膨胀计法使用的指示液应当满足以下要求：(1)指示剂不溶于水且密度小于水。(2)指示剂在低温下的热膨胀曲线为线性。(3)指示剂在低温下的热膨胀曲线为线性。(4)对于污泥中有机质成分的影响越小越好。

3. 抽滤法

该方法认为污泥经真空抽滤后，剩余水分为结合水。但在对泥饼进行干燥的实验中，发现仍存在恒定蒸发速率阶段，这种现象被一些学者解释为由于污泥絮体结构内部间隙水的存在而导致的现象。抽滤常用的装置如图7-6-2所示。

抽滤装置主要由布氏漏斗、抽滤瓶、真空表和真空泵组成，通过调节流量计来调节抽滤的压力，同时可以充当开关阀门的工作，而且相对于普通阀门，流量计的微调效果更明显。

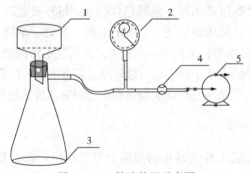

图7-6-2 抽滤装置示意图

1—布氏漏斗；2—真空表；3—抽滤瓶；4—流量计；5—真空泵

4. 水活度法

水活度(a_w)的概念广泛应用于食品工业，表征了水分子在化学上或结构上与食品成分的结合程度。根据定义，水活度可近似等于样品在密封容器内的水蒸汽压与在相同温度下的纯水蒸汽压之比，取值在 0~1 之间。水活度越低则表示，水分子与固体颗粒间的结合力越大，结合程度越高。水活度的概念一般应用于食品工业，Vaxelair J 在 2001 年将该技术应用于污泥结合水的测定。

图 7-6-3 为典型的等温吸湿曲线。*AB* 区：颗粒表面通过化学吸附的单层分子水，其结合强度最高；*BC* 区：水分占据颗粒表面第一层的剩余位置和亲水基团周围的另外几层位置，形成多分子层结合水；*CD* 区：是毛细管凝聚的水分。a_w 在污泥等温吸湿线中所对应的含水率为结合水含量。

5. TGA-DTA 法

TGA-DTA 法即为热重-差热分析法，该法测量速度快，可以得到水分结合能随污泥含水率的变化趋势。

6. DSC 法

DSC 法即为差示扫描量热法，该法是将污泥样品置于可控的环境中并改变环境温度，测定样品形态转化（水冰转化）时吸收或者释放的热量，直接进行热分析，根据结合水在特定温度下不结冰的假定，样品中形态转化时所释放的热量与样品中自由水含量

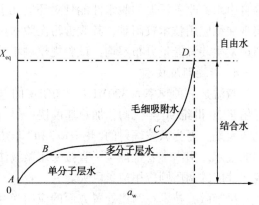

图 7-6-3　典型的等温吸湿曲线

成正比。该法对试样产生的热效应能及时提供应有的补偿，使得试样与参比物之间呈无温差、无热交换状态，试样升温速度始终跟随炉温呈线性升温，从而使测量灵敏度和精度大为提高。

三、污泥调质技术

污泥调质主要是指通过不同的物理和化学方法改变污泥理化性质，调整污泥胶体颗粒群排列状态，克服电性排斥及水合作用，降低其亲水性，增强污泥絮体的凝聚力，增大颗粒尺寸，改善污泥的脱水性能，提高脱水效果，减少运输费用和后续处置费用等。目前常用的污泥调质技术主要有化学调质技术和物理调质技术，其中物理调质技术主要包括热水解调质技术、超声波调质技术和微波调质技术，此外物理调质技术还有冻融调质技术和骨粒调质技术等。

1. 化学调质技术

化学调质技术被国内外广泛使用，通常采用添加絮凝剂与助凝剂的方法。絮凝剂类型有无机絮凝剂、有机絮凝剂、生物絮凝剂等，各种调理剂一般都有其最佳作用范围，投加量过高或过低都会导致脱水性能的降低。

化学调质所用药剂多种多样，同时复合调质经实验证明比单絮凝剂的调质效果更好，但化学调质的主要不足是需要投加的药量较大从而导致成本过高。

2. 热水解调质技术

污泥经过热水解后污泥性质会发生变化，污泥中的微生物细胞发生破裂，细胞的有机质随之被释放出来，并进一步得到水解。

污泥热处理法的主要缺点是：污泥分离液浓度很高，回流处理将大大增加污水处理构筑物的负荷，有臭气，设备易腐蚀，因此需要增加高温高压设备、热交换设备及气味控制设备，成本费用很高，这些条件通常限制了热处理法优点的充分发挥，因此难以普及。

3. 超声波调质技术

超声波是指频率从 20kHz 到 10MHz 的声波，超声波预处理原理主要为超声波的空化效应。自从 1992 年超声技术被引入污泥研究以来，美国、英国、德国、日本及我国台湾等地科学家都积极利用该技术进行了污泥处理研究，可行性、优化条件、机理等都为其所重点研究的内容。

从当前的研究现状来看，超声波调质技术具有能量密度高、分解污泥速度快等特点，不仅可以有效地破碎污泥细胞，提高污泥的溶解性能，还可以将其内部结合水释放成容易去除的自由水，改善污泥的脱水性能且对环境几乎无任何负面影响，但超声波作用机理较复杂，实现在线应用技术较困难，其改善污泥脱水性能的效果还存在争议，另外现有的研究存在着超声发生装置能量分布不均，试验规模过小等情况。

4. 微波调质技术

微波是一种频率为 300MHz~300GHz 的电磁波。国内外学者将微波技术引入污泥的处理开始于 20 世纪 90 年代初，加热速度快、热效高、热量立体传递、设备小等是其主要的技术优势表现。因为微波辐射的"热效应"和"非热效应"改善了污泥脱水，所以被认为是一种有效的技术。国内学者也证实了直接采用微波法对污泥进行干燥处理成本较高，而若进行污泥脱水性能的调质则应用前景巨大。

尽管微波技术在污泥处置方面的应用尚存在不足与未知，但有研究已经证明，在较短微波作用时间内，经微波调质的污泥，絮体的结构和胞外聚合物的组分就会发生变化，并使污泥的脱水性能得到明显的提高，而且污泥的温度不需将加热到很高，同时微波辐射还具有杀菌消毒的作用，与其他方法联用时也起到很好的促进作用，能促进污泥对金属离子(如铜离子)的吸附作用，因此，采用微波技术能改善污泥脱水性能，效率高、设备简单，较传统加热预处理大大节省了能量消耗。

四、污泥脱水

污泥脱水包括自然干化与机械脱水。在机械脱水时，为了改善污泥的脱水性能，常采用污泥消化法或化学调理法等对污泥进行处理后再脱水。无论是自然干化还是机械脱水，其本质上都属于过滤脱水范畴，基本理论相同。

1. 过滤基本理论

过滤是给多孔过滤介质(简称滤材)两侧施加压力差而将悬浊液过滤分成滤渣及澄清液两部分的固液分离操作。过滤操作所处理的悬浊液(如污泥)称为滤浆，所用的多孔物质称为过滤介质，通过介质孔道的液体称为滤液，被截留的物质称为滤饼或泥饼。

当悬浊液中固体粒子体积浓度低于 0.1% 时，固体颗粒主要靠滤材层表面的物理或化学作用捕集分离，这种过滤方式称为澄清过滤或内部过滤。当固体粒子体积浓度 > 0.1% 时，固体颗粒被滤材表面截留堆积形成滤渣层，起着滤材的过滤作用，称为滤饼过滤或表面过滤。后一种过滤方式适用于污泥处理。

产生压力差(过滤的推动力)的方法有四种：①依靠污泥本身厚度的静压力(如污泥自然干化场的渗透脱水)；②在过滤介质的一面造成负压(如真空过滤脱水)；③加压污泥把水分

压过滤介质(如过滤脱水)；④产生离心力作为推动力(如离心脱水)。

根据推动力在脱水过程中的演变，可分为恒压过滤与恒速过滤两种。前者在过滤过程中压力保持不变；后者在过滤过程中过滤速度保持不变。污泥的过滤脱水操作以恒压过滤为主，也有的用先恒速后恒压的操作方式。

2. 机械脱水

较为先进的污泥脱水处理方式是机械手段，采用强制分离的方式，使污泥中的液相含量尽可能的低。目前，采用最多的强制分离设备是带式压滤机和卧式螺旋卸料沉降离心机(简称卧螺离心机)。

机械脱水的主要方法有：

(1)采用加压或抽真空将滤层内的液体用空气或蒸汽排除的通气脱水法，常用设备为真空过滤机，有间歇式、连续式和转鼓式等形式。

(2)靠机械压缩作用的压榨法，加压过滤设备主要分为板框压滤机、叶片压滤机、滚压带式压滤机等类型。

(3)用离心力作为推动力除去料层内液体的离心脱水法，常用转筒离心机有圆筒形、圆锥形、锥筒型三种，典型形式为锥筒型。

当今国际上已普遍使用全封闭连续运行的卧螺离心机作为污泥脱水的主要设备，卧螺离心机具有安装简单、占地空间小、土建费用低、系统简单、全自动控制、全封闭式操作等优点，而采用卧螺离心机进行污泥脱水处理可以保证污泥处理过程中臭气不外溢，污水不外流，污泥不落地，易损件少，能耗低，药耗小，便于连续运行，运行成本低。

五、污泥干燥

污泥的热干燥处理可将污泥从含水率80%降低到20%~40%以下，主要优点是占地相对较小，减量效率高，处置出路较多，具有灵活性。热干燥是最有效的减量方式，从目前国际上污泥处理处置的趋势看，由于其能耗方面的支出低于直接焚烧，而效率远远高于堆肥和风干，使得热干燥成为发展最快、最适合于城市污水厂污泥减量化与资源化的方法。

1. 污泥干燥机理

污泥的深度脱水和处理面临的最大困难是污泥颗粒复杂的结构特性。干燥是传热与传质综合作用的过程，完成表面水分汽化和内部水分的扩散。污泥干燥过程一般分为三个阶段：升温期、恒速干燥阶段和降速干燥阶段。

在升温期，污泥表面得到加热，温度升高同时会有少量的水分蒸发。当传递给污泥的热量全部用来汽化水分时，污泥干燥进入恒速干燥阶段，此阶段污泥的干燥速率达到最大值，并且表面温度维持恒定。随着污泥中自由水分的减少，水分从内部移向表面的速度小于水分汽化的速度，间隙水与表面水的含量逐渐下降，污泥表面温度升高，开始结成硬壳。干燥过程影响的因素有温度差，表面风速和颗粒直径等，对流干燥过程中会发生三种现象：收缩、裂缝和表面形成情况。

2. 污泥干燥技术

污泥是污水处理的最终产物，是一种非均质体，主要由有机残片、细菌菌体、无机颗粒、胶体等组成，其成分非常复杂。

污泥干燥技术主要有直接热干燥、间接干燥技术、间接-直接干燥技术。太阳能干燥需要大场地建立干燥室，实用性不强。目前在污泥干燥方式的应用研究重点还是污泥热干燥技术。按设备形式分可分为转鼓式、转盘式、带式、螺旋式、离心式干化机、喷淋式多效蒸发器、流化床、多重盘管式、薄膜式、桨叶式等多种形式，新型干燥技术逐渐被使用。

德国 Buss-SMS-Canzler 与意大利的 VOMM 公司，开发了以卧式薄膜干燥为主的污泥干化技术。干燥容器由圆柱形壳体和端盖组成，容器设有外部加热夹套，前者的典型结构如图 7-6-4 所示。内部搅拌器设置有可拆卸叶片，通过特殊设计的叶片在筒壁形成污泥的薄膜，如图 7-6-5 所示。搅拌器的两端由外部轴承支撑，驱动系统安装在外部。物料在高速涡流的作用下，通过离心作用在处理器内壁上形成一层物料薄层，该薄层以一定的速率从处理器的进料端向出料端做环形螺线移动，物料颗粒在薄层内不断与热壁接触、碰撞，以完成干燥过程。

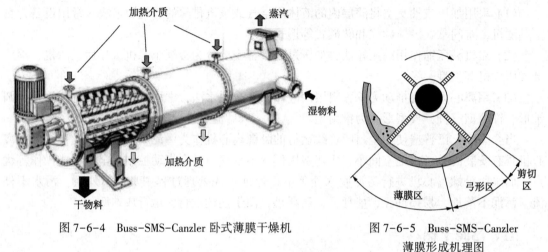

图 7-6-4　Buss-SMS-Canzler 卧式薄膜干燥机　　图 7-6-5　Buss-SMS-Canzler
薄膜形成机理图

习题与思考题

1. 简述电子废弃物的危害性？
2. 对废旧电路板进行破碎时，如何根据物料的性质选择破碎方法？
3. 污染源封装技术主要有哪些方式？
4. 土壤气相抽提主要原理是什么？
5. 污泥的机械脱水技术主要有哪些类型？
6. 污泥干燥主要分为哪几个阶段？

第八章　固体废物的最终处置

第一节　概述

污染控制的目标是尽量减少或避免其产生，并对已经产生的废物实行资源化、减量化和无害化管理。但是，就目前世界各国的技术水平来看，无论采用任何先进的污染控制技术，都不可能对固体废物实现百分之百的回收利用，最终必将产生一部分无法进一步处理或利用的废物。为了防止日益增多的各种固体废物对环境和人类健康造成危害，需要给这些废物提供一条最终出路，即解决固体废物的处置问题。

一、固体废物处置的定义

对于"处置"的概念，不同时期，不同文件其定义也不尽相同。其关键在于与"处理"的关系。在我国已出版的许多著作中认为，"处理"是指通过物理、化学或生物的方法，将废物转化为便于运输、贮存、利用和处置形式的过程。换言之，处理是再生利用或处置的预处理过程；而对"处置"的理解基本上等同于最终处置。

《控制危险废物越境迁移及其处置巴塞尔公约》将处置分为两部分。A 部分是指那些不能导致资源回收、再循环、直接利用或其他用途的作业方式，包括填埋、生物降解、注井灌注、排海、永久贮存等，同时也包括为此进行的部分预过程，如掺混、重新包装、暂存等；B 部分是指可能导致资源回收、再循环、直接利用或其他用途的作业方式，包括作为燃料、溶剂、金属和金属化合物、催化剂等形式的回收利用以及废物交换等。这两部分都不包括对固体废物的减量、减容、减少或消除其危险成分的处理手段。

处置是指将固体废物焚烧和用其他改变固体废物的物理、化学、生物特性的方法，达到减少已产生的固体废物数量、缩小固体废物体积、减少或者消除其危险成分的活动，或者将固体废物最终置于符合环境保护规定要求的填埋场的活动。根据这个定义，处置的范围实际上包括了大多数人过去所理解的处理与处置的全部内容。本章主要讨论固体废物的最终处置。

二、固体废物最终处置原则

固体废物最终处置的目的是使固体废物最大限度地与生物圈隔离，阻断处置场内废物与生态环境相联系的通道，以保证其有害物质不对人类及环境的现在和将来造成不可接受的危害。从这个意义上来说，最终处置是固体废物全面管理的最终环节，解决的是固体废物最终归宿的问题。固体废物最终处置原则主要如下：

1. 分类管理和处置原则

固体废物种类繁多，危害特性和方式、处置要求及所要求的安全处置年限各有不同。就废物最终处置的安全要求而言，可根据所处置的固体废物对环境危害程度的大小和危害时间的长短进行分类管理，一般可分为以下六类：对环境无有害影响的惰性固体废物，如建筑废物、相对稳定状态的矿物材料等，即使在水的长期作用后对周围环境也无有害影响；对环境有轻微、暂时影响的固体废物，如矿业固体废物、粉煤灰等，废物对周围环境的污染是轻微的、暂时的；在一定时间内对环境有较大影响的固体废物，如生活垃圾，其有机组分在稳定化前会不断产生渗滤液和释放有害气体，对环境有较大影响；在较长时间内对环境有较大影响的固体废物，如大部分工业固体废物；在很长时间内对环境和人体健康有严重影响的固体废物，如危险废物；在很长时间内对环境和人体健康有严重影响的废物如特殊废物、高水平放射性废物等。

2. 最大限度与生物圈相隔离原则

固体废物特别是危险废物和放射性废物，其最终处置的基本原则是合理地、最大限度地使其与自然和人类环境隔离，减少有毒有害物质释放进入环境的速率和总量，将其在长期处置过程中对环境的影响减至最小程度。

3. 集中处置原则

《固废法》把推行危险废物的集中处置作为防治危险废物污染的重要措施和原则。对危险废物实行集中处置，不仅可以节约人力、物力、财力，利于监督管理，也是有效控制乃至消除危险废物污染危害的重要形式和主要的技术手段。

三、填埋处置技术的历史与发展

1. 土地填埋技术的历史

固体废物的土地填埋是从传统的废物堆填发展起来的一项最终处置技术。早在公元前3000～公元前1000年古希腊米诺斯文明时期，克里特岛的首府康诺索斯就曾把垃圾填入低凹的大坑中，并进行分层覆土。第一个城市垃圾填埋场于1904年在美国伊利诺伊州的香潘市建成，其后俄亥俄州的丹顿(1906年)、艾奥瓦州的达文波特(1916年)等地也相继建成和运行了城市垃圾填埋场。这些垃圾填埋场的建设和运行奠定了土地填埋处置的最早期技术基础。其经验证明会大大减少因垃圾敞开堆放所带来的滋生害虫、散发臭气等问题。但是，这种早期的土地填埋方式也引起一些其他的环境问题，如：由于降水的淋洗及地下水的浸泡，垃圾中的有害物质溶出并污染地表水和地下水；垃圾中的有机物在厌氧微生物的作用下产生以 CH_4 为主的可燃性气体，从而引发填埋场的火灾或爆炸等。

美国纽约州的腊芙河谷由于历史上不合理填埋危险废物而导致的问题逐渐为人们所认识。美国开始逐渐抛弃和改进上述传统的填埋分式。从20世纪60年代后，美国国会及其他一些国家相继制定法律、法规强化固体废物的管理，改进废物的土地填埋处置技术。例如，美国在1976年修订并颁布了《资源保护和回收法》，正式禁止继续使用传统的填埋方法。英国也于1977年实行了《填埋场地许可标准法》，用以促进传统填埋方法的完善和改进。目前填埋处置在大多数国家仍旧是固体废物最终处置的主要方式。在技术上已经逐渐形成了国际上较为公认的准则。根据被处置废物的种类所导致的技术要求上的差异，逐渐形成目前通常所指的两大类土地填埋技术和方式：即以生活垃圾类废物为对象的"土地卫生填埋"和以工业废物及危险废物为对象的"土地安全填埋"。

2. 土地填埋技术的发展

目前各国固体废物填埋场的设计标准不尽相同。对于卫生填埋场与安全填埋场各自的设计的要求也不完全一致。这些差别主要反映在对于防渗层、覆盖层的要求以及渗滤液的收集与处理方面的差别上。大体上可以认为安全填埋是卫生填埋的改进和严格化。例如，对于天然土壤防渗层的渗透系数由卫生填埋的 10^{-7} cm/s 提高为安全填埋的 10^{-8} cm/s，安全填埋对防渗系统的设计要求全部采用双层人工合成材料防渗和双渗滤液收集与排放系统等。然而，几十年的运转经验证明，安全土地填埋也仍然不是绝对安全的。因为所有的防渗层或防渗材料都具有一定的工作寿命。例如，当以土壤作为天然防渗层时，在其吸附和离子交换能力被有害物质饱和并穿透以后，就基本失去了作为屏障的作用。而使用高分子合成材料（如高密度聚乙烯）作为防渗材料时，则由于各种因素所导致的老化作用，会使得材料的机械性能逐渐恶化，最终出现渗漏。各国在提高合成材料的工作寿命方面做了大量的工作。

城市垃圾的卫生填埋可以使用厌氧方式，也可以使用好氧方式。在以往所进行的卫生填埋大多数属于厌氧填埋。其主要优点是结构简单、操作方便，可以回收一部分可燃性气体。但由于传统厌氧分解的速率很慢，通常在封场以后需要经过很长的时间（例如30~40年），废物中的有机物才能降解完毕。在此期间，很难对土地充分利用。与之相反，好氧填埋是利用改良填埋场的设计和采用人工通风的方法，使垃圾进行好氧分解，从而在封场以后的很短的数年时间以内，即可以将有机物降解完毕，从而大大提高土地的利用率。该反应与堆肥化相近，因此可以产生60℃以上的高温，对于消灭大肠杆菌等致病细菌十分有利。由于可以减少降解产生的水分，对地下水污染的威胁也较小。不过由于要进行人工通风，使得填埋场的结构较为复杂，造价和运行费用过高，不利于填埋场的大型化。因此，到目前尚未得到广泛应用。近年来，出现了一种在此两者之间的准好氧填埋方式。在设计填埋场时，有意识地提高渗滤液收集和排放系统的砾石排水层和管路的尺寸，从而形成管道中渗滤液的半流状态。通过较强的空气扩散作用使填埋的垃圾得到近似的好氧分解环境。该法的分解速率处于好氧和厌氧分解之间，由于取消了人工通风，所以比好氧填埋大大降低了运行费用。其缺点是需要留出一部分空间贮存空气，所以在一定程度上减小了废物填埋的空间利用率。该法在当前世界上所有大城市的土地都逐步趋向紧张的形势下，已经受到关注。

3. 土地填埋处置在固体废物管理中的地位

土地填理作为固体废物的常用处置方法，在20世纪初就已开始使用。虽然人们曾认为处置城市固体废物的主要方法有焚烧、堆肥和土地填埋三种，但从近代的观点看来，这些废物在经过焚烧和堆肥化处理以后，仍然产生为数相当大的灰分、残渣和不可利用的部分需要最终进行填埋。随着人们对土地填埋的环境影响认识的不断加深，废物的填埋实际上已经成为唯一现实可行的、可以普遍采用的最终处置途径。

由于技术、经济和国土面积等的差异，土地填埋在每个国家的废物处置中所占的比例不同，但对于所有国家，包括那些人口密度极大的工业发达国家在内，废物的填埋处置都是不可避免的。相对于1995年，几乎所有国家的生活垃圾填埋百分比都在降低，欧洲国家中德国、荷兰和瑞典的变化尤其明显，这与1999年欧盟颁布的《欧盟垃圾填埋指南》（CD1999/31/EU/1999）限制有机垃圾进入填埋场的规定不无关系。即使这样，美国、英国、西班牙等工业化国家，目前仍有大量的城市生活垃圾直接进行土地填埋。从国外固体废物管理的发展趋势看，随着技术进步、经济实力的增强和可利用土地的逐渐减少，焚烧、堆肥和土地填埋技术在固体废物处理处置中所占的比重正在发生变化。

四、填埋处置的意义

填埋处置的主要功能是废物经适当的填埋处置后，尤其是对于卫生填埋，因废物本身的特性与土壤、微生物的物理及生化反应，形成稳定的固体(类土质、腐殖质等)、液体(有机性废水等)及气体(甲烷、二氧化碳、硫化氢等)等产物，其体积则逐渐减少而性质趋于稳定。因此，填埋法的最终目的是将废物妥善贮存，并利用自然界的净化能力，使废物稳定化、卫生化及减量化。因此，填埋场应具备下列功能：

1. 贮存功能

具有适当的空间以填埋、贮存废物。

2. 阻断功能

以适当的设施将填埋的废物及其产生的渗滤液、废气等与周围的环境隔绝，避免其污染环境。

3. 处理功能

具有适当的设备以有效且安全的方式使废物趋于稳定。

4. 土地利用功能

借助填埋利用低洼地、荒地或贫瘠的农地等，以增加可利用的土地。

固体废物填埋处置的特点，填埋处理法与其他方法比较，其优缺点可以概括为以下两个方面：

(1) 土地填埋的优点

与其他处理方法比较，只需较少的设备与管理费，如推土机、压实机、填土机等，而焚烧与堆肥，则需庞大的设备费及维持费；处理量具有一定的弹性，对于突然的废物量增加，只需增加少数的作业员与工具设备或延长操作时间；操作很容易，维持费用较低，在装备上和土地不会有很大的损失；比露天弃置所需的土地少，因为垃圾在填埋时经压缩后体积只有原来的30%~50%，而覆盖土量与垃圾量的比是1:4，所以所需土地较少；能够处理各种不同类型的垃圾，减少收集时分类的需要性；比其他方法施工期较短；埋后的土地，有更大的经济价值，如作为运动和休憩场所。

(2) 土地填埋的缺点

需要大量的土地供填埋废物用，这在高度工业化地区或人口密度大的都市，土地取得明显很困难，尤其在经济运输距离之内更不易寻得合适土地；填埋场的渗滤液处理费极高；填埋地在城市以外或郊区，则常受到行政辖区因素限制，故运输费用高；冬天或不良气候，如雨季操作较困难；需每日覆土，若覆土不当易造成污染问题，如露天弃置；良质覆土材料不易取得。

五、生物反应器填埋场及其发展

生物反应器填埋场是对传统填埋场运行方式的改进，通过控制填埋场内部湿度和营养状况，提高场内微生物活性，从而控制垃圾稳定化进程。根据操作方式不同，生物反应器填埋场可分为厌氧型(anaerobic)、好氧型(aerobic or aerocx)、混合型(hybrid or anaerobic-aerobic)、兼氧型(facultative)，以及准好氧型(semi-aerobic)即福冈模式(Fukuoka Method)等若干种。

目前广泛采用的是操作简便的厌氧型生物反应器填埋场，其主要组成和运行方式如图8-1-1(a)所示，该模式主要包括：可控制的渗滤液收集、存储、回灌及后续处理系统；填埋场防渗系统；填埋气体收集、净化或综合利用系统；以及环境监测、填埋作业、覆盖、排水系统等几部分。

好氧型生物反应器填埋场在回灌渗滤液的同时鼓入空气，使填埋场内部保持有氧反应的状态，可以加快填埋场的稳定化进程。但其能耗和成本很高，也没有对垃圾中有机组分的生物质能进行利用，因而应用和研究相对较少。好氧型生物反应器填埋场的组成和运行方式见图8-1-1(b)。

混合型生物反应器填埋场综合了厌氧型操作的简便性和好氧型快速降解垃圾的特点，即向最上层垃圾鼓入空气，下层垃圾注入渗滤液等液体并收集填埋气体加以利用，这种序批式的处理方法，可以有效地减轻或消除厌氧条件下有机酸累积对产甲烷菌的危害，同时有利于去除垃圾中的挥发性有机物。

准好氧填埋场的设计思想又有所不同：不用动力供氧，而是利用渗滤液收集管道的不满流(50%)计，使空气在垃圾堆体发酵产生温差的推动下自然通入，使填埋场内部存在一定的好氧区域，可以加快填埋垃圾和渗滤液的降解、稳定速度。

出于脱氮的考虑，兼氧型生物反应器填埋场应运而生，即在厌氧填埋的基础上，将渗滤液预先硝化处理后再回灌[如图8-1-1(c)]以硝态氮充当电子供体，促进氨氮转化为无害的N_2，加速垃圾体和渗滤液的稳定化。

早在1970年Pohland等提出了利用渗滤液回灌控制填埋场稳定化进程的方法，并通过实验验证了回灌的效果。从20世纪80年代开始，这种方法得到了广泛重视，由实验室规模走向中试规模实验和全规模试验，并开始得到实际应用。至90年代，在美国、德国、英国和瑞典，已经上百个填埋场实行了渗滤液回灌，积累了相当丰富的运行管理经验。

此外，欧盟也在1999年提出，建设生物反应器填埋场是实现废物最优化处置的可行策略之一。现在很多其他地区的国家也开始关注这项技术，澳大利亚、加拿大、南美、南非、日本和新西兰等都有关于生物反应器填埋场的研究报道。

从1990年末也开始对生物反应器填埋技术进行相关研究，如渗滤液回灌过程中的水质变化规律或垃圾填埋层对渗滤液的处理效果，加速LFG和CH_4产出和垃圾稳定化的效果及影响因素，好氧、准好氧操作方式或填埋场空气状况对含氮物质降解和垃圾稳定化过程的促进或影响，以及回灌出水中NH_4^+-N，难降解有机物的深度处理工艺等；但大多局限于实验室规模，缺乏现场规模的试验数据和工程应用。

国内外众多研究和实践证明，渗滤液或其他水分的引入能加大生物反应的活度，以厌氧型生物反应器填埋场为例，如果操作得当，相对于传统卫生填埋场，主要有以下一些优势。

1. 减少了渗滤液处理负担

通过简单的回灌，能够使渗滤液中的有机物浓度更快降低，减少了渗滤液储存或处理的负荷及成本。

2. 增大了填埋气体产生速率

使填埋气体的产生在有控制的条件下进行。改善了填埋气体的质量，充分利用了渗滤液中的有机物质，使填埋气体及利用更具有经济性。

3. 减小了环境影响

通过对渗滤液、填埋气体的有效控制、收集和净化，减小了对地下水、地表水和周围环境的影响，并可降低温室气体的排放。

4. 提高了填埋场空间利用率和使用寿命

利用生物反应器工艺，填埋场一般能增加15%~50%的库容，提高了土地利用率和填埋场寿命。

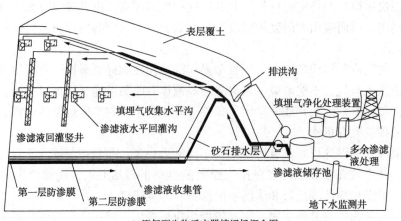

(a)厌氧型生物反应器填埋场概念图

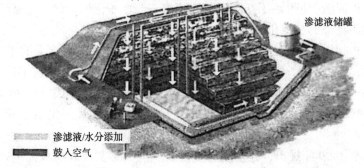

(b)好氧型生物反应器填埋场概念图

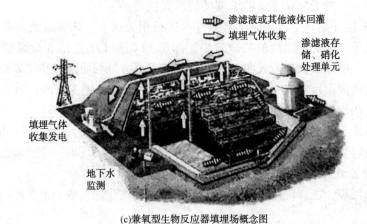

(c)兼氧型生物反应器填埋场概念图

图 8-1-1 生物反应器填埋场概念图

5. 减小了填埋场长期潜在隐患和封场维护

生物反应器填埋场能够在比较短的时间内达到深层次的稳定状态，缩短了填埋场封场维场维护期和长期的监测负担。

但目前，生物反应器填埋场仍存在或潜在一些问题需要解决，如有机酸或氨氮的累积、未知的填埋气体的释放和臭气的增加、填埋场防渗衬垫系统的失效、填埋场或垃圾堆体的不稳定性等。

我国在应用渗滤液回灌技术时，尤其要做好充分的技术和管理准备。例如，国内填埋场很少采用双衬层结构，防衬层的安全性不够，对防衬层上水位也往往缺乏监测，再加上操作不当对底层防渗的破坏作用，如果盲目的进行渗滤液回灌，极易污染地下水，因而存在很大的危险性。目前，我国已经有一些填埋场在进行渗滤液回灌的试验，如上海老港垃圾填埋场、北京北神树垃圾填埋场、深圳下坪垃圾填埋场和广州李坑垃圾填埋场，但均没有严格地按照生物反应器填埋场的方法来设计和运行，其长期性能有待进一步验证或提高。

第二节　固体废物的最终处置方法

到目前为止，土地填埋仍然是应用最广泛的固体废物的最终处置方法。现行的土地填埋技术有不同的分类方法，例如，根据废物填埋的深度可以划分为浅地层填埋和深地层填埋；根据处置对象的性质和填埋场的结构形式可以分为惰性填埋、卫生填埋和安全填埋等。但目前被普遍承认的分类法是将其分为卫生填埋和安全填埋两种。前者主要处置城市垃圾等一般固体废物，而后者则主要以危险废物为处置对象。这两种处置方式的基本原则是相同的，事实上安全填埋在技术上完全可以包含卫生填埋的内容。对于一般工业固体废物贮存和处置场的建设，根据产生的工业固体废物的性质差异，又可以分为Ⅰ类和Ⅱ类贮存和处置场。

一、惰性填埋法

惰性填埋法指将原本已稳定的废物，如玻璃、陶瓷及建筑废料等置于填埋场，表面覆以土壤的处理方法。本质上惰性填埋法着重其对废物的贮存功能，而不在于污染的防治（或阻断）功能。

由于惰性填埋场所处置的废物都是性质已稳定的废物，因此该填埋方法极为简单。图 8-2-1 为惰性填埋场的构造示意图，其填埋所需遵循的基本原则如下：根据估算的废物处理量，构筑适当大小的填埋空间，必须筑有挡土墙；于入口处竖立标示牌，标示废物种类、使用期限及管理人；于填埋场周围设有转篱或障碍物；填埋场终止使用时，应覆盖至少15cm 的土壤。

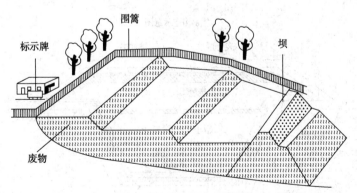

图 8-2-1　惰性填埋场构造示意图

二、卫生填埋法

卫生填埋法指将一般废物（如城市垃圾）填埋于不透水材质或低渗水性土壤内，并设有渗滤液、填埋气体收集或处理设施及地下水监测装置的处理方法。即为填埋处置无须预处理非稳定性的废物，最常用于城市垃圾填埋。此法也是最普通的填埋处理法。

1. 卫生填埋场基本结构

图8-2-2(a)与图8-2-2(b)是卫生填埋场构造示意图，其填埋方法所需遵循的基本原则如下：

(1) 根据估算的废物处理量，构筑适当大小的填埋空间，并须筑有挡土墙。

(2) 于入口处竖立标示牌，标示废物种类、使用期限及管理人。

(3) 于填埋场周围设有转篱或障碍物。

(4) 填埋场须构筑防止地层下陷及设施沉陷的措施。

(5) 填埋场应铺设进场道路。

(6) 应有防止地表水流入及雨水渗入设施。

(7) 有符合要求的卫生填埋场防渗层。

(8) 根据场址地下水流向，在填埋场的上下游各设置一个以上监测井。

(9) 除填埋物属不可燃者外，须设置灭火器或其他有效消防设备。

(10) 应有收集或处理渗滤液的设施。

(11) 应有填埋气体收集和处理设施。

(12) 填埋场于每工作日结束时，应覆盖15cm以上的黏土，予以压实；终止使用时，覆盖50cm以上的细土。

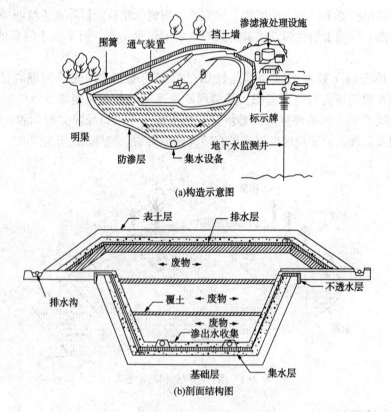

(a)构造示意图

(b)剖面结构图

图8-2-2　卫生填埋场基本构造图

2. 卫生填埋场防渗结构

为保证生活垃圾卫生填埋场(以下简称"卫生填埋场")防渗系统工程的建设水平可靠性

和安全性，防止垃圾渗滤液渗漏对周围环境造成污染和损害，国家建设部先后颁布了行业标准《生活垃圾卫生填埋处理技术规范》(GB 50869—2013)、《生活垃圾卫生填埋场防渗系统工程技术规范》(CJJ 113—2007)，对卫生填埋场防渗系统工程的设计、施工、验收及维护等进行了规定，要求卫生填埋场基础必须具有足够的承载能力，且应采取有效措施防止基础层失稳，卫生填埋场的场地和四周边坡必须满足整体及局部稳定性的要求，防渗系统工程应在填埋场的使用期限和封场后的稳定期限内有效地发挥其功能。在进行防渗系统工程设计时应依据填埋场分区进行设计，填埋场场底的纵、横坡度不宜小于2%，垃圾填埋场渗滤液处理设施必须进行防渗处理。

《生活垃圾卫生填埋场防渗系统工程技术规范》(CJJ 113—2007)要求卫生填埋场防渗系统的设计应符合下列要求：选用可靠的防渗材料及相应的保护层；设置渗滤液收集导排系统；垃圾填埋场工程应根据水文地质条件的情况，设置地下水收集导排系统，以防止地下水对防渗系统造成危害和破坏；地下水收集导排系统应具有长期的导排性能。防渗结构的类型应分为单层防渗结构、复合防渗结构和双层防渗结构，复合防渗结构是目前最常采用的卫生填埋场防渗结构形式。

无论采用单层防渗层结构还是复合防渗层结构，其防渗结构并无显著差异，只是防渗的性能有所差异，其结构层次(见图8-2-3、图8-2-4)从上至下分别为：渗滤液收集导排系统、防渗层(含防渗材料及保护材料)、基础层、地下水收集导排系统。根据所使用的防渗材料的不同，可以分为天然黏土防渗和人工材料防渗；根据起防渗作用的材料层而言，采用一层防渗材料的形成单层防渗层，采用两层或几层紧密接触的防渗材料形成复合防渗层。而双层防渗结构(见图8-2-5)是在单层防渗结构基础上又增加了一个防渗层和一个渗漏检测层。双层防渗结构中的主防渗层和次防渗层分别可以是单层防渗层或复合防渗层。

（1）单层防渗层结构

① 压实黏土单层防渗

采用黏土类衬层（自然防渗）的填埋场，天然黏土类衬层的渗透系数不应大于$1.0×10^{-7}$cm/s，场底及四壁衬层厚度不应小于2m；或者改良土衬层性能应达到黏土类防渗性能。其结构示意图见图8-2-3(a)。当填埋场不具备黏土类衬层或改良土衬层防渗要求时，宜采用自然和人工结合的防渗技术措施。

② HDPE膜单层防渗

该防渗结构的HDPE(high density polyethlene)上应采用非织造土工布(geo-textile)为保护层，规格不得小于600g/m²；HDPE膜的厚度不应小于1.5mm，并应具有较大延伸率，膜的焊(粘)接处应通过试验、检验；HDPE膜下应采用压实土壤作为保护层，压实土壤渗透系数不得大于$1×10^{-5}$cm/s，厚度不得小于750mm。其结构示意见8-2-3(b)。

（2）复合防渗层结构

① HDPE膜和压实土壤的复合防渗层

HDPE膜上应采用非织造土工布作为保护层，规格不得小于600g/m²，HDPE膜的厚度不应小于1.5mm；压实土壤渗透系数不得大于$1×10^{-7}$cm/s，厚度不得小于750mm。其结构示意见图8-2-4(a)。

② HDPE膜和GCL的复合防渗层

HDPE膜上应采用非织造土工布作为保护层，规格不得小于600g/m²；HDPE膜的厚度不应小于1.5mm；GCL(Geosynthetics clay liner)渗透系数不得大于$5×10^{-9}$cm/s，其结构示意见图8-2-4(b)。

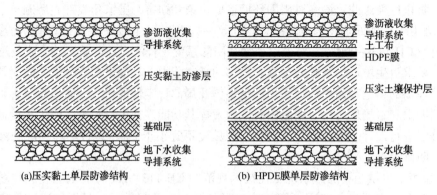

(a)压实黏土层防渗结构　　　　　　(b) HPDE膜单层防渗结构

图 8-2-3　卫生填埋场单层防渗层结构

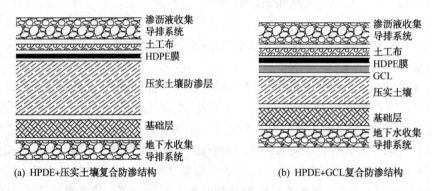

(a) HPDE+压实土壤复合防渗结构　　　　(b) HPDE+GCL复合防渗结构

图 8-2-4　卫生填埋场复合防渗层结构

③ 双层防渗结构

该层次从上至下为渗滤液收集导排系统、主防渗层(含防渗材料及保护材料)、渗漏监测层、次防渗层(含防渗材料及保护材料)、基础层、地下水收集导排系统。双层防渗结构的防渗层设计应符合下列规定：主防渗层和次防渗层均应采用 HDPE 膜作为防渗材料，HDPE 膜的厚度不应小于 1.5mm；HDPE 膜上应采用非织造土工布作为保护层，规格不得小于 $600g/m^2$；HDPE 膜下宜采用非织造土工布作为保护层；次防渗层 HDPE 膜上宜采用非织造土工布作为保护层，HDPE 膜下应采用压实土壤作为保护层，压实土壤渗透系数不得大于 $1×10^{-5}cm/s$，厚度不宜小于 750mm；主防渗层和次防渗层之间的排水层宜采用复合土工排水网(geonet)，其结构示意见图 8-2-5。

④ 填埋场基础层

基础层应平整、压实、无裂缝、无松土，表面应无积水、石块、树根及尖锐杂物。防渗系统的场底基础层应根据渗滤液收集导排要求设计纵、横坡度，且向边坡基础层平缓过渡，压实度不得小于 93%，防渗系统的四周边坡基础层应结构稳定，压实度不得小于 90%。边坡坡度陡于 1:2 时，应做出边坡稳定性分析，场底地基应是具有承载能力的自然土层或经过碾压、夯实的平稳层，且不应因填理垃圾的沉陷而使场底变形、断裂。场底应有纵、横坡度、纵横坡度应在 2% 以上，以利于渗滤液的导流。黏土表面经碾压后，方可在其上铺设人工衬层。铺设人工衬层材料应焊接牢固，达到强度要求，局部不应产生下沉拉断现象。在大坡度斜面铺设时，应设锚定平台。

（3）卫生填埋场的封场

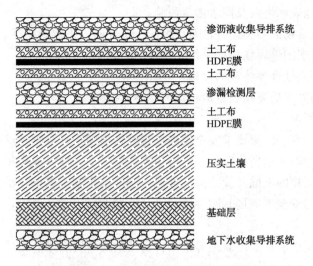

右侧标注（从上到下）：
渗沥液收集导排系统
土工布
HDPE膜
土工布
渗漏检测层
土工布
HDPE膜
压实土壤
基础层
地下水收集导排系统

图 8-2-5 卫生填埋场双层防渗结构

① 卫生填埋场的封场工作应按设计进行施工，并在专业人员现场监督指导下进行。

② 卫生填埋场最后封场应在填埋场上覆盖黏土或人工合成材料，黏土的渗透系数应小于 $1.0×10^{-7}$cm/s，厚度为 20~30cm，并均匀压实；采用 HDPE 人工材料覆盖，厚度不应小于 1mm，膜下采用黏土保护层，膜上采用粗粒或多孔材料保护、排水，厚度宜在 20~30cm。

③ 填埋场封场后应覆盖植被，根据种植植物的根系深浅而确定。覆盖营养土层厚度，不应小于 20cm，总覆盖土应在 80cm 以上。

④ 填埋场封场要充分考虑堆体的稳定性和可操作性，封场坡度宜为 5%。

⑤ 封场应考虑地表水径流、排水防渗、覆盖层渗透性和填埋气体对覆盖层的顶托力等因素，使最终覆盖层安全长效。

三、安全填埋法

安全填埋法指将危险废物填埋于抗压及双层不透水材质所构筑并设有阻止污染物外泄及地下水监测装置的填埋场的一种处理方法。安全填埋场专门用于处理危险废物，危险废物进行安全填埋处置前需经过稳定化固化预处理。

1. 安全填埋场结构

安全填埋主要用于处理危险废物，因此不单填埋场地构筑物上较前两种方法复杂，且对处理人员的操作要求也更加严格。图 8-2-6 为安全填埋场构造示意图，其填埋方法所应遵循的基本原则如下：

（1）根据估算的废物处理量，构筑适当大小的填埋空间，并须筑有挡土墙。

（2）于入口处竖立标示牌，标示废物种类，使用期限及管理人。

（3）于填埋场周围设有转篱和障碍物。

（4）填埋场须构筑防止地层下陷及设施沉陷的措施。

（5）须根据场址地下水流向在填埋场的上下游各设置一个以上监测井。

（6）除填埋物属不可燃者外，须设置灭火器或其他有效消防设备。

（7）填埋场应有抗压及抗震的设施。

（8）填埋场应铺设进场道路。

（9）应有防止地表水流入及雨水渗入设施。

（10）分级危险废物的种类、特性及填埋场土壤性质，采取防腐蚀、防渗漏措施。

（11）有符合要求的填埋场衬层系统。

（12）应有收集或处理渗滤液的设施。

（13）当填埋场处置的废物数量达到填埋场设计容量时，应实行填埋封场，封场要求见危险废物封场设计要求。

需要强调的是，有些国家要求安全填埋场将废物填埋于具有刚性结构的填埋场内，其目的是借助此刚性体保护所填埋的废物，以避免因地层变动、地震或水压、土压等应力作用破坏填埋场，而导致废物的失散及渗滤液的外泄。刚性结构安全填埋场结构如图8-2-7所示。

采用刚性结构的安全填埋场其刚性体的设计需遵循以下设计要求：

（1）材质

人工材料如混凝土、钢筋混凝土等结构；自然地质可资利用的天然岩磐或岩石。

（2）强度

应具有单轴压缩强度在245（kg·f）/cm² 以上。

（3）厚度

作为填埋场周围的边界墙厚度至少达15cm厚；单体间的隔墙厚度至少达10cm厚。

（4）面积

每单体的填埋面积以不超过50m²为原则。

（5）体积

每一单体的填埋容积以不超过250m³为原则。

2. 安全填埋场防渗层结构

根据《危险废物填埋污染控制标准》（GB 18598—2019）安全填埋场双人工复合衬层结构有渗滤液导排层、保护层、主人工衬层（HDPE）、压实黏土衬层、渗漏检测层、次人工衬层（HDPE）、压实黏土衬层、基础层，如图8-2-8所示。

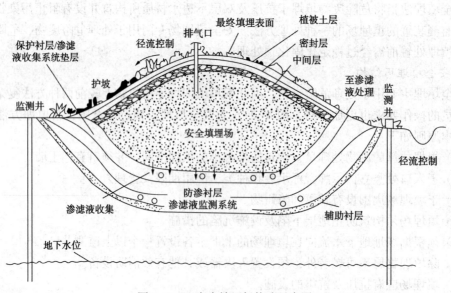

图 8-2-6　安全填埋场构造示意图

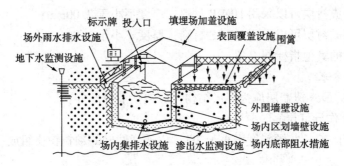

图 8-2-7　刚性结构安全填埋场构造示意图

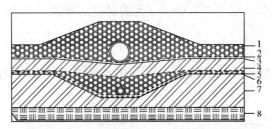

图 8-2-8　安全填埋场双人工复合衬层结构

1—渗滤液导排层；2—保护层；3—主人工衬层(HDPE)；3-压实黏土衬层；

4—渗漏检测层；5—次人工衬层(HDPE)；7—压实黏土衬层；8—基础层

（1）安全填埋场防渗层所选用的材料应与所接触的废物不相容，并考虑其抗腐蚀性。

（2）安全填埋场天然基础层的饱和渗透系数不应大于 $1.0×10^{-5}$cm/s，且其厚度不应小于2m。

（3）安全填埋场应根据天然基础层的地质情况分别采用天然材料衬层、复合衬层或双人工衬层作为其防渗层。

（4）如果天然基础层饱和渗透系数小于 $1.0×10^{-7}$cm/s，且厚度大于5m，可以选用天然材料衬层。天然材料衬层经机械压实后的饱和渗透系数不应大于 $1.0×10^{-7}$cm/s，厚度不应小于1m。

（5）如果天然基础层饱和渗透系数小于 $1.0×10^{-6}$cm/s，可以选用复合衬层。复合衬层必须满足下列条件：

① 天然材料衬层经机械压实后的饱和渗透系数不应大于 $1.0×10^{-7}$cm/s，厚度应满足表8-2-1所列指标，坡面天然材料衬层厚度应比表8-2-1所列指标高10%；

② 人工合成材料衬层可以采用高密度聚乙烯(HDPE)，其渗透系数不大于 10^{-12}cm/s，厚度不小于1.5mm。HDPE材料必须是优质品，禁止使用再生产品。

表 8-2-1　复合衬层下衬层厚度设计要求

基础层条件	下衬层厚度
渗透系数≤$1.0×10^{-7}$cm/s，≥3m	厚度≥0.5m
渗透系数≤$1.0×10^{-6}$cm/s，≥6m	厚度≥0.5m
渗透系数≤$1.0×10^{-7}$cm/s，≥3m	厚度≥1.0m

（6）如果天然基础层饱和渗透系数大于 $1.0×10^{-6}$cm/s，则必须选用双人工衬层。双人工衬层必须满足下列条件：

① 天然材料衬层经机械压实后的渗透系数大于 $1.0×10^{-7}$cm/s，厚度不小于0.5m；

② 上人工合成衬层可以采用 HDPE 材料，厚度不小于 2.00mm；

③ 下人工合成衬层可以采用 HDPE 材料，厚度不小于 1.00mm；

④ 衬层要求的其他指标同上条。

3. 封场结构要求

安全填埋场的最终覆盖层应为多层结构，应包括下列部分：

（1）底层（兼作导气层）

厚度不应小于 20cm，倾斜度不小于 2%，由透气性好的颗粒物质组成。

（2）防渗层

天然材料防渗层厚度不应小于 50cm，渗透系数不大于 1.0×10^{-7} cm/s；若采用复合防渗层，人工合成材料层厚度不应小于 1.0mm，天然材料层厚度不应小于 30cm。其他设计要求同衬层。

（3）排水层及排水管网

排水层和排水系统的要求同底部渗滤液及排水系统，设计时采用的暴雨强度不应小于 50 年。

（4）保护层

保护层厚度不应小于 20cm，由粗砾性坚硬鹅卵石组成。

（5）植被恢复层

植被层厚度一般不应小于 60cm，其土质应有利于植物生长和场地恢复；同时植被层的坡度不应超过 33%。在坡度超过 10% 的地方，须建造水平台阶：坡度小于 20% 时，标高每升高 3m，建造一个台阶；坡度大于 20% 时，标高每升高 2m，建造一个台阶。台阶应有足够的宽度和坡度，要能经受暴雨的冲刷。

四、一般工业固体废物贮存、处置场

一般工业固体废物根据其特性又可分为第 I 类一般工业固体废物和第 II 类，第 I 类一般工业固体废物是指按照 GB5086 规定方法进行浸出试验而获得的浸出液中，任何一种污染物的浓度均未超过 GB8978 最高允许排放浓度，且 pH 值在 6~9 范围之内的一般工业固体废物。

1. 场址选择

根据《一般工业固体废物贮存、处置场污染控制标准》（GB 18599—2001）要求，一般工业固体废物贮存、处置场所选场址应符合当地城乡建设总体规划要求，应选在工业区和居民集中区主导风向下风侧，厂界距居民集中区 500m 以外应选在满足承载力要求的地基上，以避免地基下沉的影响，特别是不均匀或局部下沉的影响；应避开断层、断层破碎带、溶洞区，以及天然滑坡或泥石流影响区；禁止选在江河、湖泊、水库最高水位线以下的滩地和洪泛区；禁止选在自然保护区、风景名胜区和其他需要特别保护的区域。此外，I 类场应优先选用废弃的采矿坑、塌陷区。II 类场应避开地下水主要补给区和饮用水源含水层，应选在防渗性能好的地基上，天然基础层地表距地下水位的距离不得小于 1.5m。

2. 贮存、处置场结构要求

一般工业固体废物贮存、处置场的建设类型，必须与将要堆放的一般工业固体废物的类别相一致。贮存、处置场应采取防止粉尘污染的措施。为防止雨水径流进入贮存、处置场内，避免渗滤液量增加和滑坡，贮存、处置场周边应设置导流渠，应设计渗滤液集排水设施。

为防止一般工业固体废物和渗滤液的流失，应构筑堤、坝、挡土墙等设施。为保障设施、设备正常运营，必要时应采取措施防止地基下沉，尤其是防止不均匀或局部下沉。含硫量大于 1.5% 的煤矸石，必须采取措施防止自燃。为加强监督管理，贮存、处置场应按标准要求设置环境保护图形标志。对于 I 类场的建设，当天然基础层的渗透系数大于 $1.0×10^{-7}cm/s$ 时，应采用天然或人工材料构筑防渗层，防渗层的厚度应相当于渗透系数 $1.0×10^{-7}cm/s$ 和厚度 1.5m 的黏土层的防渗性能。必要时应设计渗滤液处理设施，对渗滤液进行处理。另外，为监控渗滤液对地下水污染，贮存、处置场周边至少应设置三口地下水质监控井。一口沿地下水流向设在贮存、处置场上游，作为对照井；第二口沿地下水流向设在贮存、处置场下游，作为污染监视监测井；第三口在最可能出现扩散影响的贮存、处置场周边，作为污染扩散监测井。当地质和水文地质资料表明含水层埋藏较深，经论证认定地下水不会被污染时，可以不设置地下水质监控井。

贮存、处置场关闭和封场。当贮存、处置场服务期满或因故不再承担新的贮存、处置任务时，应分别予以关闭或封场。关闭或封场时，表面坡度一般不超过 33%。标高每升高 3~5m 须建造一个台阶。台阶应有不小于 1m 的宽度和能经受暴雨冲刷的强度。

关闭或封场后，仍需继续维护管理，直到稳定为止。以防止覆土层下沉、开裂，致使渗滤液量增加，防止一般工业固体废物堆体失稳而造成滑坡等事故。关闭或封场后，应设置标志物，注明关闭或封场时间，以及使用该土地时应注意的事项。

对于 I 类场，为利于恢复植被，关闭时表面一般应覆一层天然土壤，其厚度视固体废物的颗粒度大小和拟种植物种类确定。

对于 II 类场，为防止固体废物直接暴露和雨水渗入堆体内，封场时表面应覆土两层，第一层为阻隔层，覆 20~45cm 厚的黏土，并压实，防止雨水渗入固体废物堆体内；第二层为覆盖层，覆天然土壤，以利植物生长，其厚度视栽种植物种类而定。II 类场封场后，渗滤液及其处理后的排放水的监测系统应继续维持正常运转，直至水质稳定为止。地下水监测系统应继续维持正常运转。

五、填埋场总体规划及场址选择

1. 填埋场总体规划

在对填埋场进行规划与设计时，首先应该考虑以下基本问题：

（1）相关的环境法规

必须满足所有相关的环境法规。

（2）城市总体规划

填埋场的规划与设计必须注意与城市的总体规划保持一致，以保证城市社会经济与环境的协调发展。

（3）场址周围环境

应对选定场址周围的环境进行充分的调查，其中包括场址及周围地区的地型、周围地区的土地处置情况、现有的排水系统及今后的布局、植被生长情况、建筑和道路情况等。

（4）水文和气象条件

要全面了解当地详细的水文和气象条件，如地表水及地下水的流向和流速、地下水埋深及补给情况、地下水水质、现有排水系统的容量、对附近水源保护区的影响、降水量、蒸发量、风向及风速等。这些条件直接影响渗滤液的产生，进而影响填埋场构造的选择与设计。

（5）入场废物性质

应充分掌握入场废物的性质，以在设计过程中确定必要的环境保护措施。对于进入安全填埋场的危险废物必须经过一定的预处理程序，以达到所要求的控制限值后才能进入填埋场处置，经处理后的废物不再具有反应性和易燃性，其含水率不得高于85%，浸出液 pH 值应在 7~12 之间，浸出液中任何一种有害成分的浓度不应超过表 8-2-2 所示的限值（表列各项目的控制限值仅适用于采用 GB 5086 的浸出试验方法测得的浸出浓度）。

（6）工程地质条件

应对选定场址的岩层位置与特性、现场土壤的土质及分布情况、周围可能的土源分布等工程地质条件进行详细的调查，为填埋场的构造设计提供依据。

（7）封场后景观恢复及土地利用规划

应在设计之前对填埋场封场后的景观恢复和土地利用情况进行规划，提出合理的土地利用方案，实现环境设施与城市发展的协调。

表 8-2-2　危险废物允许进入填埋区的控制限值

项目	稳定化控制限值/（mg/L）	项目	稳定化控制限值/（mg/L）
有机汞	0.001	锌及其化合物（以总锌计）	75
汞及其化合物	0.25	铍及其化合物（以总铍计）	0.20
铅（以总铅计）	5	钡及其化合物（以总钡计）	150
镉（以总镉计）	0.50	镍及其化合物（以总镍计）	15
总铬	12	砷及其化合物（以总砷计）	2.50
六价铬	2.50	无机氟化物（不包括氟化钙）	100
铜及其化合物	75	氰化物（以 CN^- 计）	5

2. 填埋场选址的依据

（1）填埋场选址依据

填埋场选址是建设填埋场最重要的一步，一般情况下很难得到各种条件最优的填埋场，因此填埋场的选址一般采用综合评定方法。选址是一个涉及多学科的课题，因此在做决定和调查研究时应由不同学科的专业人员组成选址小组。小组中应有地质学家、水文学家、土木工程师、交通专家、风景园林建筑师、垃圾处理专家以及管理学专家等方面的代表参加。

填埋场作为固体废物消纳场地，直接为城市或企业服务。因此，填埋场的选址要符合城市总体规划、环境卫生专业规划以及环境规划的要求，并满足国家标准《生活垃圾填埋场污染控制标准》（GB 16889—2008）、《危险废物填埋污染控制标准》（GB 18598—2019）、《生活垃圾卫生填埋处理技术规范》（GB 50869—2013）、《城市生活垃圾卫生填埋处理工程项目建设标准》和《危险废物安全填埋处置工程建设技术要求》中对不同类型填埋场选址做出具体规定的要求。

（2）填埋场选址应遵循的原则

场址的选择是填埋场全面规划设计的第一步。影响选址的因素很多，主要遵循以下几条原则：

① 环境保护原则

环境保护原则是填埋场选址的基本原则，应确保其周边生态环境、水环境、大气环境以及人类的生存环境等的安全，尤其是防止垃圾渗滤液的释出对地下水的污染，是场址选择时考虑的重点。

② 经济原则

合理、科学地选择，能够达到降低工程造价、提高资金使用效率的目的。但是，场地的经济问题是一个比较复杂的问题，涉及场地的规模、征用费用、运输费等多种因素。

③ 法律及社会支持原则

场址的选择，不能破坏和改变周围居民的生产、生活基本条件，要得到公众的大力支持。

④ 工程学及安全生产原则

必须综合考虑场址的地形、地貌、水文与工程地质条件、场址抗震防灾要求等安全生产各要素，以及交通运输、覆盖土土源、文物保护、国防设施保护等因素。

（3）填埋场选址的基本要求

在进行填埋场的场址选择时，主要应从社会、环境、工程和经济等几个方面的因素来考虑。

① 社会因素

a. 立法/法规

要同时满足国家和地方的所有法规及标准。

b. 公众/政治

要征得地方政府和公众的同意。

c. 文化/生态

要避开珍贵动植物保护区和国家自然保护区；要避开公园、风景、游览区、文物古迹区、考古学、历史学和生物学研究考察区；避开军事要地、基地，军工基地和国家保密地区。

② 环境因素

a. 地表水/地下水

场址要选择在百年洪泛区之外，不直接与通航水体和饮用水源连通，填埋场底部必须在地下水位之上。

卫生填埋场距离河流和湖泊宜在 50m 以上，安全填埋场距离地表水水域不应低于150m。填埋场还应位于地下水饮用水水源地主要补给区范围之外，且下游无集中供水井；对于安全填埋场地下水位应在防渗层 3m 以下。

b. 空气/噪声

尽量避开人口密集区、公园和风景区，减少气体的无组织排放和恶臭对周围的影响，严格控制运输及施工机械的噪声。

卫生填理区域距居民居住区或人畜供水点应在 500m 以上，安全填理场的选址应距居民区在 800m 以上，并保证在当地气象条件下对附近居民区大气环境不产生影响。

c. 土地处置

要结合城市的总体规划，综合考虑封场后的景观恢复和土地处置，使之与城市的发展保持协调一致。

③ 工程因素

a. 工程规模

要保证有足够的容积，以容纳规划区域内在有效服务期间所产生的所有废物。对于卫生填埋场其使用年限宜在 10 年以上，特殊情况下，不应低于 8 年。对于安全填埋场场址必须有足够大的可使用面积以保证填埋场建成后具有 10 年或更长的使用期，在使用期内能充分接纳所产生的危险废物。

b. 场地的力学特性

场址要具有良好的力学特性，填埋场选址应避开下列区域，以保证在施工和运行、管理过程中，填埋场设施及填埋废物保持良好的稳定性：破坏性地震及活动构造区；海啸及涌浪影响区；湿地和低洼汇水处；地应力高度集中，地面抬升或沉降速率快的地区；石灰岩溶洞发育带；废弃矿区或塌陷区；崩塌、岩堆、滑坡区；山洪、泥石流地区；活动沙丘区；尚未稳定的冲积扇及冲沟地区；高压缩性淤泥、泥炭及软土区以及其他可能危及填埋场安全的区域。

c. 施工特性

要充分利用当地的自然条件，确保取土和弃土地点，减少土石方运输量，并保证土木机械的施工效率。

d. 交通道路

要保证拥有全天候公路，并有足够的车辆通行能力，不易发生交通堵塞。

④ 经济因素

a. 运输费用

在符合有关法规和保证环境安全的前提下，尽量靠近废物产生源，以减少管理和运输费用。

b. 运行费用

劳务费、管理费、维修费、能源消耗及其他费用。

c. 征地费用

实际土地费用加上其他相关费用。

在填埋场规划和设计之前必须充分考虑以上这些因素，并尽量保证所选场址能够满足这些条件。如果因当地的自然、社会、经济等条件的限制，不能充分满足这些条件时，必须采取相应的工程措施加以弥补，并应对其措施加以严格地论证。在实际工程应用方面，填埋场选址还应满足不同类型填埋场的相关标准和规范。

（4）填埋场选址步骤

填埋场场址选择要分以下几个阶段进行：阐明填埋场场址的鉴定标准依据，给每项标准规定出适当的等级以及场址排除在外的条件（排除标准）；把所有按入选标准不适于选作填埋场的地址登记在册（否定法）。例如，属于排除的地点有地下水保护区、居民区、自然保护区等；采用否定法筛选剩余的地点中，根据环境条件找出有可能适合的地址（肯定法）。环境条件是指如道路连接情况、地域大小、地形情况等；据其他环境条件（如与居民区的距离）或者是根据初评的最重要标准选出的场址；对初评出来的 2~3 个地址为备选的填埋场，场址再进行评估，如地形测量、工程地质与水文地质勘察，还需要做专门的工作，如社会调查等；备选场址根据初步勘探，如社会调查的结果编写场址可行性报告，并通过审查。

（5）填埋场库容和规模的确定

填埋场库容和规模的设计除了需要考虑废物的数量以外，还与废物的填理方式，填理废物的压实密度、覆盖材料的比率等有关。一般情况下，城市生活垃圾城埋场的使用年限以

8~20 年为宜，工程量可以通过下列方式进行估算，而危险废物填埋场的库容和规模应根据需填埋处置的危险废物产生量和使用年限确定。

通常合理的填埋场一般依据场址所在地的自然人文环境与投资额度规划其总容量(total amount)，也即填埋场的总库容，此值是指填埋开始至计划目标年为止拟填埋的总废物量加上所需的覆土容量。为精确估算此值，尽管须考虑诸多因素，但工程上往往采用以下近似计算法即可满足设计的需求：

$$V_n = 填埋垃圾量 + 覆盖土量 \tag{8-2-1}$$

式中 V_n——第 n 年垃圾填埋容量，m^3；

填埋场规模通常表示一座填埋场的规模均以填埋场的总面积为准。从式(8-2-1)所得的结果可知服务期的填埋总容量 Vt，再根据场址当地的自然及地下水文状况，计算填埋场的最大深度，其值可由下式估算：

$$A = (1.05 \sim 1.20) \times \frac{Vt}{H} \tag{8-2-2}$$

式中 A——场址总面积，m^2；

   H——场址最大深度，m。

其中，1.05~1.20 为修正系数，决定于两个因素，即填埋场地面下的方形度与周边设施占地大小，因实际用于填埋地面下的容积通常非方体，侧面大都为斜坡度。

当填埋场的服务年限较长时，应充分考虑人口的增长率与垃圾产率的变化。前者需要根据相应地区在最近 10 年中的人口增长率取值；而后者则应根据该地区的经济发展规划，参考以往的产率数值取值。

每年所需的场地体积按公式(8-2-3)计算：

$$V = 365 \cdot \frac{WP}{D} \times (1+r) \tag{8-2-3}$$

式中 V——每年的填埋垃圾体积 m^3；

   W——垃圾产率，$kg/(日 \cdot 人)$；

   P——城市人口；

   D——压实后垃圾的密度，kg/m^3；

   r——覆土与垃圾之比。

【例 8-1】：一个有 100000 人口的城市，平均每人每天产生垃圾 2.0kg，如果采用卫生土地填埋处置，覆土与垃圾之比为 1:4，填埋压实后的密度为 $600kg/m^3$，试求 1 年垃圾填埋废物体积。如果填埋高度为 7.5m，一个服务期为 20 年的填埋场占地面积为多少？总容量为多少？

解：1 年废物填埋的体积为：

$$V_1 = \left(\frac{365 \times 2.0 \times 100000}{600} + \frac{365 \times 2.0 \times 100000}{600 \times 4} \right) m^2 = 152083 \ m^2$$

如果不考虑该城市垃圾产生量随着时间的变化，则运营 20 年后所需要库容为：

$$V = 20 \times V_1 = 20 \times 152083 = 3.0 \times 10^6$$

如果填埋高度为 7.5m，则填埋面积为：

$$A_{20} = \frac{3.0 \times 10^6}{7.5} = 4 \times 10^5 m^2$$

六、填埋场防渗系统

1. 填埋场防渗技术类型

防渗工程是固体废物填埋场最重要的工程之一，其作用是将填埋场内外隔绝，防止渗滤液进入地下水；阻止场外地表水、地下水进入垃圾填埋体以减少渗滤液产生量；同时也有利于填埋气体的收集和利用。

根据《生活垃圾卫生填埋处理技术规范》(GB 50869—2013)的要求，"填埋场必须进行防渗处理，防止对地下水和地表水的污染，同时还应防止地下水进入填埋区"。无论是天然的还是人工的，其水平、垂直两个方向的渗透率均必须小于 $1.0 \times 10^{-7}\mathrm{cm/s}$；防渗方式有多种，一般分为天然防渗和人工防渗，人工防渗又分为垂直防渗和水平防渗。

(1) 天然防渗

所谓天然防渗是指在填埋场填埋库区，具有天然防渗层，其隔水性能完全达到填埋场防渗要求，不需要采用人工合成材料进行防渗，该类型的填埋场场地一般位于黏土和膨润土的土层中。

许多土壤天然具有相对的不透水性。黏土状土壤就是天然不透水材料的很好例子。由于黏土矿物的微小颗粒和表面化学特性，环境里的黏土堆积物极大地限制了水分迁移的速率。天然的黏土堆积物有时被用作填埋场防渗层。然而，在大多数卫生填埋场，黏土衬层的建造是通过添加水分和机械压实以改变黏土结构来满足其最佳工程特性。

很多特性都使得压实黏土符合作为填埋场防渗系统的材料。这些特性包括黏土的力学特性例如剪力强度，但最重要的是黏土对水的低渗透性。描述多孔介质对水流的渗透性的工程参数是水力传导率(hydraulic conductivity)。黏土衬层必须满足水力传导率小于 $10^{-7}\mathrm{cm/s}$ 的基本要求。压实黏土的水力传导率和其他一些参数，必须在土壤衬层建设期间做例行测定。

(2) 人工防渗

当填埋场不具备黏土类衬里或改良土衬里防渗要求时，宜采取自然和人工结合的防渗技术措施。大多数填埋场的地理、地质条件都很难满足自然防渗的条件，现在的卫生填埋场一般都采用人工防渗。人工防渗措施一般有垂直防渗、水平防渗和垂直与水平防渗相结合三类，具体采用何种防渗措施(或上述几种的结合)，则主要取决于填埋场的工程地质和水文地质以及当地经济条件等。

水平防渗主要有压实黏土、人工合成材料衬垫等；垂直防渗主要有帷幕灌浆、防渗墙和HDPE 膜垂直帷幕防渗。表 8-2-3 为水平防渗与垂直防渗技术比较。

表 8-2-3　水平防渗与垂直防渗技术比较

工程措施	渗透率 $K<10^{-7}\mathrm{cm/s}$	深层地下水防渗效果	浅层地下水防渗效果	能否阻止地下水位过高引起的污染
垂直防渗	很难达到	无效	有效	不能阻止
水平防渗	能达到	有效	有效	能阻止

① 垂直防渗技术

垂直防渗技术是在填埋场区为相对独立的水文地质单元的前提下，采用的一种比较经济且施工简便的防渗工程措施，也适合于废弃物简易堆放场地的污染阻断。该技术通常是在场区地下水径流通道出口处设置垂直的防渗设施，即将防渗帷幕布置于上游垃圾坝轴线附近，自谷底向两岸延伸(如防渗墙、防渗板、注浆帷幕等)来阻拦渗滤液向下游渗漏，从而达到防止污染下游地下水的目的。通常，垂直防渗工程设施的设计漏失量（或单位吸水量）必须小于有关技术标准或规范所规定的允许值，即漏失量小于场区防渗层渗透系数为 $1.0 \times 10^{-7} cm/s$、厚度为 2m 时渗滤液的漏失量；单位吸水量小 0.1MPa 压力作用下 1m 长钻孔的吸水量。

垂直防渗工程设施采用比较多的是帷幕灌浆，其长度和深度应根据填埋场区的工程地质和水位地质条件来确定。灌浆孔一般由单排或双排灌浆孔构成，为保证灌浆质量，通常在帷幕的顶部设 2~3cm 厚的灌浆盖层。采用的浆液主要有水泥浆、黏土加水泥浆、化学药剂加水泥浆、膨润土加水泥浆等。

帷幕灌浆在施工时钻孔和灌浆通常在坝体内特设的廊道内进行，靠近岸坡处也可在坝顶、岸坡或平洞内进行，平洞还可起到排水的作用，有利于岸坡的稳定。钻孔方向一般垂直于基岩面，必要时也可有一定斜度，以便穿过主节理裂隙，但角度不宜太大，一般在 10° 以内，以便施工。

施工可采用固结灌浆法，即孔距与排距一般从 10~20m 开始，采用内衬逐步加密的方法，最终约为 1.5~4m，孔深 8~15m。帷幕上游区孔深一般为 15~30m，甚至达 50m。根据防渗要求和坝轴处基岩的工程地质、水文地质情况可确定帷幕的深度，通常为坝高的 0.3~0.7 倍，要求单位吸水量 $\omega < 0.01/(min \cdot m)$。当相对隔水层距地面不远时，帷幕应伸入岸坡与该层相衔接。当相对隔水层埋藏很深时，可以伸到原地下水位线与垃圾堆体最高水位的交点处。

② 水平防渗技术

水平防渗技术是目前国内外使用最广泛也是最有效的填埋场防渗技术，主要包括场地平整、防渗衬里材料的选择和防渗层结构设置等内容。同时，还要考虑与其上部的渗漏导排系统以及下部的地下水导排系统的结合问题。

2. 国内外填埋场防渗层典型结构

（1）国内填埋场防渗层典型设计

封闭型填埋一般采用垂直防渗（帷幕灌浆）或水平防渗（符合要求的自然黏土层和人工合成材料隔离层）。垂直防渗的造价较低，在国内较多的填埋场中已得到应用。

人工水平防渗在国外是较为先进和成功的技术，水平防渗层是以极低渗水性的化学合成材料（如 HDPE 膜）为核心，组成全封闭的非透水隔离层；在隔离防渗层的上面进行垃圾渗滤液的收集和排放，隔离层之下进行地下水的导排，即实现清污分流，避免地下水位上升而造成隔离层的失效。我国《生活垃圾卫生填埋处理技术规范》（GB 50869—2013）和《危险废物填埋污染控制标准》（GB 18598—2019）对卫生填埋场和安全填埋场的防渗层结构分别有相应规定，见表 8-2-4。

HDPE 膜必须具有相当的承载能力，并有抗压性、抗拉性、抗刺性、抗蚀性、耐久性，且不因负荷而发生沉陷、变形、破损等特性，其主要性能指标见表 8-2-4。

表 8-2-4　HDPE 防渗膜物理力学性能指标

性能指标		单位	标准值	检验标准
物理特性	厚度	mm	2.0	ASTM D1593
	密度	g/mL	0.94	ASTM D1505
	尺寸稳定性	%	≤ ±2	ASTM D1204
	炭黑含量	%	2.5	ASTM D1603

性能指标		单位	标准值	检验标准
力学特性	极限抗拉强度	N/mm	≥ 50	ASTM D638
	屈服抗拉强度	N/mm	≥ 36	ASTM D638
	极限伸长率	%	≥ 700	ASTM D638
	屈服伸长率	%	>13	ASTM D638
	弹性模量	MPa	≥ 600	ASTM D638
	撕裂强度	N	>300	ASTM D1004
	刺破强度	N	>500	FTMS101
水学特性	渗透系数	cm/s	≤ 2.2×10^{-10}	ASTM E96
	水吸附性	%	≤ 0.1	ASTM D570
幅宽		m	≥ 10.5	—

设计者必须首先知道垃圾压实后的容重(这与压实力学性能以及垃圾成分有关)、垃圾的填埋高度、垃圾最终沉降量、HDPE 膜的容重、屈服抗拉强度、屈服延伸率、断裂抗拉强度、断裂延伸率、撕裂强度和抗穿刺强度,以 HDPE 膜与支持层之间的摩擦力,才能选择合适厚度的 HDPE 膜。一般来说垃圾填埋高度不大时可采用厚度为 1.5mm 厚的 HDPE 膜,垃圾填埋高度较大时宜选用2.0~2.5mm 厚的 HDPE 膜,顶部封场时可采用厚度为 0.5mm 的 HDPE 膜。

(2)国外填埋场防渗层的结构设计

国外通常用的人工水平防渗层的几种结构设计类型如图 8-2-9 所示,其中每个衬层都具有其特殊的作用,分别说明如下。

图 8-2-9(a)中的黏土层和高密度聚乙烯膜组成了防止渗滤液的渗漏和气体迁移的复合隔离层,比采用单一衬层具有较好的阻水作用。砂、石层的作用是收集和排放垃圾体中产生的渗滤液;无纺土工布是为了分隔砂、石和土层,使其不致混合,降低砂石的渗透系数;最上面的黏土层起到保护砂石层和隔离层的作用,使之不被长条尖锐物刺穿,也不会被填埋作业机械损坏。

图 8-2-9(b)的防渗层是一种特别的设计,在夯实的黏土层上依次是高密度聚乙烯膜、土工塑料渗水网、无纺土工布和保护土层。由无纺土工布和土工塑料网组成的渗水层,把渗滤液排除到收集系统中。这种结构的渗水性和粗砂层相同,但存在被阻塞的可能,很多设计者更喜欢采用砂或者碎石作为渗水层。

图 8-2-9(c)是一种双隔离防渗层,第一层 HDPE 膜的主要作用是隔离并收集渗滤液,第二层 HDPE 膜是强化防渗和检查第一层的渗漏情况。这是一种改进的复合防渗层,与图 8-2-9(b)一样,由土工塑料网代替了砂层排放渗滤液。

图 8-2-9(d)也是一种双隔离层结构,与图 8-2-9(c)不同的是,第一隔离层被高密度聚乙烯膜和膨润土复合膜(GCL)所替代。

3. 填埋场防渗层铺装及质量控制

填埋场防渗层的铺设安装有着严格的质量要求,其中人工材料 HDPE 土工膜和膨润土防渗卷材 GCL 是人工水平防渗技术采用的关键性材料,在施工过程中,除需保证其焊接质量外,在与其相关层进行施工时,还须注意保护,避免对其造成损坏。其铺装程序和要求

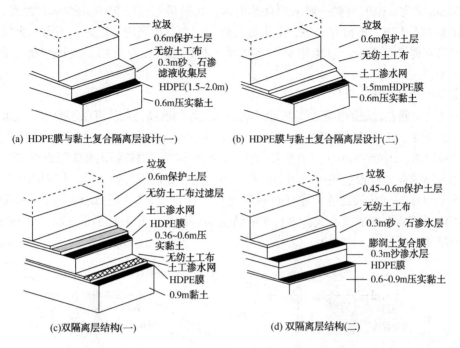

(a) HDPE膜与黏土复合隔离层设计(一)

(b) HDPE膜与黏土复合隔离层设计(二)

(c)双隔离层结构(一)

(d) 双隔离层结构(二)

图 8-2-9　填埋场防渗层结构设计图

如下。

（1）施工前的检查

场地基础层应平整、压实、无裂缝、无松土，表面应无积水、石块、树根及尖锐杂物。用于填埋场防渗系统工程的 HDPE 膜厚度不应小于 1.5mm、膜的幅宽不宜小于 6.5m，膜平直、无明显锯齿现象，不允许有穿孔修复点、气泡和杂质，不允许有裂纹、分层和接头，无机械加工划痕，糙面膜外观均匀，不应有结块、缺损等现象。

用于填埋场防渗工程的 GCL 材料应表面平整，厚度均匀，无破洞、破边现象，针刺类产品针刺均匀密实，应无残留断针，GCL 单位面积总质量不应小于 $4800g/m^2$，其中单位面积膨润土质量不应小于 $4500g/m^2$。

土工布各项性能指标应符合国家现行相关标准的要求，应具有良好耐久性能，土工布用作 HDPE 膜保护材料时，应采用非织造土工布，规格不应小于 $600g/m^2$，土工布用于盲沟和渗滤液收集导排层的反滤材料时，规格不宜小于 $150g/m^2$。

用于填埋场防渗系统的土工复合排水网各项性能指标应符合国家现行相关标准的要求，土工复合排水网的土工网宜使用 HDPE 材质，纵向抗拉强度应大于 8kN/m，横向抗拉强度应大于 8kN/m，土工网和土工布应预先黏合，且黏合强度应大于 0.17kN/m。

（2）土工布的铺设

当 HDPE 膜采用土工布作保护层时，应合理布局每片材料的位置，力求接缝最少，并合理选择铺设方向，减少接缝受力。一般情况下，织造土工布和非织造土工布采用缝合连接时，其搭接宽度为 75mm±15mm，而非织造土工布采用热黏连接时，其搭接宽度为 200mm±25mm。

（3）防渗膜的铺设

铺膜及焊接顺序是从填埋场高处往低处延伸，HDPE 土工膜采用热压熔焊接（热熔焊接）时其搭接宽度以 100mm±20mm 为宜，采用双轨热熔焊接（挤出焊接）时其搭接宽度以

75mm±20mm 为宜。GCL 材料一般采用自然搭接，其搭接宽度以 250mn±50mm 为宜。HDPE 土工膜接头必须干净，不得有油污、尘土等污染物存在。天气应当良好，下雨、大风、雾天等不良气候不得进行焊接，以免影响焊接质量。两焊缝的交点采用手提热焊机加强(或加层)焊补。

（4）防渗膜的锚固

为保证防渗膜在边坡的稳定，垃圾填埋场四周边坡的坡高与坡长有限值要求，边坡坡度一般在(1：2)~(1：5)之间，限制坡高一般为 15m，限制坡长在 40~55m 之间，达到限制要求时需要设置锚固沟，HDPE 膜的锚固有三种方法，即沟槽锚固、射钉锚固和膨胀螺栓锚固。

采用沟槽锚固时应根据垫衬使用条件和受力情况计算锚固沟的尺寸，锚固沟距离边坡边缘不宜小于 800mm，防渗系统工程材料转折处不得存在直角的刚性结构，均应做成弧形结构，锚固沟断面应根据锚固形式，结合实际情况加以计算，并不宜小于 800mm×800mm。典型锚固沟结构形式见图 8-2-10。

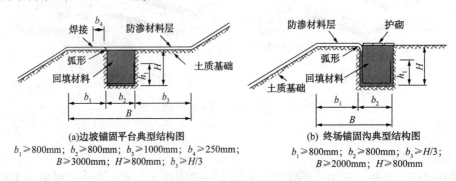

(a)边坡锚固平台典型结构图
$b_1 \geqslant 800mm$；$b_2 \geqslant 800mm$；$b_3 \geqslant 1000mm$；$b_4 \geqslant 250mm$；
$B \geqslant 3000mm$；$H \geqslant 800mm$；$b_3 \geqslant H/3$；

(b) 终场锚固沟典型结构图
$b_1 \geqslant 800mm$；$b_2 \geqslant 800mm$；$b_3 \geqslant H/3$；
$B \geqslant 2000mm$；$H \geqslant 800mm$

图 8-2-10　典型锚固沟结构形式

采用射钉锚固时，压条宽度不得小于 20mm，厚度不得小于 2mm，橡皮垫条宽度应与压条一致，厚度不小于 1mm，射钉间距应小于 400mm，压条和射钉应有防腐能力，一般情况下采用锈钢材质。

采用膨胀螺栓锚固时，螺栓直径不得小于 4m，间距不应大于 50mm，膨胀螺栓材质为不锈钢。

（5）防渗膜的焊接

高密度聚乙烯膜的焊接方式主要有热压熔焊结(又分为挤压平焊和挤压角焊)和双轨热熔焊接(又称热楔焊)之分(见图 8-2-11)。其中挤压平焊应用最广，这种方法具有较大的剪切强度和拉伸强度，焊接速度较快，焊缝均匀，温度、速度和压力易调节，易操作；可实现大面积快速自动焊接等优点。为有效控制质量，一方面宜选用焊接经验丰富的人员施工；另一方面在每次焊接(相隔时间为 2~4h)之前进行试焊。同时必须对焊缝做破坏性检测和非破坏性检验。

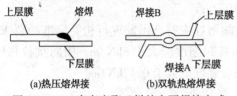

图 8-2-11　高密度聚乙烯的主要焊接方式

非破坏性检验是对已施工的每条焊缝进行气压试验和真空皂泡试验。在进行气压检验时，先将双轨热熔焊缝的两端孔封闭，用气压泵对焊接形成的空隙加压 207~276kPa。若其气压在 5~10min 内下降不超过 34kPa，则焊缝合格。真空皂泡试验是在热压熔焊表面涂上皂液后用真空箱抽气，抽气压力在 16~32kPa。若 5~10min 内焊缝表面不产生气泡则可认为焊缝合格。当检验发现焊缝不合格时，必须加以重焊，并重做检测试验。

破坏性检验是指对已施工的焊缝每 600m 取一个样，送往专业检测单位进行剥离强度和剪切强度测试。若剥离强度低于 30N/mm 或剪切强度低于 34N/mm，则该试样对应的焊缝为不合格，需对其进行重新焊接，并重新取样测试。

（6）防渗膜焊接的质量检查

焊接结束后，应严格检查焊缝质量，如有漏焊、小洞或虚焊等现象，应坚决返工，不得马虎。根据国外 20 多年的实践经验，防渗层的泄漏或破坏现象，大多出现在接缝上，因此应用真空气泡测试薄膜之间的黏接性，用破坏性试验测试焊缝强度，每天每台机至少测试一次，以保证合格的施工质量。为了保证 HDPE 土工膜长用久安，保证不受填埋垃圾物的损伤，薄膜上面必须铺盖一层土工布。也可以铺 300~500mm 的黏土，铺平拍实，作为防渗保护衬层；而在大斜坡面上可铺设一层废旧轮胎或砂包。

七、渗滤液的产生与收集处理

1. 渗滤液的产生

（1）生物质垃圾稳定化过程

渗滤液的产生受诸多因素影响，在填埋垃圾稳定化过程中，不仅水质、水量变化大，而且变化无规律性。渗滤液水质、水量的变化受降水渗入、地表径流、地下水渗入、生物质垃圾的分解等四个方面的影响，其中生物质垃圾分解的影响最大。生物质垃圾稳定化过程主要分为五个阶段，其间由于微生物的生长环境、种类、作用不同，渗滤液的成分、浓度发生很大变化。

① 初始调整阶段和过程转移阶段

在这两个阶段，新鲜垃圾的空隙中的氧很快被消耗，还为有活性的微生物群落创造适宜的生长条件，垃圾堆体中发生从好氧到厌氧环境的转化。在初始调整阶段，渗滤液来自压实垃圾和垃圾中的短路流动而释放的自由水；在过程转移阶段，渗滤液中可以测出 COD 和挥发性有机酸(VOA)。两个阶段没有明显的界限。

② 产酸阶段

由于氧被消耗，垃圾层呈厌氧状态，出现发酵反应。垃圾中的纤维素和半纤维素是主要降解物，在厌氧环境中降解成甲烷和二氧化碳。纤维素和半纤维素的生物降解依靠三种微生物：水解聚合物和发酵单糖生成羧酸和乙醇的水解发酵菌；把酸和乙醇转化为醋酸、氢和二氧化碳的醋酸菌；把醋酸反应产物转化为甲烷和二氧化碳的甲烷菌。

产酸仅仅在中性附近很窄的 pH 值范围内发生。在这个阶段，水解菌、发酵菌和醋酸菌占优势，导致有机酸的积累和 pH 值的下降。同时 BOD 和 COD 也出现最高值，BOD 与 COD 的比值可以达到 0.4~0.7，提高了渗滤液溶解许多化合物的能力。通过生物质垃圾连续水解以及微生物降解有机污染物，产生了高浓度的中间产物挥发性有机酸，所以可观测到 pH 值的下降和金属成分的溶出。

③ 产甲烷阶段

当有一定量的甲烷产生，就表示进入了产甲烷阶段。这时 pH 值能保证有限的产甲烷菌的生长。酸化阶段积累的有机酸被产甲烷菌转化为甲烷和二氧化碳，甲烷产率提高。纤维素和半纤维素开始分解。COD 和 BOD 开始降低，pH 值升高。有机酸的消耗导致 BOD 与 COD

的比值降低。在这一阶段，产甲烷菌将挥发性有机酸代谢并转化为甲烷和二氧化碳，硫酸盐和硝酸盐被还原为硫化物和氨氮。pH值升高也会使一些重金属通过络合化学沉淀而去除。

④ 成熟阶段

在这个阶段，可供微生物利用的营养物和底物数量都大量减少，限制了微生物的活性，但难降解有机污染物的缓慢降解可能持续很长时间，并产生腐殖质类物质。

（2）渗滤液的特点

渗滤液中的污染物主要有四类：复杂的有机物，以COD或TOC表示；常规无机成分包括钙、镁、钠、钾、铁、锰、氯化物、硫酸盐或碳酸氢盐等；特殊的有机污染物；有毒金属镉、锌、铅、镍、汞、铜和铬。固体废物中迁移性最大的污染物是复杂的含碳有机物和部分重金属物质。

渗滤液中某些污染物被表层土壤有效地阻留，另一些污染物则进入地下水，所以渗滤液的危害主要表现为对地下水和土壤的污染。

渗滤液对周围地下水、地表水均会造成严重的环境污染。对距渗滤液蓄水池512m的一口水井进行长期观察分析发现，其硬度、钙镁浓度、总固体物量都有所增加。据报道：距离填埋场4km远地表水的水质明显恶化；渗滤液对含水层的污染不仅在于表层，而且贯穿于60m深的竖直截面；渗滤液中重金属对周围环境及对其后生物处理的毒性有影响。

土壤污染是指污染物通过各种途径进入土壤造成的污染，其污染的量和速度均超过土壤的净化。土壤污染破坏自然动态平衡，使污染物质的积累过程逐渐占据优势，从而导致土壤正常功能失调、品质下降，并影响到农作物的生长发育，使农作物的产量和品质下降。同时，土壤污染还包括土壤污染物的迁移转化，引起大气或水体的污染，最终影响到人类的健康。垃圾填埋对土壤的污染，主要是渗滤液渗入土层所致。渗滤液污染物在土壤中产生一系列物理、化学和生物化学作用，如过滤、吸附、沉淀，或者为植物根系吸收或被微生物降解和合成吸收，从而使污染物截留在包气带土体内，或通过土壤孔隙水携带迁移。受污染的土壤，一般不具有天然的自净能力，也很难通过稀释、扩散而减轻其污染程度，必须采取耗资巨大的一些办法改造土壤。

（3）渗滤液的成分

渗滤液中含有多种污染物，且受填埋垃圾种类、压实程度、覆盖方法、环境状况、填埋年限等多种因素的影响，浓度变化往往很大。

表8-2-5总结了我国部分地区垃圾渗滤液的指标，这对研究垃圾渗滤液的特性和处理处置有很好的参考价值。

表8-2-5 我国部分地区垃圾渗滤液的指标

项目	上海	杭州	广州	深圳	台湾
pH值	5~6.5	6~6.5	6.5~7.8	6.2~8.0	5.6~7.5
COD	1500~8000	1000~5000	1400~5000	3000~60 000	4000~37000
BOD	200~4000	400~2500	400~2000	1000~36 000	600~28000
NH_3-N	60~450	50~500	160~500	400~1500	100~1000
TN	100~700	80~800	150~900	—	200~2000
SS	30~500	60~650	200~600	100~6000	500~2000

总体而言，垃圾渗滤液有以下特点：垃圾渗滤液中的COD高，是城市污水的10~100倍，处

理十分困难；垃圾渗滤液中有机污染物多，渗滤液中还含有 10 多种金属，水质成分十分复杂；氨氮含量高，碳氮比常出现失调状况，增加了生物处理的难度；水质随着填埋场服务年限的延长和当地降雨等气象条件的变化而变化。几十年来，国内外对垃圾渗滤液处理的研究取得了较大的成功，特别是经济发达的国家已将研究成果付诸生产实践，积累了一定的运行经验。常用的垃圾渗滤液处理方法有生物处理法、物理化学处理法、土地处理法、循环回灌法、深度处理法等。

（4）渗滤液产量估算

① 经验公式法

经验公式法即日本《指南解说》推荐的主因素相关法：

$$L = (C_1 A_1 + C_2 A_2) I \times 10^{-3} \tag{8-2-4}$$

式中　L——渗滤液产生量，m^3/d；

　　　A_1、A_2——正在填埋区和已经完成填埋区的面积，m^2；

　　　C_1、C_2——正在填埋区和已经完成填埋区的渗出系数，其值一般在 0.2~0.8 之间，且 $C_1 > C_2$；

　　　I——所在区域的最大年或月降雨量的日换算值，mm。

【例 8-2】某填埋场总面积为 $30hm^2$（公顷），分三个区进行填埋。目前已有两个区填埋完毕，其总面积为 $A_2 = 20hm^2$，浸出系数 $C_2 = 0.2$。另有一个区正在进行填埋施工，填埋面积为 $A_1 = 10hm^2$，浸出系数 $C_1 = 0.5$。当地的年平均降水量为 3.3mm/d，最大月降水量为换算值为 6.5mm/d。求污水处理设施的处理能力。

解：水处理能力的确定：

$$L = (C_1 \cdot A_1 + C_2 \cdot A_2) \cdot I \times 10^{-3}$$

平均渗滤量：

$$L_{平均} = 3.3 \times (0.5 \times 10000 + 0.2 \times 20000) \times 0.001 = 29.7 m^3/d$$

最大渗滤量：

$$L_{max} = 6.5 \times (0.5 \times 10000 + 0.2 \times 20000) \times 0.001 = 58.5 m^3/d$$

因此处理量在 30 至 60 m^3/d 之间选取。

② 水量均衡法

以填埋场为主体，根据进出水量平衡原理，可得渗滤液产生量的估算公式：

$$L = P + W + Q_1 + Q_2 - E_1 - E_2 - Q_3 - Q_4 - H \tag{8-2-5}$$

式中　L——渗滤液产生量；

　　　P——填埋作业区域的平均日降水量；

　　　W——废物中的含水量；

　　　Q_1——作业区域的地下水入渗量；

　　　Q_2——地表径流流入量；

　　　E_1——填埋场地表自然蒸发量；

　　　E_2——填埋场地表植被叶面蒸发量；

　　　Q_3——填埋场地表流失量；

　　　Q_4——作业单元单元底部衬层渗出量；

　　　H——填埋场持水量。

上述各指标中，降水量和蒸发量可以从当地气象部门获得，外部渗入的水和从填埋场地表流失的水可以通过径流系数来计算。

对于设计完善的填埋场，场外地表径流和地下水对渗滤液的增加量以及渗滤液穿透衬层

的外泄量和填埋场地表流失量均可忽略不计，即 $Q_1 = Q_2 = Q_3 = Q_4$

式(8-2-5)可以简化为：

$$L \approx P + W - E_1 - E_2 - H \tag{8-2-6}$$

对于特定的气象条件下的填埋场和填埋固体废物，相对于降水量和蒸发量，废物中的含水量和填埋场的持水量，上式可以进一步简化为：

$$L \approx P - E \tag{8-2-7}$$

水量均衡法和经验公式法的主要区别在于对降水量的不同处理上。从气象资料中获得的一年中最大月降水量，其平均日降水量远比最大日降水量小得多，因此从理论上用多项代数和来估算渗滤液产量，会使暴雨期间渗滤液大量积存，影响填埋场的正常运行。当然，这种估算由于设计流量减少，渗滤液体处理设施环节相应减少，可使基建投资降低。因此，若在处理设施前设有足够大容积的调节池调节容纳暴雨期间的渗滤液，就会避免积水问题，同时降低了造价。

2. 垃圾渗滤液的收集

渗滤液产生量和处理量应按填埋场类型、填埋库区划分、雨污分流系统情况、填埋物性质及气象条件等因素确定。填埋区防渗系统应铺设渗滤液收集系统，并设置疏通设施。渗滤液收集系统的主要功能是将填埋区内产生的渗滤液收集起来，并通过调节池输送至渗滤液处理系统进行处理，同时向填埋堆体供给空气，以利于垃圾体的稳定化。为了避免因液位的升高、水头变大而加大对库区地下水的污染，规范要求该系统应保证使衬垫或场底以上渗滤液的水头不超过30cm。渗滤液收集导出系统层要求能迅速地将渗滤液从垃圾体中排出，其原因是：其一，垃圾中出现壅水会使垃圾长时间淹没在水中，垃圾中的不同有害物质会浸润出来，从而防渗系统因超负荷而受到破坏的危险。增加了渗滤液净化处理的难度；其二，壅水会增加对下部水平衬垫层负荷，有使水平防渗系统因超负荷而受到破坏的危险。

(1) 导流层

为防止渗滤液在填埋场库区场底积蓄，填埋场底应形成一系列坡度的阶梯，填埋场底的轮廓边界必须能使重力水流始终流向垃圾主坝前的最低点。导流层的目的就是将全场的渗滤液顺利地导入收集沟内的渗滤液收集管内(包括主管和支管)。根据《城市生活垃圾卫生填埋处理工程项目建设标准》的要求，渗滤液在竖直方向上进入导流层的最小底面坡度应不小于2%，以利于渗滤液的排放和防止在水平衬垫层上的积蓄。

导流层铺设在经过清理后的场基上，厚度不小于300mm 的卵石铺设而成，在卵石来源困难的地区，可考虑用碎石代替。

(2) 收集沟和多孔收集管

收集沟设置于导流层的最低标高处，并贯穿整个场底，通常采用等腰梯形或菱形截面。铺设于场底中轴线上的为主沟，在主沟上依间距 30~50m 设置支沟，支沟与主沟的夹角宜采用 15 的倍数，以利于将来渗滤液的收集管弯头的加工与安装。同时在设计时应当尽量把收集管道设置成直管段，中间不要出现反弯折点。收集沟中填充卵石或碎石，粒径按照上大下小形成反滤，一般上部卵石粒径采用 40~60mm，下部卵石粒径采用 25~40mm。盲沟宜采用砾石、卵石、碴石($CaCO_3$ 含量应不大于10%)、高密度聚乙烯(HDPE)管等材料铺设，结构应为石料盲沟、石料与 HDPE 管盲沟、石笼盲沟等。石料的渗透系数不应小于 1.0×10^{-3} cm/s，厚度不宜小于40cm。HDPE 管的干管直径不应小于250mm，支管直径不应小于200mm。HDPE 管的开孔率应保证强度要求，布置宜呈直线，其转弯角度应小于或等于 20°，其连接处不应密封。多孔收集管按照埋设位置分为主管和支管，其公称直径应不小于 100mm，其最小坡度应不小于 2%。通常孔径为 15～20mm，孔距为 50～100mm，开孔率为 2%～5%。

在填埋区按一定间距设立贯穿垃圾堆体的竖直立管，管底部通入导流层或通过短横管与水平收集管相接，以形成竖直-水平立体收集系统。通常，这种立管同时也用于导出填埋气体，故称为排渗导气管。

（3）集水池提升系统

渗滤液集水池位于垃圾主坝前的最低洼处，以砾石堆填以支撑上浮废物、覆盖封场系统等的荷载，全场的垃圾渗滤液汇集到此并通过提升系统越过垃圾主坝进入调节池。如果采取渗滤液收集主管直接穿过垃圾主坝的方式（适用于山谷型填埋场），则可以省略集水池和提升系统。通常情况下，水平衬垫系统在垃圾主坝前某一区域下凹形成集水池，由于防渗膜常在集水池的斜坡或凹槽处撕裂，因而常常在集水池区域增加一层防渗膜。提升系统包括提升多孔管和提升泵，提升多孔管依据安装形式可分为竖管和斜管。

（4）调节池

渗滤液收集系统的最后一个环节是调节池，其主要作用是对渗滤液进行水质和水量的调节，平衡丰水期和枯水期的差异，为渗滤液处理系统提供恒定的水量，同时可对渗滤液水质起到预处理的作用。依据填埋场库区所在地的地质情况（当采用渗滤液靠重力自流进入调节池时，还需考虑渗滤液穿坝管的标高影响），调节池通常采用地下式或半地下式，调节池的池底和内壁通常采用 HDPE 膜进行防渗，膜上采用预制混凝土板保护。

（5）清污分流

实行清污分流是将进入填埋场未经污染或轻微污染的地表水或地下水与垃圾渗液分别导出场外，进行不同的处理，从而减少污水量，降低处理费用。

3. 渗滤液的处理

由于渗滤液的水量水质波动大、组分复杂和污染强度高等特点，渗滤液处理一直是填埋场运行管理最突出的难题，也是制约卫生填埋场进一步推广应用的重要因素之一。要解决渗滤液的达标处理问题，既要保证在技术上可行，又得考虑经济方面的合理性和环境的承载能力。只有在技术、经济和环境均可行的基础上确定出的渗滤液处理方案，才是科学而合理的。

归纳起来，国内外渗滤液处理的主要工艺方案有合并处理和单独处理。

（1）合并处理

合并处理是指将渗滤液直接或预处理后引入填埋场就近的城市生活污水处理厂进行处理。该方案利用了污水处理厂对渗滤液的缓冲、稀释和调节营养物等作用，可以减少填埋场投资和运行费用。但该方案的应用有一定的前提条件：一是必须有城市生活污水处理厂，且距填埋场较近，否则，由于填埋场远离污水处理厂，渗滤液的输送将造成较大的经济负担。其二，由于渗滤液特有的水质及其变化特点，如果不加控制地采用此法，易造成对污水处理厂的冲击负荷，影响污水处理厂的正常运行。国内研究认为当加入渗滤液的体积不超过生活污水体积的 0.5% 是比较安全的，而国外研究表明视不同的渗滤液浓度该比例可以提高到 4%～10%，最终的控制标准取决于处理系统的污泥负荷，只要加入渗滤液后污泥负荷不超过 10% 就是可以接受的。

一般情况下，由于污水管道的纳管标准远远低于渗滤液原水的污染物指标，因此渗滤液往往需要先在现场进行预处理，降低渗滤液中的 COD、BOD 和 SS 等，以避免对污水处理厂的冲击。现场预处理宜采用生物处理为主的工艺，最好采用生物脱氮工艺。

（2）单独处理

渗滤液单独处理方案按工艺特点又可分为生物法、物化法和土地法等，利用一种或其他组合工艺（常以生物法为主），在填埋场区处理渗滤液，达标后直接排放，该方案的应用较广。

① 土地处理

土地处理法是人类最早采用的污水处理技术，其原理是利用土壤中的微生物降解作用使渗滤液中的有机物和氨氮发生转化，通过土壤中有机物和无机胶体的吸附、络合、颗粒的过滤、离子交换吸附和沉淀等作用去除渗滤液中悬浮固体和溶解成分，通过蒸发作用减少渗滤液中的产生量。用于渗滤液处理的土地法主要有填埋场回灌处理系统和土壤植物处理（S-P）系统两种形式。

a. 填埋场回灌处理系统

废物填埋场渗滤液的回灌处理主要利用填埋废物层类似于"生物滤床"的吸附、降解作用以及填埋场覆盖层的土壤净化作用、最终覆盖后填埋场地表植物的吸收作用和蒸发作用将渗滤液减质减量化。回灌法的主要优点是能减少渗滤液的处理量、降低其污染物浓度；加速填埋场的稳定化进程、缩短其维护监管期，并能产生明显的环境效益和较大的间接经济效益，尤其适用于干旱和半干旱地区。据估计，英国约 50% 的填埋场进行了回灌处理。但回灌法往往不能完全消除渗滤液，通常只能作为预处理方式与其他处理方式相结合。此外，反复回灌易造成厌氧填埋场渗滤液中氨氮的不断积累，影响其后续处理。

b. 土壤植物处理系统

近年来土壤植物处理系统发展迅速，其处理过程和机理有：通过吸附、离子交换和沉淀等作用，土壤颗粒从渗滤液中将悬浮固体过滤掉，并将溶解性固体组分吸附在颗粒上；土壤中微生物将渗滤液中的有机物转化和稳定，并转化有机氮；植物利用渗滤液的各种营养物生长，以保持和增加土壤的渗入容量，并通过蒸腾作用减少渗滤液量。

瑞典某填埋场在现场建立了大规模的 S-P 系统进行实验。该系统占用填埋场面积 4hm²，其中 1.2hm² 种植柳树，2.8hm² 种植各种草本植物，渗滤液从收集池经过喷水器提升到土壤植物处理系统中。实验表明，该法不仅能减少渗滤液量，而且能降低渗滤液的浓度，例如氨氮浓度平均下降了约 60%，从 194mg/L 降低到 83mg/L。

② 生物处理

生物处理是废物渗滤液的主要处理方式。生物法包括好氧生物处理、厌氧生物处理及两者的结合。

a. 好氧生物处理

好氧生物处理包括活性污泥法、稳定塘法、生物转盘和滴滤池等方法。好氧生物处理法可有效地降低 BOD、COD 和氨氮，还可除去铁、锰等金属，因而得到较多的应用，特别是活性污泥法。活性污泥法对易降解有机物具有较高的去除率，对新鲜的废物渗滤液，保持泥龄为一般城市污水的 2 倍，负荷减半，可达到较好的去除效果。但是活性污泥法处理废物渗滤液的效果受温度影响较大，对"中老龄"渗滤液的去除效果不理想。低氧、好氧两段活性污泥法及 SBR 法等改进型活性污泥流程因其能保持较高的运转负荷，而且停留时间短，处理效果好，比常规活性污泥法更有效。然而改进型活性污泥法的工程投资大，运行管理费用高，常成为其应用的限制因素。

与活性污泥法相比，尽管稳定塘降解速率低、停留时间长、占地面积大，但由于其工艺较简单、投资省、管理方便，且能够把好氧塘和厌氧塘相结合，分别发挥好氧微生物和厌氧微生物的优势，在土地允许的条件下，是最经济的好氧生物处理方法，因而宜优先考虑。

与活性污泥法相比，生物膜法具有抗水量和水质冲击负荷的优点，而且生物膜上能生长世代较长的硝化菌，有利于渗滤液中氨氮的硝化。

b. 厌氧生物处理

用于渗滤液处理的厌氧生物处理包括上流式厌氧污泥床、厌氧淹没式生物滤池、混合反应器等。厌氧生物处理的优点是投资及运行费用低、能耗少、产生污泥量少，一些复杂的有机物可在厌氧条件下被细菌胞外酶水解生成小分子可溶性有机物，再进一步降解。缺点主要是水力停留时间长，污染物的去除率相对较低，对温度的变化较敏感。但已有的研究表明厌氧系统产生的气体可以满足系统的能量要求，若能将该部分能量加以合理利用，可保证厌氧工艺稳定的处理效果。目前，厌氧技术有了较快的发展，不断开发出新的厌氧处理工艺，比如厌氧接触法、分段厌氧消化及上流式厌氧污泥床，这些工艺克服了传统工艺有机负荷低等缺点，使其在处理高浓度（$BOD_5 \geqslant 2000mg/L$）有机废水方面取得了良好的效果，是一种宜优选的生物预处理工艺。

c. 厌氧与好氧结合方式

在生物法处理渗滤液的工程中，由于渗滤液中的 COD 和 BOD 较高，单纯采用好氧法或单纯采用厌氧法处理渗滤液均较为少见，也很难使渗滤液处理后达标排放。实践表明，采用厌氧—好氧处理工艺既经济合理，且处理效率又高。A/O、A^2/O 和 SBR 等具有脱氮功能的组合工艺具有较好的效果。这些技术用于处理废物渗滤液与常规污水处理技术的不同主要体现在有机负荷、污泥浓度和停留时间等参数的选取以及处理工艺的运行效果上。此外，由于渗滤液中磷含量偏低，在生化处理时应投加一定量的磷盐，以保证 $BOD_5 : P = 100 : 1$。

③ 物化处理

物化法尽管也用来处理新鲜渗滤液，但更多的是用来处理老龄渗滤液，是渗滤液后处理中最常用的方法，物化处理包括混凝沉淀、化学氧化、吸附、膜分离、氨氮吹脱、过滤等方法。

物化法是对生物法和土地处理法的必要而有益的补充，可以去除渗滤液中难以生化降解的污染物，使渗滤液达标排放。但是由于物化方法操作较复杂，运行费用较高，目前在国内填埋场也逐渐推广使用。

八、垃圾填埋气体的收集与利用

1. 垃圾填埋气体的产生过程

垃圾填埋气体又称填埋气（lanfill gas，即 LFG）。填埋气的产生过程是一个复杂的生物、化学、物理的综合过程，其中生物降解是最重要的。目前普遍认为填埋气产生过程可分为以下五个阶段。

（1）第一阶段——好氧分解阶段

废物进入填埋场后首先经历好氧分解阶段，持续时间比较短。复杂的有机物通过微生物胞外酶分解成简单有机物，并进一步转化为小分子物质和 CO_2。这一阶段由于微生物进行好氧呼吸，有机质被彻底氧化分解而释放热能，垃圾的温度可能升高 $10 \sim 15℃$。

（2）第二阶段——好氧至厌氧的过渡阶段

这一阶段，随着氧气的逐渐消耗，厌氧条件逐步形成。作为电子受体的硝酸盐和硫酸盐开始被还原为氮气和硫化氢。

（3）第三阶段——酸发酵阶段

复杂有机物，如糖类、脂肪、蛋白质等在微生物作用下水解至基本结构单位（比如单糖、氨基酸），并进一步在产酸细菌的作用下转化成挥发性脂肪酸（VFA）和醇。

（4）第四阶段——产甲烷阶段

在产甲烷细菌的作用下，VFA 转化成 CH_4 和 CO_2。该阶段是能源回用的黄金时期。一般废物填埋 180~500d 进入稳定产甲烷阶段。该阶段的主要特征是：产生大量的 CH_4；H_2 和 CO_2 的量逐渐减少；浸出液 COD 下降，pH 维持在 6.0~8.0，且金属离子 Fe^{2+}、Zn^{2+} 浓度降低。

（5）第五阶段——填埋场稳定阶段

当第四阶段中大部分可降解有机物转化成 CH_4 和 CO_2 后，填埋场释放气体的速率显著减小，填埋场处于相对稳定阶段。该阶段几乎没有气体产生，浸出液及废物的性质稳定。

干填埋气主要由 CH_4、CO_2、N_2、O_2、硫化物、NH_3 及其他微量化合物等组成，见表 8-2-6。通常 CH_4 的体积分数为 45%~60%，CO_2 为 40%~50%。此外还有不少于 1% 的其他挥发性有机物，主要是包括烷烃、环烷烃、芳香烃、卤代化合物等在内的挥发性有机物（VOCs）。填埋气体是在多种微生物代谢作用下形成的，因而不同的填埋场构造、不同的填埋废物和气候条件，所产生的气体的组成也会有一定的差别。

表 8-2-6　干填埋气组成

组分	体积分数/%	组分	体积分数/%
CH_4	45~60	NH_3	0.1~1.0
CO_2	40~50	H_2	0~0.2
N_2	0~10	CO	0~0.2
O_2	0~2	微量化合物	0.01~0.6
硫化物	0~1		

2. 垃圾填埋气体对环境的影响

如果不采用适当的方式进行填埋气收集，填埋气则会在填埋场中累积并透过覆土层和侧壁向场外释放，可能造成以下危害。

（1）爆炸和火灾

甲烷是一种无色、无味、相对密度较低的气体，在其向大气逸散过程中，容易在低洼处或建筑物内聚集。在有氧存在的条件下，甲烷的爆炸极限是 5%~15%，最强烈的爆炸发生在 9.5% 左右。1995 年发生在北京市昌平阳坊镇的填埋沼气爆炸事件就是典型的代表，此外我国的上海、重庆、岳阳等城市都发生过填埋气体爆炸和火灾事故。

（2）对水环境的影响

在填埋场内部压力作用下填埋气迁移透过垃圾层和土壤层进入地下水中，其中二氧化碳极易溶解于地下水，造成地下水 pH 值下降，导致周围岩层中更多的盐类溶入地下水，从而使地下水的含盐量升高。

（3）对大气环境的影响

填埋气中的甲烷是一种温室气体，其对温室效应的贡献相当于相同质量的二氧化碳的21 倍。而城市垃圾产生的甲烷排放量约占全球甲烷排放量的 6%~18%，在控制全球性气候变暖的过程中是一个不容忽视的污染源。垃圾填埋场还会产生氨、硫化氢等恶臭气体和其他挥发性有害气体。

此外，填埋气中的一氯甲烷、四氯化碳、氯仿、二氯乙烯等微量气体会对人体的肾、肝、肺和中枢神经系统造成损害。

3. 填埋气体收集系统

填埋气体收集系统的作用是控制填埋气体在无控状态下的迁移和释放，以减少填埋气体向大气的排放量和向地层的迁移，并为填埋气体的回收利用做准备。常用的收集系统可分为主动集气统和被动集气系统，被动集气系统利用填埋场内气体产生的压力进行迁移，主动集气系统则采取抽真空的方法来控制气体的运动。

（1）被动集气系统

填埋场被动集气系统无须外加动力系统，结构简单，投资少，适于垃圾量小、填埋深度浅、产气量低的小型垃圾填埋场。被动集气系统包括排气井、水平管道等设施。被动集气系统典型详图如图 8-2-12 所示。

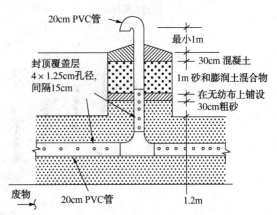

图 8-2-12　被动集气系统典型详图

① 集气井

在填埋场覆盖层安装的连通到垃圾井的集气通常每隔 5m 布置一个，最好将所有排气井用穿孔管连接起来，当填埋气体中甲烷浓度足够高时，则可装上燃烧器将填埋气体燃烧处理。

② 周边碎石沟渠

由砾石充填的盲沟和埋在砾石中的穿孔管所组成的周边拦截沟渠，可有效阻止填埋气体的横向迁移，并可通过与穿孔管道连接的纵向管道收集填埋气体，将其排放大气中。为有效收集填埋气体并控制填埋气体的横向迁移，在沟渠外侧需铺设防渗衬层。

③ 周边屏障沟渠或泥浆墙

填有渗透性相对较差的膨润土或黏土的阻截沟渠，是填埋气体横向迁移的物理阻截屏障，有利于在屏障内侧用抽气井或砾石沟渠导排填埋气体。

④ 填埋场防渗层

填埋场的防渗衬层可控制填埋气体的向下运动。但是，填埋气体仍可以通过黏土衬层向下扩散，只有采用人工衬层的填埋场才能阻止填埋气体的向下迁移。

⑤ 微量气体吸收屏障

填埋场微量气体的浓度变化很大，浓度梯度也很大，导致微量气体扩散迁移活动剧烈，即使在填埋场主要气体的对流迁移活动很微弱时也是如此。微量气体吸收有利于控制填埋场微量气体的无序迁移，并减少微量气体的排放量。

（2）主动集气系统

填埋场主动集气系统需要配备抽气动力系统，结构相对复杂，投资较大，适于大中型垃圾填埋场气体的收集。主动集气系统包括填埋气体内部收集系统和控制填埋气体横向迁移的边缘收集系统。

① 填埋气体内部收集系统

内部收集系统由抽气井、集气输送管道、抽风机、冷凝液收集装置、气体净化设备及发电机组组成，常用来回收利用填埋气体，控制臭味和填埋气体的无序排放。主动集气系统如图8-2-13所示。

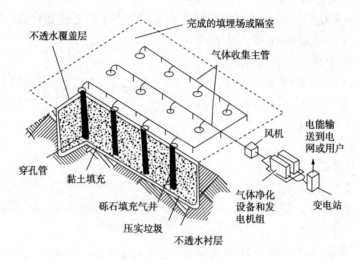

图 8-2-13　填埋气体主动集气系统

a. 抽气井

抽气井常按三角形布置，影响半径应通过现场实验确定。另外，由于抽气井会集气输送管道的布置，在布置抽气井时应根据现场条件和实际限制因素进行适当调整，同时抽气井的位置还需要根据钻井过程中遇到的实际情况作相应调整。

b. 集气输送管

通常采用直径为15~20cm的PE管连接抽气井与引风机，为减少因摩擦产生压头损失，管道的直径可以增大。集气输送管埋设在填有砂子的管沟中，多为PVC或HDPE穿孔管。由于孔隙的压头损失系数较大，在抽气量没有很大提高时，引风机的能力应显著增大。

c. 抽风机

抽风机应安装在房间或集装箱内，其标高要略高于收集管网末端标高，以便于冷凝液的下滴。风机型号应根据总负压头和需要抽取气体的体积来选择。

② 填埋气体边缘收集系统

边缘收集系统由周边抽气井和沟渠组成，其功能是回收填埋气体，并控制填埋气体的横向迁移。由于填埋场边缘的填埋气体质量较差，有时需与内部收集系统收集的填埋气体混合后才能回收利用，如果填埋气体没有足够的数量和较好的质量，则需要补充燃料以便燃烧处理填埋气体。边缘填埋气体主动集气系统如图8-2-14所示。

a. 周边抽气井

周边抽气井常用于填埋深度大于8m且与附近开发区相对较近的填埋场。其设置通常是在填埋场内沿周边布置一系列的垂直井，并通过共有集气输送管将各抽气井连接中心抽气站，中心抽气站通过真空的方法在共用集气输送管和每口抽气井中开成真空抽力。这样在每口抽气井周就形成一个影响带，其影响半径内的气体被抽到井中，然后由集气输送管送往中心抽气站处理后回收利用。

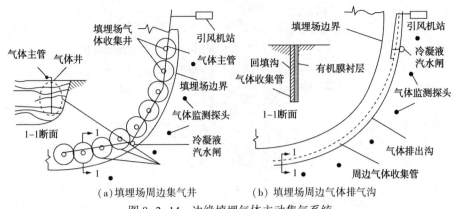

图 8-2-14　边缘填埋气体主动集气系统

（a）填埋场周边集气井　　（b）填埋场周边气体排气沟

b. 周边抽气沟渠

如果填埋场周边为天然土壤，则可使用周边抽气沟渠导排填埋气体。周边抽气沟渠常用于填埋深度比较浅的填埋场，深度一般小于 8m。抽气沟渠挖到垃圾中，也可以一直挖到地下水位以下。抽到沟渠中的填埋气体通过穿孔管进入集气输送管和抽气站，并最终在抽气站处理后回收利用。

c. 周边注气井系统（空气屏障系统）

周边注气系统井由一系列垂直井组成，设置在填埋场气站回收利用或燃烧处理边界与要防止填埋气体入侵的设施之间的土壤中，通过形成空气屏障来阻止填埋气体向设施迁移扩散。周边注气井系统通常适用于深度大于 6m 的填埋场，同时又有设施需要防护的地方。

4. 填埋气体收集井

填埋场主动集气系统和被动集气系统都需要设置相当数量的填埋气体收集井。填埋气体收集井主要有垂直抽气井和水平集气管两种。

① 垂直抽气井

垂直抽气井是填埋场采用最普遍的抽气井，其典型结构如图 8-2-15。通常用已经封顶的填埋场或已完工的填埋区域，也可用于仍在运行的填埋场。

垂直抽气井在设计和布置时应考虑最大限度可利用真空度和每口井的抽气量。典型的垂直井是先用螺旋式或料斗式钻头钻入垃圾体中，形成孔径约 900mm 的空洞，然后在洞内安装直径 100~200mm 的 HDPE 管或无缝钢管，从管底部到距填埋场表面 3~5m 处的管壁上开启小孔或小缝，最后在井管四周环状空间装填直径 40mm 的碎石，井口依次用熟垃圾、膨润土、黏土，井头上安装填埋气体监测口（便于监测浓度、温度、流量、静压、液位）和流量控制阀。

垂直抽气井的影响半径是指气体能被抽吸到抽气井的距离，即在此半径范围内的所有填埋场气体都能被抽吸到这个抽气井里来，它是一个假想的概念。影响半径与填埋垃圾类型、压实程度和覆盖层类型等因素有关，应通过现场实验确定。在缺少实验数据的情况下，影响半径通常采用 45m。

抽气井之间的间距一般根据抽气井的影响半径按相互重叠原则来选定，即各抽气井之间的距离要使其影响区相互交叠。一般来说，对于深度大并有人工膜的混合覆盖层的填埋场，常用的井间距为 45~60m；对于使用黏土或天然土壤作为覆盖层材料的填埋场，则应使用小一些的间距如 30m，以防将大气中的空气抽入填埋气体收集系统中。

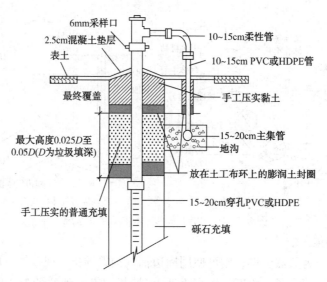

图 8-2-15 填埋气体垂直抽气井详图

② 水平集气管

水平集气井一般用于仍在运行的填埋场。水平集气管一般由带孔管道或不同直径的管道相互连接而成，通常先在填埋场底层铺设填埋气体收集管道系统，然后在 2~3 个填埋单元层上铺设水平集气井。水平集气井的具体做法是先在所填埋垃圾上开挖水平管沟，然后用砾石回填至管沟高度的一半，再放入穿孔开放式连接管道，最后回填砾石并用垃圾填满管沟。这种方法的优点是，即使填埋场出现不均匀沉降，水平集气井仍能发挥其功效。在终场设计高位置开凿水平集气井时，必须考虑如何保护水平集气井免遭最大承载力的影响。由于水平集气井有可能与道路交叉，因此安装时必须考虑动荷载和静荷载、埋设深度、管道密封以及冷凝水外排等问题。

水平集气管在垂直和水平方向上的间距随着填埋场地形、覆盖层以及现场条件而变，通常，垂直间距范围是 2.4~18m 或 1~2 层垃圾的高度，水平间距范围为 30~120m。

5. 填埋气体的处理和利用

（1）焚烧处理

在填埋气体不具备回收利用条件时，应考虑将填埋气体集中收集后燃烧处理，使甲烷和其他微量气体转变为二氧化碳、二氧化硫、氮氧化物和其他气体，防止填埋气体无控制排放，典型的填理气体燃烧系统主要包括风机、自动调节阀、火焰捕集器、点火装置、燃烧器等。

（2）填埋气体回收利用

填埋气体由于富含甲烷组分（40%~60%）具有相当高的热值，且大中型填埋场在运行阶段和封场后相当一段时间会保持较高的填埋气体产生量，因此，可根据当地及周围地区对能源需求及使用条件而采用适当的技术加以利用。填埋气体的利用可以选择作为燃料、发电或回收有用组分等。在对填埋气体进行回收利用前，一般要经过加压、脱水、脱硫等预处理，图 8-2-16 是填埋气体预处理工艺流程。

① 直接作为燃料使用

填埋气体最直接的回收利用方法是将收集的填埋气体送到附近的工业企业作为工业燃料

使用。在送至用户使用前，填埋气体必须经干燥、过滤等处理，去除其中的冷凝水、粉尘和部分微量气体，使之达到清洁能源的要求后才能使用。

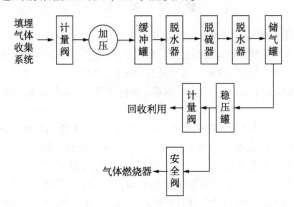

图 8-2-16　填埋气体预处理工艺流程

如果将填埋气体作为民用燃料使用，则必须经过严格的净化提纯处理，去除其中的二氧化碳和微量杂质，使其各项指标都符合我国民用燃料的使用标准。填埋气体作为民用燃料使用的条件是附近居民多，其价格比液化石油气有明显优势。

② 发电

利用填埋气体发电是比较普遍采用的、经济效益比较明显的回收利用方式。填埋气体发电厂主要包括填埋气体收集系统、气体净化系统、压缩系统、燃气发电机组系统、控制系统和并网送电系统。

发电机组多采用内燃机组成汽轮机组。内燃机发电可靠、高效，启动和停机容易，不仅适合间歇性发电，也适合向电网连续送电。但是，由于填埋气体含有杂质，可能腐蚀内燃机。汽轮机可以使用中等质量气体发电，所需的气流速度比内燃机的大，一般适用于大型填埋场。

③ 回收有用组分

填埋气体中的二氧化碳和甲烷是常用的化工原料，可通过物理、化学吸附方法和膜分离方法把它们分离出来，作为化工或其他工业的原料使用。

习题与思考题

1. 简述填埋处置的意义。
2. 简述填埋场的类型与基本构造。
3. 简述填埋场水平防渗系统的类型及特点？
4. 确定填埋场的库容需要考虑哪些因素？
5. 渗滤液的水质有什么特点？
6. 渗滤液处理的方法主要有哪些？
7. 被动集气系统与主动收集系统有什么不同？
8. 垃圾填埋气体的产生过程有哪些？
9. 一个有 100000 人口的城市，平均每人每天产生垃圾 0.9kg，如果采用卫生土地填埋处置，覆土与垃圾之比为 1:5，填埋压实后的密度为 700kg/m³，试求 1 年垃圾填埋废物体积。如果填埋高度为 7.5m，一个服务期为 30 年的填埋场占地面积为多少？总容量为多少？若扩大垃圾填埋量，可采取哪些措施？

参 考 文 献

［1］张益，赵由才．生活垃圾焚烧技术［M］．北京：化学工业出版社，2000.

［2］赵由才，柴晓利．生活垃圾资源化原理与技术［M］．北京：化学工业出版社，2002.

［3］宁平．固体废物处理与处置［M］．北京．高等教育出版社，2006.

［5］（美）George Tchobanoglous，Frank Kreith 著．解强，杨国华等译．固体废物管理手册［M］．北京：化学工业出版社，2006.

［6］牛冬杰，魏云梅，赵由才．城市固体废物管理［M］．北京：中国城市出版社，2012.

［7］聂永丰．固体废物处理工程技术手册［M］．北京：化学工业出版社，2012.

［8］蒋建国．固体废物处置与资源化［M］．北京：化学工业出版社，2013.

［9］周飞跃．城市生活垃圾全过程减量化的理论与实践［M］．北京：高等教育出版社，2017.

［10］赵由才，牛冬杰，柴晓利．固体废物处理与资源化［M］．北京：化学工业出版社，2019.

附录 中华人民共和国固体废物污染环境防治法

（1995 年 10 月 30 日第八届全国人民代表大会常务委员会第十六次会议通过 2004 年 12 月 29 日第十届全国人民代表大会常务委员会第十三次会议第一次修订 根据 2013 年 6 月 29 日第十二届全国人民代表大会常务委员会第三次会议《关于修改〈中华人民共和国文物保护法〉等十二部法律的决定》第一次修正 根据 2015 年 4 月 24 日第十二届全国人民代表大会常务委员会第十四次会议《关于修改〈中华人民共和国港口法〉等七部法律的决定》第二次修正 根据 2016 年 11 月 7 日第十二届全国人民代表大会常务委员会第二十四次会议《关于修改〈中华人民共和国对外贸易法〉等十二部法律的决定》第三次修正 2020 年 4 月 29 日第十三届全国人民代表大会常务委员会第十七次会议第二次修订）

目录

第一章　总则

第一条　为了保护和改善生态环境，防治固体废物污染环境，保障公众健康，维护生态安全，推进生态文明建设，促进经济社会可持续发展，制定本法。

第二条　固体废物污染环境的防治适用本法。

固体废物污染海洋环境的防治和放射性固体废物污染环境的防治不适用本法。

第三条　国家推行绿色发展方式，促进清洁生产和循环经济发展。

国家倡导简约适度、绿色低碳的生活方式，引导公众积极参与固体废物污染环境防治。

第四条　固体废物污染环境防治坚持减量化、资源化和无害化的原则。

任何单位和个人都应当采取措施，减少固体废物的产生量，促进固体废物的综合利用，降低固体废物的危害性。

第五条　固体废物污染环境防治坚持污染担责的原则。

产生、收集、贮存、运输、利用、处置固体废物的单位和个人，应当采取措施，防止或者减少固体废物对环境的污染，对所造成的环境污染依法承担责任。

第六条　国家推行生活垃圾分类制度。

生活垃圾分类坚持政府推动、全民参与、城乡统筹、因地制宜、简便易行的原则。

第七条　地方各级人民政府对本行政区域固体废物污染环境防治负责。

国家实行固体废物污染环境防治目标责任制和考核评价制度，将固体废物污染环境防治目标完成情况纳入考核评价的内容。

第八条　各级人民政府应当加强对固体废物污染环境防治工作的领导，组织、协调、督促有关部门依法履行固体废物污染环境防治监督管理职责。

省、自治区、直辖市之间可以协商建立跨行政区域固体废物污染环境的联防联控机制，统筹规划制定、设施建设、固体废物转移等工作。

第九条　国务院生态环境主管部门对全国固体废物污染环境防治工作实施统一监督管理。国务院发展改革、工业和信息化、自然资源、住房城乡建设、交通运输、农业农村、商务、卫生健康、海关等主管部门在各自职责范围内负责固体废物污染环境防治的监督管理工作。

地方人民政府生态环境主管部门对本行政区域固体废物污染环境防治工作实施统一监督管理。地方人民政府发展改革、工业和信息化、自然资源、住房城乡建设、交通运输、农业农村、商务、卫生健康等主管部门在各自职责范围内负责固体废物污染环境防治的监督管理工作。

第十条　国家鼓励、支持固体废物污染环境防治的科学研究、技术开发、先进技术推广和科学普及，加强固体废物污染环境防治科技支撑。

第十一条　国家机关、社会团体、企业事业单位、基层群众性自治组织和新闻媒体应当加强固体废物污染环境防治宣传教育和科学普及，增强公众固体废物污染环境防治意识。

学校应当开展生活垃圾分类以及其他固体废物污染环境防治知识普及和教育。

第十二条　各级人民政府对在固体废物污染环境防治工作以及相关的综合利用活动中做出显著成绩的单位和个人，按照国家有关规定给予表彰、奖励。

第二章　监督管理

第十三条　县级以上人民政府应当将固体废物污染环境防治工作纳入国民经济和社会发展规划、生态环境保护规划，并采取有效措施减少固体废物的产生量、促进固体废物的综合利用、降低固体废物的危害性，最大限度降低固体废物填埋量。

第十四条　国务院生态环境主管部门应当会同国务院有关部门根据国家环境质量标准和国家经济、技术条件，制定固体废物鉴别标准、鉴别程序和国家固体废物污染环境防治技术标准。

第十五条　国务院标准化主管部门应当会同国务院发展改革、工业和信息化、生态环境、农业农村等主管部门，制定固体废物综合利用标准。

综合利用固体废物应当遵守生态环境法律法规，符合固体废物污染环境防治技术标准。使用固体废物综合利用产物应当符合国家规定的用途、标准。

第十六条　国务院生态环境主管部门应当会同国务院有关部门建立全国危险废物等固体废物污染环境防治信息平台，推进固体废物收集、转移、处置等全过程监控和信息化追溯。

第十七条　建设产生、贮存、利用、处置固体废物的项目，应当依法进行环境影响评价，并遵守国家有关建设项目环境保护管理的规定。

第十八条　建设项目的环境影响评价文件确定需要配套建设的固体废物污染环境防治设施，应当与主体工程同时设计、同时施工、同时投入使用。建设项目的初步设计，应当按照环境保护设计规范的要求，将固体废物污染环境防治内容纳入环境影响评价文件，落实防治固体废物污染环境和破坏生态的措施以及固体废物污染环境防治设施投资概算。

建设单位应当依照有关法律法规的规定，对配套建设的固体废物污染环境防治设施进行验收，编制验收报告，并向社会公开。

第十九条　收集、贮存、运输、利用、处置固体废物的单位和其他生产经营者，应当加强对相关设施、设备和场所的管理和维护，保证其正常运行和使用。

第二十条　产生、收集、贮存、运输、利用、处置固体废物的单位和其他生产经营者，应当采取防扬散、防流失、防渗漏或者其他防止污染环境的措施，不得擅自倾倒、堆放、丢弃、遗撒固体废物。

禁止任何单位或者个人向江河、湖泊、运河、渠道、水库及其最高水位线以下的滩地和岸坡以及法律法规规定的其他地点倾倒、堆放、贮存固体废物。

第二十一条　在生态保护红线区域、永久基本农田集中区域和其他需要特别保护的区域内，禁止建设工业固体废物、危险废物集中贮存、利用、处置的设施、场所和生活垃圾填埋场。

第二十二条　转移固体废物出省、自治区、直辖市行政区域贮存、处置的，应当向固体废物移出地的省、自治区、直辖市人民政府生态环境主管部门提出申请。移出地的省、自治区、直辖市人民政府生态环境主管部门应当及时商经接受地的省、自治区、直辖市人民政府生态环境主管部门同意后，在规定期限内批准转移该固体废物出省、自治区、直辖市行政区域。未经批准的，不得转移。

转移固体废物出省、自治区、直辖市行政区域利用的，应当报固体废物移出地的省、自治区、直辖市人民政府生态环境主管部门备案。移出地的省、自治区、直辖市人民政府生态环境主管部门应当将备案信息通报接受地的省、自治区、直辖市人民政府生态环境主管部门。

第二十三条　禁止中华人民共和国境外的固体废物进境倾倒、堆放、处置。

第二十四条　国家逐步实现固体废物零进口，由国务院生态环境主管部门会同国务院商务、发展改革、海关等主管部门组织实施。

第二十五条　海关发现进口货物疑似固体废物的，可以委托专业机构开展属性鉴别，并根据鉴别结论依法管理。

第二十六条　生态环境主管部门及其环境执法机构和其他负有固体废物污染环境防治监督管理职责的部门，在各自职责范围内有权对从事产生、收集、贮存、运输、利用、处置固体废物等活动的单位和其他生产经营者进行现场检查。被检查者应当如实反映情况，并提供必要的资料。

实施现场检查，可以采取现场监测、采集样品、查阅或者复制与固体废物污染环境防治相关的资料等措施。检查人员进行现场检查，应当出示证件。对现场检查中知悉的商业秘密应当保密。

第二十七条　有下列情形之一，生态环境主管部门和其他负有固体废物污染环境防治监督管理职责的部门，可以对违法收集、贮存、运输、利用、处置的固体废物及设施、设备、场所、工具、物品予以查封、扣押：

（一）可能造成证据灭失、被隐匿或者非法转移的；

（二）造成或者可能造成严重环境污染的。

第二十八条　生态环境主管部门应当会同有关部门建立产生、收集、贮存、运输、利用、处置固体废物的单位和其他生产经营者信用记录制度，将相关信用记录纳入全国信用信息共享平台。

第二十九条　设区的市级人民政府生态环境主管部门应当会同住房城乡建设、农业农村、卫生健康等主管部门，定期向社会发布固体废物的种类、产生量、处置能力、利用处置状况等信息。

产生、收集、贮存、运输、利用、处置固体废物的单位，应当依法及时公开固体废物污染环境防治信息，主动接受社会监督。

利用、处置固体废物的单位，应当依法向公众开放设施、场所，提高公众环境保护意识和参与程度。

第三十条　县级以上人民政府应当将工业固体废物、生活垃圾、危险废物等固体废物污染环境防治情况纳入环境状况和环境保护目标完成情况年度报告，向本级人民代表大会或者人民代表大会常务委员会报告。

第三十一条　任何单位和个人都有权对造成固体废物污染环境的单位和个人进行举报。

生态环境主管部门和其他负有固体废物污染环境防治监督管理职责的部门应当将固体废物污染环境防治举报方式向社会公布，方便公众举报。

接到举报的部门应当及时处理并对举报人的相关信息予以保密；对实名举报并查证属实的，给予奖励。

举报人举报所在单位的，该单位不得以解除、变更劳动合同或者其他方式对举报人进行打击报复。

第三章　工业固体废物

第三十二条　国务院生态环境主管部门应当会同国务院发展改革、工业和信息化等主管部门对工业固体废物对公众健康、生态环境的危害和影响程度等作出界定，制定防治工业固体废物污染环境的技术政策，组织推广先进的防治工业固体废物污染环境的生产工艺和设备。

第三十三条　国务院工业和信息化主管部门应当会同国务院有关部门组织研究开发、推广减少工业固体废物产生量和降低工业固体废物危害性的生产工艺和设备，公布限期淘汰产生严重污染环境的工业固体废物的落后生产工艺、设备的名录。

生产者、销售者、进口者、使用者应当在国务院工业和信息化主管部门会同国务院有关部门规定的期限内分别停止生产、销售、进口或者使用列入前款规定名录中的设备。生产工艺的采用者应当在国务院工业和信息化主管部门会同国务院有关部门规定的期限内停止采用列入前款规定名录中的工艺。

列入限期淘汰名录被淘汰的设备，不得转让给他人使用。

第三十四条　国务院工业和信息化主管部门应当会同国务院发展改革、生态环境等主管部门，定期发布工业固体废物综合利用技术、工艺、设备和产品导向目录，组织开展工业固体废物资源综合利用评价，推动工业固体废物综合利用。

第三十五条　县级以上地方人民政府应当制定工业固体废物污染环境防治工作规划，组织建设工业固体废物集中处置等设施，推动工业固体废物污染环境防治工作。

第三十六条　产生工业固体废物的单位应当建立健全工业固体废物产生、收集、贮存、运输、利用、处置全过程的污染环境防治责任制度，建立工业固体废物管理台账，如实记录产生工业固体废物的种类、数量、流向、贮存、利用、处置等信息，实现工业固体废物可追溯、可查询，并采取防治工业固体废物污染环境的措施。

禁止向生活垃圾收集设施中投放工业固体废物。

第三十七条　产生工业固体废物的单位委托他人运输、利用、处置工业固体废物的，应当对受托方的主体资格和技术能力进行核实，依法签订书面合同，在合同中约定污染防治要求。

受托方运输、利用、处置工业固体废物，应当依照有关法律法规的规定和合同约定履行污染防治要求，并将运输、利用、处置情况告知产生工业固体废物的单位。

产生工业固体废物的单位违反本条第一款规定的，除依照有关法律法规的规定予以处罚外，还应当与造成环境污染和生态破坏的受托方承担连带责任。

第三十八条　产生工业固体废物的单位应当依法实施清洁生产审核，合理选择和利用原材料、能源和其他资源，采用先进的生产工艺和设备，减少工业固体废物的产生量，降低工业固体废物的危害性。

第三十九条　产生工业固体废物的单位应当取得排污许可证。排污许可的具体办法和实施步骤由国务院规定。

产生工业固体废物的单位应当向所在地生态环境主管部门提供工业固体废物的种类、数量、流向、贮存、利用、处置等有关资料，以及减少工业固体废物产生、促进综合利用的具体措施，并执行排污许可管理制度的相关规定。

第四十条　产生工业固体废物的单位应当根据经济、技术条件对工业固体废物加以利用；对暂时不利用或者不能利用的，应当按照国务院生态环境等主管部门的规定建设贮存设施、场所，安全分类存放，或者采取无害化处置措施。贮存工业固体废物应当采取符合国家环境保护标准的防护措施。

建设工业固体废物贮存、处置的设施、场所，应当符合国家环境保护标准。

第四十一条　产生工业固体废物的单位终止的，应当在终止前对工业固体废物的贮存、处置的设施、场所采取污染防治措施，并对未处置的工业固体废物作出妥善处置，防止污染环境。

产生工业固体废物的单位发生变更的，变更后的单位应当按照国家有关环境保护的规定对未处置的工业固体废物及其贮存、处置的设施、场所进行安全处置或者采取有效措施保证该设施、场所安全运行。变更前当事人对工业固体废物及其贮存、处置的设施、场所的污染防治责任另有约定的，从其约定；但是，不得免除当事人的污染防治义务。

对 2005 年 4 月 1 日前已经终止的单位未处置的工业固体废物及其贮存、处置的设施、场所进行安全处置的费用，由有关人民政府承担；但是，该单位享有的土地使用权依法转让的，应当由土地使用权受让人承担处置费用。当事人另有约定的，从其约定；但是，不得免除当事人的污染防治义务。

第四十二条　矿山企业应当采取科学的开采方法和选矿工艺，减少尾矿、煤矸石、废石等矿业固体废物的产生量和贮存量。

国家鼓励采取先进工艺对尾矿、煤矸石、废石等矿业固体废物进行综合利用。

尾矿、煤矸石、废石等矿业固体废物贮存设施停止使用后，矿山企业应当按照国家有关环境保护等规定进行封场，防止造成环境污染和生态破坏。

第四章　生活垃圾

第四十三条　县级以上地方人民政府应当加快建立分类投放、分类收集、分类运输、分类处理的生活垃圾管理系统，实现生活垃圾分类制度有效覆盖。

县级以上地方人民政府应当建立生活垃圾分类工作协调机制，加强和统筹生活垃圾分类管理能力建设。

各级人民政府及其有关部门应当组织开展生活垃圾分类宣传，教育引导公众养成生活垃圾分类习惯，督促和指导生活垃圾分类工作。

第四十四条　县级以上地方人民政府应当有计划地改进燃料结构，发展清洁能源，减少燃料废渣等固体废物的产生量。

县级以上地方人民政府有关部门应当加强产品生产和流通过程管理，避免过度包装，组织净菜上市，减少生活垃圾的产生量。

第四十五条　县级以上人民政府应当统筹安排建设城乡生活垃圾收集、运输、处理设施，确定设施厂址，提高生活垃圾的综合利用和无害化处置水平，促进生活垃圾收集、处理的产业化发展，逐步建立和完善生活垃圾污染环境防治的社会服务体系。

县级以上地方人民政府有关部门应当统筹规划，合理安排回收、分拣、打包网点，促进生活垃圾的回收利用工作。

第四十六条　地方各级人民政府应当加强农村生活垃圾污染环境的防治，保护和改善农村人居环境。

国家鼓励农村生活垃圾源头减量。城乡结合部、人口密集的农村地区和其他有条件的地方，应当建立城乡一体的生活垃圾管理系统；其他农村地区应当积极探索生活垃圾管理模式，因地制宜，就近就地利用或者妥善处理生活垃圾。

第四十七条　设区的市级以上人民政府环境卫生主管部门应当制定生活垃圾清扫、收集、贮存、运输和处理设施、场所建设运行规范，发布生活垃圾分类指导目录，加强监督管理。

第四十八条　县级以上地方人民政府环境卫生等主管部门应当组织对城乡生活垃圾进行清扫、收集、运输和处理，可以通过招标等方式选择具备条件的单位从事生活垃圾的清扫、收集、运输和处理。

第四十九条　产生生活垃圾的单位、家庭和个人应当依法履行生活垃圾源头减量和分类投放义务，承担生活垃圾产生者责任。

任何单位和个人都应当依法在指定的地点分类投放生活垃圾。禁止随意倾倒、抛撒、堆放或者焚烧生活垃圾。

机关、事业单位等应当在生活垃圾分类工作中起示范带头作用。

已经分类投放的生活垃圾，应当按照规定分类收集、分类运输、分类处理。

第五十条　清扫、收集、运输、处理城乡生活垃圾，应当遵守国家有关环境保护和环境卫生管理的规定，防止污染环境。

从生活垃圾中分类并集中收集的有害垃圾，属于危险废物的，应当按照危险废物管理。

第五十一条　从事公共交通运输的经营单位，应当及时清扫、收集运输过程中产生的生活垃圾。

第五十二条　农贸市场、农产品批发市场等应当加强环境卫生管理，保持环境卫生清洁，对所产生的垃圾及时清扫、分类收集、妥善处理。

第五十三条　从事城市新区开发、旧区改建和住宅小区开发建设、村镇建设的单位，以及机场、码头、车站、公园、商场、体育场馆等公共设施、场所的经营管理单位，应当按照国家有关环境卫生的规定，配套建设生活垃圾收集设施。

县级以上地方人民政府应当统筹生活垃圾公共转运、处理设施与前款规定的收集设施的有效衔接，并加强生活垃圾分类收运体系和再生资源回收体系在规划、建设、运营等方面的融合。

第五十四条　从生活垃圾中回收的物质应当按照国家规定的用途、标准使用，不得用于生产可能危害人体健康的产品。

第五十五条　建设生活垃圾处理设施、场所，应当符合国务院生态环境主管部门和国务院住房城乡建设主管部门规定的环境保护和环境卫生标准。

鼓励相邻地区统筹生活垃圾处理设施建设，促进生活垃圾处理设施跨行政区域共建共享。

禁止擅自关闭、闲置或者拆除生活垃圾处理设施、场所；确有必要关闭、闲置或者拆除的，应当经所在地的市、县级人民政府环境卫生主管部门商所在地生态环境主管部门同意后核准，并采取防止污染环境的措施。

第五十六条　生活垃圾处理单位应当按照国家有关规定，安装使用监测设备，实时监测污染物的排放情况，将污染排放数据实时公开。监测设备应当与所在地生态环境主管部门的监控设备联网。

第五十七条　县级以上地方人民政府环境卫生主管部门负责组织开展厨余垃圾资源化、无害化处理工作。

产生、收集厨余垃圾的单位和其他生产经营者，应当将厨余垃圾交由具备相应资质条件的单位进行无害化处理。

禁止畜禽养殖场、养殖小区利用未经无害化处理的厨余垃圾饲喂畜禽。

第五十八条　县级以上地方人民政府应当按照产生者付费原则，建立生活垃圾处理收费制度。

县级以上地方人民政府制定生活垃圾处理收费标准，应当根据本地实际，结合生活垃圾分类情况，体现分类计价、计量收费等差别化管理，并充分征求公众意见。生活垃圾处理收费标准应当向社会公布。

生活垃圾处理费应当专项用于生活垃圾的收集、运输和处理等，不得挪作他用。

第五十九条　省、自治区、直辖市和设区的市、自治州可以结合实际，制定本地方生活垃圾具体管理办法。

第五章　建筑垃圾、农业固体废物等

第六十条　县级以上地方人民政府应当加强建筑垃圾污染环境的防治，建立建筑垃圾分类处理制度。

县级以上地方人民政府应当制定包括源头减量、分类处理、消纳设施和场所布局及建设等在内的建筑垃圾污染环境防治工作规划。

第六十一条 国家鼓励采用先进技术、工艺、设备和管理措施，推进建筑垃圾源头减量，建立建筑垃圾回收利用体系。

县级以上地方人民政府应当推动建筑垃圾综合利用产品应用。

第六十二条 县级以上地方人民政府环境卫生主管部门负责建筑垃圾污染环境防治工作，建立建筑垃圾全过程管理制度，规范建筑垃圾产生、收集、贮存、运输、利用、处置行为，推进综合利用，加强建筑垃圾处置设施、场所建设，保障处置安全，防止污染环境。

第六十三条 工程施工单位应当编制建筑垃圾处理方案，采取污染防治措施，并报县级以上地方人民政府环境卫生主管部门备案。

工程施工单位应当及时清运工程施工过程中产生的建筑垃圾等固体废物，并按照环境卫生主管部门的规定进行利用或者处置。

工程施工单位不得擅自倾倒、抛撒或者堆放工程施工过程中产生的建筑垃圾。

第六十四条 县级以上人民政府农业农村主管部门负责指导农业固体废物回收利用体系建设，鼓励和引导有关单位和其他生产经营者依法收集、贮存、运输、利用、处置农业固体废物，加强监督管理，防止污染环境。

第六十五条 产生秸秆、废弃农用薄膜、农药包装废弃物等农业固体废物的单位和其他生产经营者，应当采取回收利用和其他防止污染环境的措施。

从事畜禽规模养殖应当及时收集、贮存、利用或者处置养殖过程中产生的畜禽粪污等固体废物，避免造成环境污染。

禁止在人口集中地区、机场周围、交通干线附近以及当地人民政府划定的其他区域露天焚烧秸秆。

国家鼓励研究开发、生产、销售、使用在环境中可降解且无害的农用薄膜。

第六十六条 国家建立电器电子、铅蓄电池、车用动力电池等产品的生产者责任延伸制度。

电器电子、铅蓄电池、车用动力电池等产品的生产者应当按照规定以自建或者委托等方式建立与产品销售量相匹配的废旧产品回收体系，并向社会公开，实现有效回收和利用。

国家鼓励产品的生产者开展生态设计，促进资源回收利用。

第六十七条 国家对废弃电器电子产品等实行多渠道回收和集中处理制度。

禁止将废弃机动车船等交由不符合规定条件的企业或者个人回收、拆解。

拆解、利用、处置废弃电器电子产品、废弃机动车船等，应当遵守有关法律法规的规定，采取防止污染环境的措施。

第六十八条 产品和包装物的设计、制造，应当遵守国家有关清洁生产的规定。国务院标准化主管部门应当根据国家经济和技术条件、固体废物污染环境防治状况以及产品的技术要求，组织制定有关标准，防止过度包装造成环境污染。

生产经营者应当遵守限制商品过度包装的强制性标准，避免过度包装。县级以上地方人民政府市场监督管理部门和有关部门应当按照各自职责，加强对过度包装的监督管理。

生产、销售、进口依法被列入强制回收目录的产品和包装物的企业，应当按照国家有关规定对该产品和包装物进行回收。

电子商务、快递、外卖等行业应当优先采用可重复使用、易回收利用的包装物，优化物品包装，减少包装物的使用，并积极回收利用包装物。县级以上地方人民政府商务、邮政等主管部门应当加强监督管理。

国家鼓励和引导消费者使用绿色包装和减量包装。

第六十九条　国家依法禁止、限制生产、销售和使用不可降解塑料袋等一次性塑料制品。

商品零售场所开办单位、电子商务平台企业和快递企业、外卖企业应当按照国家有关规定向商务、邮政等主管部门报告塑料袋等一次性塑料制品的使用、回收情况。

国家鼓励和引导减少使用、积极回收塑料袋等一次性塑料制品，推广应用可循环、易回收、可降解的替代产品。

第七十条　旅游、住宿等行业应当按照国家有关规定推行不主动提供一次性用品。

机关、企业事业单位等的办公场所应当使用有利于保护环境的产品、设备和设施，减少使用一次性办公用品。

第七十一条　城镇污水处理设施维护运营单位或者污泥处理单位应当安全处理污泥，保证处理后的污泥符合国家有关标准，对污泥的流向、用途、用量等进行跟踪、记录，并报告城镇排水主管部门、生态环境主管部门。

县级以上人民政府城镇排水主管部门应当将污泥处理设施纳入城镇排水与污水处理规划，推动同步建设污泥处理设施与污水处理设施，鼓励协同处理，污水处理费征收标准和补偿范围应当覆盖污泥处理成本和污水处理设施正常运营成本。

第七十二条　禁止擅自倾倒、堆放、丢弃、遗撒城镇污水处理设施产生的污泥和处理后的污泥。

禁止重金属或者其他有毒有害物质含量超标的污泥进入农用地。

从事水体清淤疏浚应当按照国家有关规定处理清淤疏浚过程中产生的底泥，防止污染环境。

第七十三条　各级各类实验室及其设立单位应当加强对实验室产生的固体废物的管理，依法收集、贮存、运输、利用、处置实验室固体废物。实验室固体废物属于危险废物的，应当按照危险废物管理。

第六章　危险废物

第七十四条　危险废物污染环境的防治，适用本章规定；本章未作规定的，适用本法其他有关规定。

第七十五条　国务院生态环境主管部门应当会同国务院有关部门制定国家危险废物名录，规定统一的危险废物鉴别标准、鉴别方法、识别标志和鉴别单位管理要求。国家危险废物名录应当动态调整。

国务院生态环境主管部门根据危险废物的危害特性和产生数量，科学评估其环境风险，实施分级分类管理，建立信息化监管体系，并通过信息化手段管理、共享危险废物转移数据和信息。

第七十六条　省、自治区、直辖市人民政府应当组织有关部门编制危险废物集中处置设施、场所的建设规划，科学评估危险废物处置需求，合理布局危险废物集中处置设施、场所，确保本行政区域的危险废物得到妥善处置。

编制危险废物集中处置设施、场所的建设规划，应当征求有关行业协会、企业事业单位、专家和公众等方面的意见。

相邻省、自治区、直辖市之间可以开展区域合作，统筹建设区域性危险废物集中处置设施、场所。

第七十七条　对危险废物的容器和包装物以及收集、贮存、运输、利用、处置危险废物的设施、场所，应当按照规定设置危险废物识别标志。

第七十八条　产生危险废物的单位，应当按照国家有关规定制定危险废物管理计划；建立危险废物管理台账，如实记录有关信息，并通过国家危险废物信息管理系统向所在地生态环境主管部门申报危险废物的种类、产生量、流向、贮存、处置等有关资料。

前款所称危险废物管理计划应当包括减少危险废物产生量和降低危险废物危害性的措施以及危险废物贮存、利用、处置措施。危险废物管理计划应当报产生危险废物的单位所在地生态环境主管部门备案。

产生危险废物的单位已经取得排污许可证的，执行排污许可管理制度的规定。

第七十九条　产生危险废物的单位，应当按照国家有关规定和环境保护标准要求贮存、利用、处置危险废物，不得擅自倾倒、堆放。

第八十条　从事收集、贮存、利用、处置危险废物经营活动的单位，应当按照国家有关规定申请取得许可证。许可证的具体管理办法由国务院制定。

禁止无许可证或者未按照许可证规定从事危险废物收集、贮存、利用、处置的经营活动。

禁止将危险废物提供或者委托给无许可证的单位或者其他生产经营者从事收集、贮存、利用、处置活动。

第八十一条　收集、贮存危险废物，应当按照危险废物特性分类进行。禁止混合收集、贮存、运输、处置性质不相容而未经安全性处置的危险废物。

贮存危险废物应当采取符合国家环境保护标准的防护措施。禁止将危险废物混入非危险废物中贮存。

从事收集、贮存、利用、处置危险废物经营活动的单位，贮存危险废物不得超过一年；确需延长期限的，应当报经颁发许可证的生态环境主管部门批准；法律、行政法规另有规定的除外。

第八十二条　转移危险废物的，应当按照国家有关规定填写、运行危险废物电子或者纸质转移联单。

跨省、自治区、直辖市转移危险废物的，应当向危险废物移出地省、自治区、直辖市人民政府生态环境主管部门申请。移出地省、自治区、直辖市人民政府生态环境主管部门应当及时商经接受地省、自治区、直辖市人民政府生态环境主管部门同意后，在规定期限内批准转移该危险废物，并将批准信息通报相关省、自治区、直辖市人民政府生态环境主管部门和交通运输主管部门。未经批准的，不得转移。

危险废物转移管理应当全程管控、提高效率，具体办法由国务院生态环境主管部门会同国务院交通运输主管部门和公安部门制定。

第八十三条　运输危险废物，应当采取防止污染环境的措施，并遵守国家有关危险货物运输管理的规定。

禁止将危险废物与旅客在同一运输工具上载运。

第八十四条　收集、贮存、运输、利用、处置危险废物的场所、设施、设备和容器、包装物及其他物品转作他用时，应当按照国家有关规定经过消除污染处理，方可使用。

第八十五条　产生、收集、贮存、运输、利用、处置危险废物的单位，应当依法制定意外事故的防范措施和应急预案，并向所在地生态环境主管部门和其他负有固体废物污染环境防治监督管理职责的部门备案；生态环境主管部门和其他负有固体废物污染环境防治监督管理职责的部门应当进行检查。

第八十六条　因发生事故或者其他突发性事件，造成危险废物严重污染环境的单位，应当立即采取有效措施消除或者减轻对环境的污染危害，及时通报可能受到污染危害的单位和居民，并向所在地生态环境主管部门和有关部门报告，接受调查处理。

第八十七条　在发生或者有证据证明可能发生危险废物严重污染环境、威胁居民生命财产安全时，生态环境主管部门或者其他负有固体废物污染环境防治监督管理职责的部门应当立即向本级人民政府和上一级人民政府有关部门报告，由人民政府采取防止或者减轻危害的有效措施。有关人民政府可以根据需要责令停止导致或者可能导致环境污染事故的作业。

第八十八条　重点危险废物集中处置设施、场所退役前，运营单位应当按照国家有关规定对设施、场所采取污染防治措施。退役的费用应当预提，列入投资概算或者生产成本，专门用于重点危险废物集中处置设施、场所的退役。具体提取和管理办法，由国务院财政部门、价格主管部门会同国务院生态环境主管部门规定。

第八十九条　禁止经中华人民共和国过境转移危险废物。

第九十条　医疗废物按照国家危险废物名录管理。县级以上地方人民政府应当加强医疗废物集中处置能力建设。

县级以上人民政府卫生健康、生态环境等主管部门应当在各自职责范围内加强对医疗废物收集、贮存、运输、处置的监督管理，防止危害公众健康、污染环境。

医疗卫生机构应当依法分类收集本单位产生的医疗废物，交由医疗废物集中处置单位处置。医疗废物集中处置单位应当及时收集、运输和处置医疗废物。

医疗卫生机构和医疗废物集中处置单位，应当采取有效措施，防止医疗废物流失、泄漏、渗漏、扩散。

第九十一条　重大传染病疫情等突发事件发生时，县级以上人民政府应当统筹协调医疗废物等危险废物收集、贮存、运输、处置等工作，保障所需的车辆、场地、处置设施和防护物资。卫生健康、生态环境、环境卫生、交通运输等主管部门应当协同配合，依法履行应急处置职责。

第七章　保障措施

第九十二条　国务院有关部门、县级以上地方人民政府及其有关部门在编制国土空间规划和相关专项规划时，应当统筹生活垃圾、建筑垃圾、危险废物等固体废物转运、集中处置等设施建设需求，保障转运、集中处置等设施用地。

第九十三条　国家采取有利于固体废物污染环境防治的经济、技术政策和措施，鼓励、支持有关方面采取有利于固体废物污染环境防治的措施，加强对从事固体废物污染环境防治工作人员的培训和指导，促进固体废物污染环境防治产业专业化、规模化发展。

第九十四条　国家鼓励和支持科研单位、固体废物产生单位、固体废物利用单位、固体废物处置单位等联合攻关，研究开发固体废物综合利用、集中处置等的新技术，推动固体废物污染环境防治技术进步。

第九十五条　各级人民政府应当加强固体废物污染环境的防治，按照事权划分的原则安排必要的资金用于下列事项：

（一）固体废物污染环境防治的科学研究、技术开发；

（二）生活垃圾分类；

（三）固体废物集中处置设施建设；

（四）重大传染病疫情等突发事件产生的医疗废物等危险废物应急处置；

（五）涉及固体废物污染环境防治的其他事项。

使用资金应当加强绩效管理和审计监督，确保资金使用效益。

第九十六条　国家鼓励和支持社会力量参与固体废物污染环境防治工作，并按照国家有关规定给予政策扶持。

第九十七条　国家发展绿色金融，鼓励金融机构加大对固体废物污染环境防治项目的信贷投放。

第九十八条　从事固体废物综合利用等固体废物污染环境防治工作的，依照法律、行政法规的规定，享受税收优惠。

国家鼓励并提倡社会各界为防治固体废物污染环境捐赠财产，并依照法律、行政法规的规定，给予税收优惠。

第九十九条　收集、贮存、运输、利用、处置危险废物的单位，应当按照国家有关规定，投保环境污染责任保险。

第一百条　国家鼓励单位和个人购买、使用综合利用产品和可重复使用产品。

县级以上人民政府及其有关部门在政府采购过程中，应当优先采购综合利用产品和可重复使用产品。

第八章　法律责任

第一百零一条　生态环境主管部门或者其他负有固体废物污染环境防治监督管理职责的部门违反本法规定，有下列行为之一，由本级人民政府或者上级人民政府有关部门责令改正，对直接负责的主管人员和其他直接责任人员依法给予处分：

（一）未依法作出行政许可或者办理批准文件的；

（二）对违法行为进行包庇的；

（三）未依法查封、扣押的；

（四）发现违法行为或者接到对违法行为的举报后未予查处的；

（五）有其他滥用职权、玩忽职守、徇私舞弊等违法行为的。

依照本法规定应当作出行政处罚决定而未作出的，上级主管部门可以直接作出行政处罚决定。

第一百零二条　违反本法规定，有下列行为之一，由生态环境主管部门责令改正，处以罚款，没收违法所得；情节严重的，报经有批准权的人民政府批准，可以责令停业或者关闭：

（一）产生、收集、贮存、运输、利用、处置固体废物的单位未依法及时公开固体废物污染环境防治信息的；

（二）生活垃圾处理单位未按照国家有关规定安装使用监测设备、实时监测污染物的排放情况并公开污染排放数据的；

（三）将列入限期淘汰名录被淘汰的设备转让给他人使用的；

（四）在生态保护红线区域、永久基本农田集中区域和其他需要特别保护的区域内，建设工业固体废物、危险废物集中贮存、利用、处置的设施、场所和生活垃圾填埋场的；

（五）转移固体废物出省、自治区、直辖市行政区域贮存、处置未经批准的；

（六）转移固体废物出省、自治区、直辖市行政区域利用未报备案的；

（七）擅自倾倒、堆放、丢弃、遗撒工业固体废物，或者未采取相应防范措施，造成工业固体废物扬散、流失、渗漏或者其他环境污染的；

（八）产生工业固体废物的单位未建立固体废物管理台账并如实记录的；

（九）产生工业固体废物的单位违反本法规定委托他人运输、利用、处置工业固体废物的；

（十）贮存工业固体废物未采取符合国家环境保护标准的防护措施的；

（十一）单位和其他生产经营者违反固体废物管理其他要求，污染环境、破坏生态的。

有前款第一项、第八项行为之一，处五万元以上二十万元以下的罚款；有前款第二项、第三项、第四项、第五项、第六项、第九项、第十项、第十一项行为之一，处十万元以上一百万元以下的罚款；有前款第七项行为，处所需处置费用一倍以上三倍以下的罚款，所需处置费用不足十万元的，按十万元计算。对前款第十一项行为的处罚，有关法律、行政法规另有规定的，适用其规定。

第一百零三条 违反本法规定，以拖延、围堵、滞留执法人员等方式拒绝、阻挠监督检查，或者在接受监督检查时弄虚作假的，由生态环境主管部门或者其他负有固体废物污染环境防治监督管理职责的部门责令改正，处五万元以上二十万元以下的罚款；对直接负责的主管人员和其他直接责任人员，处二万元以上十万元以下的罚款。

第一百零四条 违反本法规定，未依法取得排污许可证产生工业固体废物的，由生态环境主管部门责令改正或者限制生产、停产整治，处十万元以上一百万元以下的罚款；情节严重的，报经有批准权的人民政府批准，责令停业或者关闭。

第一百零五条 违反本法规定，生产经营者未遵守限制商品过度包装的强制性标准的，由县级以上地方人民政府市场监督管理部门或者有关部门责令改正；拒不改正的，处二千元以上二万元以下的罚款；情节严重的，处二万元以上十万元以下的罚款。

第一百零六条 违反本法规定，未遵守国家有关禁止、限制使用不可降解塑料袋等一次性塑料制品的规定，或者未按照国家有关规定报告塑料袋等一次性塑料制品的使用情况的，由县级以上地方人民政府商务、邮政等主管部门责令改正，处一万元以上十万元以下的罚款。

第一百零七条 从事畜禽规模养殖未及时收集、贮存、利用或者处置养殖过程中产生的畜禽粪污等固体废物的，由生态环境主管部门责令改正，可以处十万元以下的罚款；情节严重的，报经有批准权的人民政府批准，责令停业或者关闭。

第一百零八条 违反本法规定，城镇污水处理设施维护运营单位或者污泥处理单位对污泥流向、用途、用量等未进行跟踪、记录，或者处理后的污泥不符合国家有关标准的，由城镇排水主管部门责令改正，给予警告；造成严重后果的，处十万元以上二十万元以下的罚款；拒不改正的，城镇排水主管部门可以指定有治理能力的单位代为治理，所需费用由违法者承担。

违反本法规定，擅自倾倒、堆放、丢弃、遗撒城镇污水处理设施产生的污泥和处理后的污泥的，由城镇排水主管部门责令改正，处二十万元以上二百万元以下的罚款，对直接负责的主管人员和其他直接责任人员处二万元以上十万元以下的罚款；造成严重后果的，处二百万元以上五百万元以下的罚款，对直接负责的主管人员和其他直接责任人员处五万元以上五十万元以下的罚款；拒不改正的，城镇排水主管部门可以指定有治理能力的单位代为治理，所需费用由违法者承担。

第一百零九条　违反本法规定，生产、销售、进口或者使用淘汰的设备，或者采用淘汰的生产工艺的，由县级以上地方人民政府指定的部门责令改正，处十万元以上一百万元以下的罚款，没收违法所得；情节严重的，由县级以上地方人民政府指定的部门提出意见，报经有批准权的人民政府批准，责令停业或者关闭。

第一百一十条　尾矿、煤矸石、废石等矿业固体废物贮存设施停止使用后，未按照国家有关环境保护规定进行封场的，由生态环境主管部门责令改正，处二十万元以上一百万元以下的罚款。

第一百一十一条　违反本法规定，有下列行为之一，由县级以上地方人民政府环境卫生主管部门责令改正，处以罚款，没收违法所得：

（一）随意倾倒、抛撒、堆放或者焚烧生活垃圾的；

（二）擅自关闭、闲置或者拆除生活垃圾处理设施、场所的；

（三）工程施工单位未编制建筑垃圾处理方案报备案，或者未及时清运施工过程中产生的固体废物的；

（四）工程施工单位擅自倾倒、抛撒或者堆放工程施工过程中产生的建筑垃圾，或者未按照规定对施工过程中产生的固体废物进行利用或者处置的；

（五）产生、收集厨余垃圾的单位和其他生产经营者未将厨余垃圾交由具备相应资质条件的单位进行无害化处理的；

（六）畜禽养殖场、养殖小区利用未经无害化处理的厨余垃圾饲喂畜禽的；

（七）在运输过程中沿途丢弃、遗撒生活垃圾的。

单位有前款第一项、第七项行为之一，处五万元以上五十万元以下的罚款；单位有前款第二项、第三项、第四项、第五项、第六项行为之一，处十万元以上一百万元以下的罚款；个人有前款第一项、第五项、第七项行为之一，处一百元以上五百元以下的罚款。

违反本法规定，未在指定的地点分类投放生活垃圾的，由县级以上地方人民政府环境卫生主管部门责令改正；情节严重的，对单位处五万元以上五十万元以下的罚款，对个人依法处以罚款。

第一百一十二条　违反本法规定，有下列行为之一，由生态环境主管部门责令改正，处以罚款，没收违法所得；情节严重的，报经有批准权的人民政府批准，可以责令停业或者关闭：

（一）未按照规定设置危险废物识别标志的；

（二）未按照国家有关规定制定危险废物管理计划或者申报危险废物有关资料的；

（三）擅自倾倒、堆放危险废物的；

（四）将危险废物提供或者委托给无许可证的单位或者其他生产经营者从事经营活动的；

（五）未按照国家有关规定填写、运行危险废物转移联单或者未经批准擅自转移危险废物的；

（六）未按照国家环境保护标准贮存、利用、处置危险废物或者将危险废物混入非危险废物中贮存的；

（七）未经安全性处置，混合收集、贮存、运输、处置具有不相容性质的危险废物的；

（八）将危险废物与旅客在同一运输工具上载运的；

（九）未经消除污染处理，将收集、贮存、运输、处置危险废物的场所、设施、设备和容器、包装物及其他物品转作他用的；

（十）未采取相应防范措施，造成危险废物扬散、流失、渗漏或者其他环境污染的；

（十一）在运输过程中沿途丢弃、遗撒危险废物的；

（十二）未制定危险废物意外事故防范措施和应急预案的；

（十三）未按照国家有关规定建立危险废物管理台账并如实记录的。

有前款第一项、第二项、第五项、第六项、第七项、第八项、第九项、第十二项、第十三项行为之一，处十万元以上一百万元以下的罚款；有前款第三项、第四项、第十项、第十一项行为之一，处所需处置费用三倍以上五倍以下的罚款，所需处置费用不足二十万元的，按二十万元计算。

第一百一十三条 违反本法规定，危险废物产生者未按照规定处置其产生的危险废物被责令改正后拒不改正的，由生态环境主管部门组织代为处置，处置费用由危险废物产生者承担；拒不承担代为处置费用的，处代为处置费用一倍以上三倍以下的罚款。

第一百一十四条 无许可证从事收集、贮存、利用、处置危险废物经营活动的，由生态环境主管部门责令改正，处一百万元以上五百万元以下的罚款，并报经有批准权的人民政府批准，责令停业或者关闭；对法定代表人、主要负责人、直接负责的主管人员和其他责任人员，处十万元以上一百万元以下的罚款。

未按照许可证规定从事收集、贮存、利用、处置危险废物经营活动的，由生态环境主管部门责令改正，限制生产、停产整治，处五十万元以上二百万元以下的罚款；对法定代表人、主要负责人、直接负责的主管人员和其他责任人员，处五万元以上五十万元以下的罚款；情节严重的，报经有批准权的人民政府批准，责令停业或者关闭，还可以由发证机关吊销许可证。

第一百一十五条 违反本法规定，将中华人民共和国境外的固体废物输入境内的，由海关责令退运该固体废物，处五十万元以上五百万元以下的罚款。

承运人对前款规定的固体废物的退运、处置，与进口者承担连带责任。

第一百一十六条 违反本法规定，经中华人民共和国过境转移危险废物的，由海关责令退运该危险废物，处五十万元以上五百万元以下的罚款。

第一百一十七条 对已经非法入境的固体废物，由省级以上人民政府生态环境主管部门依法向海关提出处理意见，海关应当依照本法第一百一十五条的规定作出处罚决定；已经造成环境污染的，由省级以上人民政府生态环境主管部门责令进口者消除污染。

第一百一十八条 违反本法规定，造成固体废物污染环境事故的，除依法承担赔偿责任外，由生态环境主管部门依照本条第二款的规定处以罚款，责令限期采取治理措施；造成重大或者特大固体废物污染环境事故的，还可以报经有批准权的人民政府批准，责令关闭。

造成一般或者较大固体废物污染环境事故的，按照事故造成的直接经济损失的一倍以上三倍以下计算罚款；造成重大或者特大固体废物污染环境事故的，按照事故造成的直接经济损失的三倍以上五倍以下计算罚款，并对法定代表人、主要负责人、直接负责的主管人员和其他责任人员处上一年度从本单位取得的收入百分之五十以下的罚款。

第一百一十九条 单位和其他生产经营者违反本法规定排放固体废物，受到罚款处罚，被责令改正的，依法作出处罚决定的行政机关应当组织复查，发现其继续实施该违法行为的，依照《中华人民共和国环境保护法》的规定按日连续处罚。

第一百二十条 违反本法规定，有下列行为之一，尚不构成犯罪的，由公安机关对法定代表人、主要负责人、直接负责的主管人员和其他责任人员处十日以上十五日以下的拘留；情节较轻的，处五日以上十日以下的拘留：

（一）擅自倾倒、堆放、丢弃、遗撒固体废物，造成严重后果的；

（二）在生态保护红线区域、永久基本农田集中区域和其他需要特别保护的区域内，建设工业固体废物、危险废物集中贮存、利用、处置的设施、场所和生活垃圾填埋场的；

（三）将危险废物提供或者委托给无许可证的单位或者其他生产经营者堆放、利用、处置的；

（四）无许可证或者未按照许可证规定从事收集、贮存、利用、处置危险废物经营活动的；

（五）未经批准擅自转移危险废物的；

（六）未采取防范措施，造成危险废物扬散、流失、渗漏或者其他严重后果的。

第一百二十一条　固体废物污染环境、破坏生态，损害国家利益、社会公共利益的，有关机关和组织可以依照《中华人民共和国环境保护法》《中华人民共和国民事诉讼法》《中华人民共和国行政诉讼法》等法律的规定向人民法院提起诉讼。

第一百二十二条　固体废物污染环境、破坏生态给国家造成重大损失的，由设区的市级以上地方人民政府或者其指定的部门、机构组织与造成环境污染和生态破坏的单位和其他生产经营者进行磋商，要求其承担损害赔偿责任；磋商未达成一致的，可以向人民法院提起诉讼。

对于执法过程中查获的无法确定责任人或者无法退运的固体废物，由所在地县级以上地方人民政府组织处理。

第一百二十三条　违反本法规定，构成违反治安管理行为的，由公安机关依法给予治安管理处罚；构成犯罪的，依法追究刑事责任；造成人身、财产损害的，依法承担民事责任。

第九章　附则

第一百二十四条　本法下列用语的含义：

（一）固体废物，是指在生产、生活和其他活动中产生的丧失原有利用价值或者虽未丧失利用价值但被抛弃或者放弃的固态、半固态和置于容器中的气态的物品、物质以及法律、行政法规规定纳入固体废物管理的物品、物质。经无害化加工处理，并且符合强制性国家产品质量标准，不会危害公众健康和生态安全，或者根据固体废物鉴别标准和鉴别程序认定为不属于固体废物的除外。

（二）工业固体废物，是指在工业生产活动中产生的固体废物。

（三）生活垃圾，是指在日常生活中或者为日常生活提供服务的活动中产生的固体废物，以及法律、行政法规规定视为生活垃圾的固体废物。

（四）建筑垃圾，是指建设单位、施工单位新建、改建、扩建和拆除各类建筑物、构筑物、管网等，以及居民装饰装修房屋过程中产生的弃土、弃料和其他固体废物。

（五）农业固体废物，是指在农业生产活动中产生的固体废物。

（六）危险废物，是指列入国家危险废物名录或者根据国家规定的危险废物鉴别标准和鉴别方法认定的具有危险特性的固体废物。

（七）贮存，是指将固体废物临时置于特定设施或者场所中的活动。

（八）利用，是指从固体废物中提取物质作为原材料或者燃料的活动。

（九）处置，是指将固体废物焚烧和用其他改变固体废物的物理、化学、生物特性的方法，达到减少已产生的固体废物数量、缩小固体废物体积、减少或者消除其危险成分的活动，或者将固体废物最终置于符合环境保护规定要求的填埋场的活动。

第一百二十五条　液态废物的污染防治，适用本法；但是，排入水体的废水的污染防治适用有关法律，不适用本法。

第一百二十六条　本法自 2020 年 9 月 1 日起施行。